国家社会科学基金重点资助项目（15AGJ009）

经济管理学术文库 • 管理类

分形混沌的碳市场与可积孤子的碳定价

The Carbon Market on Fractal and Chaos and the Carbon Pricing on Integrable Solitons

杨　星／著

图书在版编目（CIP）数据

分形混沌的碳市场与可积孤子的碳定价/杨星著. —北京：经济管理出版社，2020.5
ISBN 978-7-5096-7115-3

Ⅰ. ①分…　Ⅱ. ①杨…　Ⅲ. ①二氧化碳—排污交易—计价法—研究—世界　Ⅳ. ①X511

中国版本图书馆 CIP 数据核字（2020）第 076951 号

组稿编辑：赵天宇　杨国强
责任编辑：杨国强　张瑞军
责任印制：黄章平
责任校对：张晓燕

出版发行：经济管理出版社
　　　　　（北京市海淀区北蜂窝 8 号中雅大厦 A 座 11 层　100038）
网　　址：www. E-mp. com. cn
电　　话：(010) 51915602
印　　刷：北京玺诚印务有限公司
经　　销：新华书店
开　　本：720mm × 1000mm/16
印　　张：17.25
字　　数：246 千字
版　　次：2020 年 5 月第 1 版　　2020 年 5 月第 1 次印刷
书　　号：ISBN 978-7-5096-7115-3
定　　价：98.00 元

谨以此作献给我的父母及恩师！

父母给予我生命，教会我以善良拥抱世界；恩师将我引入学术殿堂，教会我以勤奋成就人生。

前　言

2015年，在笔者申请“碳排放权交易市场行为特征、价格波动规律及均衡价格研究”课题时，以欧盟碳排放权交易体系为代表的国际碳交易市场已经运行了10年。在这10年中，碳交易价格发生了剧烈波动，最高曾达到28.93欧元/吨（2005年9月11日），最低曾低至0.01欧元/吨（2008年4月21日、25日）。自2007年开始，市场长期低迷，量价持续回落，流动性严重不足，以致最有影响力的Bluenext市场被迫于2012年12月5日宣布永久性关闭。这其中，除了一些国际政策性的因素之外，从市场的层面看，碳排放权交易中的价格机制严重制约了市场的发育，以至于危及市场的存亡。于是，碳交易市场的行为特征、价格波动规律、碳排放权定价成为笔者关注的焦点。

整个研究有两个基本目标。①验证碳交易市场的行为特征：是理性投资，随机游动的线性有效市场[①]；还是非线性的，具有分形、混沌和孤子特征的复杂动力系统[②]？（这是真实市场所释放的明确信号。）如果是后者，基于线性范式的经典主流金融理论——有效市场假说将不再是研究问题的理论基础，分形与混沌理论将是整个研究的基石。这一动因源于埃德加·E.彼得斯“资本市场混沌与秩序”一书的启示。②找到一种关于碳资产定价的技术和方法。鉴于碳交易市场有别于其他资本市场的特性：供给的确定性和需求

① Eugene Fama（1970），他创立了有效市场理论，提出了资本市场是一个理性的、线性的、公平的“鞅”。

② Edger E Peters（1999），资本市场是“非线性的混沌市场”创立者。

的不确定性，我们需要通过探讨碳价格的波动规律、均值回归的存在性以及周期与振幅来实现碳资产定价，这是研究的终极目标。为实现这两个目标，本书分四个部分进行：

第一部分：研究的基础理论之辨析。这一部分之所以如此重要，是因为它决定了后续研究所采用的研究范式。如果我们承认碳排放权市场符合有效市场假说，就应该用线性的、完全理性的均衡范式进行后续研究；但如果我们证明了碳交易市场是一个分形与混沌市场，则可以依据复杂动力学系统原理，利用非线性、有限理性、非均衡范式的技术和方法对该系统进行分解与重构，得到微分流形市场几何形态，实现研究目标。

第二部分：研究的市场基础。论证碳交易市场分形与混沌的价格行为特征是为 Part Ⅰ 的理论研究结论寻找佐证。我们的研究证实了碳交易市场实际上是一个分形与混沌的非线性的、耗散的带有多重分形特征的复杂动力系统。于是，我们采用系统动力学理论以及分形、混沌、孤子等相关技术进行了下一步研究。

第三部分：研究碳排放权价格的波动规律。该部分的研究是为后续的碳资产定价提供参考依据。由于碳排放权是能源产品的衍生品，能源的使用与季节变化、经济周期、重大外部事件冲击有着不可分割的联系，因此，研究者假设：与能源市场的价格波动类似，碳排放权价格波动至少存在三大规律——季节性波动规律、周期性波动规律以及外部突发事件冲击波动规律。研究证实：碳价格波动与化石能源价格波动高度相关（但与替代能源如风能、光能、地热能、太阳能的关联度不大），同样受季节性、周期性以及突发事件的影响而出现波动。

第四部分：利用孤子理论为碳排放权进行定价，这在国内外并无先例。研究依据是：孤子兼有波动和粒子的双重属性，孤子波在经过长时间的分离、碰撞、再集聚后仍然会回到最初的形态和运动速度。这与金融市场价格波动的均值回归现象十分相似。孤子波的这一非凡特性为我们提供了研究碳排放权定价的依据。只要能证实碳价格序列均值回归的存在性，并探寻到均值回归的周期与振幅，我们就可以利用孤子波为碳排放权定价。当然，由于非线性微分方程的复杂性，孤立子精确解的求解难度很大，值得庆幸的是，在孤子理论中蕴藏着一系列构造显示解的方法，才使研究得以进行，并为孤子理论在金融资产定价中的运用提供了一种新的思路。

为使研究不至于与现实脱节，研究者先后到碳交易最成熟的荷兰、法国的 EURONEXT 碳市场，以及我国的北京、天津、上海、广州、深圳、湖北、重庆七大碳交易试点市场进行调研，掌握了大量第一手资料和市场实际定价机制运作所遇到的困难和疑惑。这为理论与实践结合进行研究提供了良好的帮助。

历时三年的研究得到的结论如下：

（1）关于碳市场价格行为特征的研究表明，碳交易市场本质上是一个分形与混沌市场，自相似性检验、长期记忆性检验以及混沌吸引子的拓扑结构检验结果都证实：目前以欧盟为主导的国际碳排放权市场是一个复杂的非线性动力系统，它具备了在不同的时间标度上具有相似的统计学特征（分形结构），在特定的条件和时点会出现无规则的行为（混沌现象）。但基于系统发展的“轨道”具有对初始条件的敏感性，系统是否具有长期记忆性还有待进一步研究（或者，可以选择恰当的时间间隔和延滞时间，将一个长期演化过程转化为相对空间的短期演化来进行研究）。由于分形与混沌系统本身的内在确定性规律，短期预测是可能实现的。

（2）关于碳价格波动规律的研究表明：碳交易市场价格存在季节性波动规律、周期性波动规律以及突发性外部事件冲击的价格波动规律。这些规律与能源市场价格波动规律有极高的相关性，但与替代能源如风能、光能、太阳能关联度不大。

对季节性波动规律的研究证明，EUETS 第Ⅰ阶段 EUA 现货价格不存在季节性波动，后两阶段存在季节性波动，且各年的价格季节性波动规律基本一致：夏、秋季 EUA 价格高，春、冬季 EUA 价格低；气温是碳价格季节性波动规律形成的主要原因，降水变量不能单独引起 EUA 价格的季节性波动，风力变量不是引起EUA价格季节性波动的原因。

对周期性波动规律的研究证明：碳排放权价格波动存在33个月左右的长周期，其中包含两个长度分别为17个月、16个月的子周期；此外，存在约10个月的中周期，其中包含两个长度分别为5个月、7个月的子周期。电力价格、煤炭、天然气价格和经济发展综合指数都是影响碳排放权价格周期性波动的主要因素，而且电力价格对碳排放权价格的波动贡献率最高。

在外部冲击事件与碳价格波动规律的研究中，定义外部冲击分为重要信息公布与突发事件冲击。重要信息公布与突发事件都会影响碳价格的波动，其中，重要信息公布造成短时间内价格剧烈波动，突发事件除造成瞬时剧烈的波动之外，其影响波及时间较长，冲击力超过了重要信息公布所带来的影响。

（3）关于碳排放权价格序列均值回归存在性检验表明：碳价格时间序列运动符合均值回归的基本属性。基于离散小波变换（Discrete Wavelet Transform，DWT）和非对称非线性平滑转换GARCH模型（Asymmetric Nonlinear Smooth Transition GARCH Model，ANST-GARCH）对欧盟碳排放权市场均值回复的研究证明：EUA现货价格和收益率均值回复特征在同一阶段检验结果有差异，但在第Ⅱ阶段，两个序列均具有非对称均值回归特征。

（4）基于谱估计的均值回归的时间间隔（周期）和振动波幅（频率）及其与主要影响因素耦合周期研究表明：EUA现货价格具有显著的均值回归周期振荡特征，回归周期在3~15.5个月；振幅在-2.298~4.823；EUA现货价格均值回归与原油价格指数WTI的耦合周期在3~12个月，耦合振幅在0.1958~0.8843，与欧元区制造业采购经理指数PMI耦合周期分别为4~11个月，耦合振幅在0.1652~2.134。

（5）关于碳排放权定价的研究表明：金融孤子可以作为碳资产乃至其他金融资产定价的优良工具。碳排放权价格序列波动具备传播不弥散和碰撞稳定性的孤子特征，这一特征与金融市场上均值回归现象十分相似。随着时间尺度的增加，碳价格沿着同一个方向位置尺度上的平移并不改变其运动的波形和速度；利用双线性方法构造的非线性演化方程得到了单孤子、双孤子和三孤子的精确解，其中，单孤子解正是我们寻求的碳排放权中枢价值，利用2005~2017年EUETS市场EUA现货交易数据对模型的检验，证明了该市场EUA现货的中枢价值为13欧元/吨CO_2。即：EUA现货价格波动最终将实现对13欧元/吨CO_2价值的回归。

当然，我们的研究尚欠不足，主要体现在研究核心——碳排放权定价问题上：第一，我们目前的研究集中在对价格序列波动的正向稳定传播，下一步应考虑价格序列波动的正、负两个方向的传播；第二，本书仅利用了最简单的KDV方程，进一步应考虑利用其他具有孤子解的非线性发展方程如SG（Sine-Gordon）方程、NLS（非线性的Schrodinger）方程、离散Toda方程以及KP（Kadomtsev-Petviashvili）方程探讨金融资产定价问题；第三，本书证明二阶以上的孤子并不具备孤子特性，那么，接下来的问题是，高阶孤子算不算“孤子”？如果不是，它们为什么会有孤子解？如果是，它们为什么又不具备孤子特性？又或许，数值分析方法对高阶孤子也无能为力，需要有一种更好的方法来对高阶孤子进行研究。

历时近三年，我们的研究告一段落。但思想的火花和研究的灵感并没有因此而熄灭。后生可畏，相信笔者的学生们会传承并继续这一领域的研究。

课题组全体成员感谢国家社科基金委的资助，正是由于基金委的经费支持才使我们得以免除由于经费不足而陷入研究困境的窘迫。

感谢伦敦政治经济学院金融市场研究所的Paul Johnson教授、斯坦福大学管理学院的Key Giesecke教授以及纽约州立大学金融与管理经济系的Joseph P Ogden教授。正是他们富有创造性的真知灼见的指导与建议，才使我们的研究向国际前沿研究更靠近了一步。

感谢参考文献中所有作者所给予的智慧启迪，他们是我们研究的奠基者和引路人，所有的成就都是前人们艰苦卓绝思想的延续。

感谢研究生们在资料收集、数据录入、模型构建以及国内外辛苦的调研等烦琐枯燥的工作中所付出的艰辛与劳动。其中，尤其要感谢梁敬丽同学，她在市场行为特征的研究中做出了重要贡献；白云帆、廖瀚峰同学在碳价格波动规律的研究中付出了大量心血；曾悦同学在碳资产价格均值回归的论证上做了大量工作；其他如范纯、米君龙、罗小青等都付出了不同程度的努力和艰辛。

感谢暨南大学社会科学管理处及笔者所在经济学院在研究项目管理上提供的支持与帮助。

最后，感谢我的先生和女儿所给予的理解、支持和帮助。

杨　星

2019 年 9 月 18 日

目 录

第I篇 问题的提出与研究的理论基础

第Ⅱ篇
碳排放权市场分形与混沌行为特征检验与应用

第Ⅲ篇 碳排放权市场价格波动规律

第Ⅳ篇 碳价格均值回归存在性、回归周期振幅及碳排放权定价

第V篇 中国碳排放权交易市场的发展及其国际借鉴

第Ⅰ篇

问题的提出与研究的理论基础

第1章
绪 论

1.1 问题的提出与研究意义

1.1.1 问题的提出

始于20世纪中期以科学技术为核心的第三次工业革命，一方面，极大地提高了社会生产力，促进了社会经济结构和社会生活的变化，创造了大量人类财富；另一方面，在科技转化为生产力的过程中，由于大量的森林被砍伐，植被被破坏，生产和生活中焚烧化石燃料所释放的二氧化碳、二氧化硫、氮氧化合物等无法被吸收和中和，使全球气温急剧上升。根据《联合国政府间气候变化专门委员会》（Intergovernmental Panel on Climate Change，IPCC）的报告，在过去的100年尤其是在近20年间，全球平均气温上升1℃~1.5℃，温室效应使得全球范围内的灾害大面积发生，飓风、暴雨、洪水、高温、干旱肆虐，据《联合国国际减灾战略》（United Nations International Strategy for Disaster Reduction，UNISDR）估计：全球每年自然灾害造成的损失为2500亿~3000亿美元，其中90%的灾害由暴风雨、洪水、干旱引起。这些异常的气候变化导致了生物濒临灭绝，内陆湖泊、热带雨林不断消失，海平面上升，土地荒漠化加剧，人类遭遇到前所未有的生存挑战。科学家预言：到 2100 年，全球平均气温将会上升 2℃~6℃，如果地球平均气温上升了 6℃，地球将面临灭顶之灾。

为减缓气候变化给人类带来的灾难性后果，1992 年 5 月 9 日，联合国通过了《联合国气候变化框架公约》（The United Nations Framework Convention on Climate Change，UNFCCC），并将最终目标设为："将大气中的温室气体浓度稳定在一个安全水平。"1997 年，联合国气候变化公约第三次缔约方大会制定了《京都议定书》（Kyoto Protocol，KP），该议定书制定了各国强制的减排任务；2009 年，在哥本哈根召开的联合国气候会议第 15 次会议上，制定了《哥本哈根协议》（Copenhagen Agreement，CA），《哥本哈根协议》是《京都议定书》一期承诺到期后的后续方案：2012~2020 年，世界各国按照"共同但有区别的责任"原则，实现全球减排长期目标。这是继 UNFCCC 和 KP 后的又一具有划时代意义的气候治理文献。

尽管国际社会就气候变化形成了统一的协调纲领，但对于各国的法律约束力仍然很弱，于是用经济的手段即市场型环境治理工具应运而生：碳税和碳交易。碳税是一种价格型的环境政策工具，它通过对化石燃料消耗所排放的二氧化碳征税来实现减排目标；碳交易则是数量型的环境政策工具，它将碳排放赋予产权属性，以碳排放权的形式在市场上交易，实现减排目标。目前世界上已经建立诸多碳排放权交易市场，典型的如欧洲联盟碳排放权交易体系（European Union Emissions Trading Scheme，EUETS）、美国排放权交易体系（US Emission Trading System，USETS）、澳大利亚新南威尔士州温室气体减排体系（The New South Wales Greenhouse Gas Abatement Scheme，New GGAS）以及英国排放权交易体系（UK Emissions Trading Group，UKETG）、新西兰排放权交易体系（New Zealand Emission Trading System，NZETS）等，其中最具有代表性的是 EUETS。

EUETS 于 2005 年 1 月 1 日正式启动，新兴的市场在制度设计上出现了许多问题，导致碳价格发生了剧烈波动。以欧洲排放权配额（European Union Allowance，EUA）[①] 为例，EUA 最高价格是 2005 年 9 月 11 日收盘价 28.93 欧元/吨，最低价格是 2008 年 4 月 21 日和 25 日收盘价 0.01 欧元/吨。价格的剧烈波动给市场的健康运行带来了很大影响，以至于全球最大的现货碳交易所 Bluenext 不得不在 2012 年 12 月 5 日宣布永久性关闭。这意味着市场交易的核心机制——价格机制存在很大的问题，它甚至会决定市场的存亡。因此，研究市场的价格波动规律，科学、合理地为碳资产定价是市场健康有序发展的关键，也是我们研究的主要目的。

1.1.2 研究的理论及现实意义

资产定价是资本市场研究的核心问题，围绕这一核心，现代金融学形成了一套较为完备的理论体系，从 H.Markowitz 均值方差模型（Mean-Variance Model）、Sharpe、Lintner 资本资产定价模型（Captial Asset Pricing Model，CAPM）、Ross 套利定价理论（Arbitrage Pricing Theory，APT）、Black-Scholes、Merton 期权定价模型（Option Pricing Model，OPM）到 E. Fama 有效市场假说（Efficient Market Hypothesis，EMH）。这些理论经过了长期缜密的分析和数学模型的求证，在很长时间引领了金融理论的发展，但现实中的大量异象却对相关理论提出了质疑，它需要新的理论来解释这些异象。于是有：

本书研究的理论意义：第一，对资本市场资产定价的无套利均衡理论及风险中性定价原理在资本资产估值缺陷的修正中提供新的视角；第二，检验碳金融市场的非线性分形、混沌及孤子行为特征，并为金融市场的运行机理和金融资产定价机制提供理论依据；第三，对碳金融市场价格波动行为的内在机理、基本运行规律以及主要影响因素提供了一个科学的解释；第四，为

① EUA（European Union Allowance）表示碳配额 EUETS 碳市场的交易产品。

碳排放权定价、价格预测和风险管理的复制和分解技术，以及降低对模型假设依赖程度提供新的思路。

本书研究的现实意义在于：在证明碳排放权市场多重分形与混沌特征的存在及其时变性条件下，可以实现：①对碳金融资产价格未来趋势进行预测；②对碳市场风险发生的时点与规模进行测度；③为碳排放权乃至其他碳资产提供新的定价方法和技术。

1.2 国内外研究现状

1.2.1 碳交易市场分形与混沌特征研究现状

目前，将分形与混沌思想引入碳排放权市场行为特征研究的文献还十分少见，远没达到系统而深入的研究阶段，现存的研究仅处于片面检验市场特征的阶段。

Fan X H、Li S S 和 Tian L X（2015）采用关联维数、最大李雅普诺夫指数和柯尔莫哥洛夫熵三个经典的指标检验了欧盟排放权交易体系下第Ⅲ阶段碳期货（DEC14 和 DEC15）价格的特征，认为碳期货价格的波动可以看作是一个混沌现象，即确定系统下貌似随机的不规则运动，在碳期货市场中仅短期的价格预测存在可能。

Feng Z H、Zou L L 和 Wei Y M（2011）从非线性的角度研究了欧盟碳市场期货价格的波动特征，采用经典的 R/S 分析、修正 R/S 分析和 ARFIMA 分析三种方法检验了碳价格的历史记忆性，研究发现，碳期货的历史价格对未来价格趋势的影响是短期的，即欧盟碳市场仅具有短期记忆性。为了分析碳市场内部机制对碳价格的影响，作者还采用关联维数和李雅普诺夫指数检验欧盟碳市场的混沌性，结果表明，关联维数随着嵌入维的增加而增加，说明碳市场中并不存在明显的内生非线性动力，最大李雅普诺夫指数大于0，说明碳市场是混沌的，所以碳价格的波动不仅受内部市场机制的影响，而且受异构型环境的影响。

Feng Zhenhua 等（2011）基于非线性动力学的视角，利用 EUETS 市场价格数据，分别运用随机游走模型、R/S 比率分析以及噪声理论对该市场价格波动的行为特征进行研究，研究结果显示，碳价格波动不是一个随机游走过程，历史信息没有充分反映在当前的碳价格中欧盟碳市场价格存在混沌特征。

杨星、梁敬丽（2017）利用 Bluenext 和 ECX 的经验数据，对欧盟碳排放权市场（EUETS）的价格行为特征进行了分析。对市场分形性的研究表明，欧盟碳排放权市场具有显著的统计自相似性、阶段性的而非全过程的长期记忆性特征；对市场混沌性的研究表明，该市场存在非收敛饱和混沌性。由此得出结论：欧盟碳排放权市场是一个具有分形与混沌特征的非线性动力系统，它不符合有效市场假说，因此不能用线性范式研究市场价格行为、交易机制及政策制定。

1.2.2 碳交易市场价格波动规律研究现状

对碳价格波动规律的研究主要集中在周期性波动规律、季节性波动规律以及外部冲击波动规律三个方面。

1.2.2.1 关于碳交易市场价格周期性波动的研究

与在其他金融领域研究周期性价格变化相比，专门针对碳价格周期性变化的研究并不多见，比较有影响的研究包括：朱智洺、方培（2015）通过构建包含能源价格波动的动态随机一般均衡模型，检验了碳排放的波动性，表明碳排放波动有明显的顺周期性。朱帮助（2012）采用 EMD 算法将 2005~2011 年 9 月的 EUETS 的碳期货价格数据分解成 7 个 IMF 和一个残差项，并利用各个序列波峰和波谷的个数计算各个序列的平均周期，测出高频分量的平均周期为 8 天，低频分量的平均周期为 96 天。Théo Naccache（2011）采用小波分析方法研究石油价格波动周期，得出石油价格波动周期一般为 20~40 年。

1.2.2.2 关于碳交易市场价格季节性波动的研究

碳交易市场价格季节性波动的研究主要包括：Feng（2012）利用随机游走模型，证明碳市场是温度敏感性市场，季节性波动规律与气温息息相关，碳价格序列在夏季和冬季不服从随机游走，在春季和秋季服从随机漫步，同时，不同的气候条件也会影响碳价格波动。Hintemann（2010）利用相关性检验证明天气与碳价格波动有正相关性，寒冷的天气与碳价格之间具有非线性的相关关系，而炎热的天气对碳价格的波动并不造成太大影响，温度过高或过低，都会使碳价格发生剧烈波动。Bataller 等（2007）运用多元线性回归方法，证明极端天气对碳价格的影响尤为突出。Mansanet-Batalleret 等（2007）研究了能源变量（汽油、天然气、煤炭价格等）与天气变量（气温指数、降雨量、极端天气等）对碳价格的影响，结果发现，碳价格不仅会受到能源价格的影响，还会受到未预期的气温变化的影响，尤其会受到寒冷的极端天气的影响。Alberola 等（2008）采用时间序列方法，证明环境、温度都会影响碳价格，并且温度给碳价格带来的影响比一般市场更大，由此得出，碳排放权市场是温度敏感性市场的结论。Julien Chevallier（2008）对“欧盟四国”气温与碳排放价格的关联程度进行模拟分析，发现气温骤冷骤热会导致电力需求增加，碳排放量随之增加，碳排放价格随之发生变化；Mansanet-Batallet 等（2007）通过实证研究证实：气温的变化通过对电力使用量的多少而影响碳价格，电力需求与碳排放权价格呈现出非线性的相关关系。

1.2.2.3 关于碳交易市场价格外部冲击波动的研究

碳交易市场价格外部冲击波动的研究包括：Ying Fan 等（2017）运用事件研究法分析了自 EUETS 建立以来发生的 50 个政策事件对碳交易价格的影

响。结果表明，消极事件的影响力略高于积极事件的影响力，积极事件使碳价格上涨，消极事件使碳价格下跌，并且部分事件对碳价有长期和短期不同的影响。Hitzemann 等（2015）和 Christian Conrad（2012）同样用事件分析法发现：相关政策的公布对高频碳价在周期性、波动集聚性方面有影响，会造成短时间内碳价剧烈波动。郭福春、潘锡泉（2011）采用 B-P 结构突变检验法对欧盟碳期货价格进行了研究，发现相关政策公布会使碳价格出现多次大的波动并呈现非线性的特征。Alberolaetc（2007）运用多元线性回归模型研究了外部冲击对 EUETS 碳价格的影响，证明外部冲击会使碳排放交易价格出现结构性突变，影响十分突出。

1.2.3 碳排放权价格决定研究现状

目前，碳排放权定价的研究主要分为两类：边际成本定价和影子价格定价。

1.2.3.1 关于边际减排成本定价的研究

边际减排成本定价通常以边际减排成本曲线（Marginal Abatement Cost Curve，MACC）为工具来进行分析。Tang 等（2016）应用参数化的非径向方向距离函数对中国区域性 2003~2012 年全要素生产效率和 MAC 进行估算，得出全国的 CO_2 和 SO_2 的平均边际减排成本，并利用方向距离函数结合影子价格进行 MAC 测算得到碳排放权价格。Stefan（2014）利用一般均衡模型 Worldscan 模块，分析了不同燃料的差异化碳价格模式，认为边际福利成本等于碳排放权的价格。Böhringer（2014）利用开放经济下两国贸易的 CGE 模型，研究了最佳均衡碳价格，得出当含碳商品出口价格等于进口价格时，碳价格为最优。Morris 等（2012）对世界主要碳市场的 MAC 曲线进行了动态变化分析，证明边际成本曲线可以有效地反映碳价格的动态变化，并且其结果与市场价格吻合。Wang 等（2011）应用中国 2007 年碳排放边际减排成本的相关数据，利用非参数方法对边际减排成本模型进行测算，得出：边际成本是影响碳价格的重要因素，从某种意义上看，边际成本就是碳排放权价格。Simões 等（2008）通过动态优化模型 TIMES-PT 对葡萄牙不同部门减排情景下的 MAC 曲线进行模拟，表明政策效率将影响碳排放价格。Klepper 等（2006）基于一般均衡模型（CGE）模拟减排水平、能源价格与国家边际成本间的关系，研究表明：减排承诺将减少国家的减排成本，从而对能源价格产生影响。Klaassen 等（2005）根据边际成本分析原理，得出在交易成本最小（或收益最大）时，市场将实现均衡，此时，碳排放权均衡价格与社会平均减排成本（Social Average Emission Reduction Cost，SAERC）相等，而当边际成本曲线和社会平均成本（Social Average Cost，SAC）曲线相同时，碳价格将实现最优。Van（2003）在边际减排成本分析的基础上结合配额跨期存储对碳价的影响，证明配额储存能够提高碳价的预测值。

1.2.3.2 关于影子价格定价的研究

在影子价格定价的研究中，Boussemant 等（2017）利用鲁棒 DEA 方法对 1990~2011 年全球范围内 119 个国家的碳影子价格进行估算，表明碳影子价格正以 2.24%的趋势增长，在 1990~2007 年各国碳价格服从 Sigma 收敛过程，但在全球金融危机后出现分化；Duan 等（2017）基于超越对数生产函数和方向距离函数对 2010~2014 年中国钢铁行业碳影子价格进行估算，研究表明：中国东部沿海地区的碳影子价格显著高于其他省份，钢铁行业的影子价格在多数省份呈逐年下降趋势，影子价格估计值显著高于中国 7 个试点碳市场交易价格。Lee 和 Zhou（2015）构建了方向边际模型，通过综合评定 CO_2、SO_2 和 NOx 的影子价格对碳影子价格进行估算，得到方向影子价格与传统影子价格存在估算误差，与方向影子价格估算结果相比，传统影子价格估算会低估影子价格，方向影子价格约是传统影子价格的 1.1 倍。Zhou 等（2015）运用距离函数估算了上海工业部门 CO_2 排放的影子价格，通过比较参数和非参数估计方法下不同部门的影子价格数值，得到影子价格数值因估算方法不同而呈现显著差异。Lee 等（2014）通过引入包含非期望产出减排级别的映射规则，运用方向距离函数和 DEA 方法对 2004~2008 年韩国化石

燃料发电厂 CO_2 的影子价格曲线进行经验估算，拟合得出时间区间内的动态影子价格曲线，并验证燃料类型和减排水平是影子价格曲线形态的主要决定因素。

1.2.4 研究评述

（1）关于碳排放权市场行为特征的研究。目前的研究主要以有效市场理论为基础，利用随机游走模型检验市场的有效性。大多数研究认为，碳排放权市场是一个弱式有效市场，Feng Z H、Zou L L 和 Wei Y M（2011）采用波动率检验法和序列相关法检验认为，碳价格不服从随机游走过程，而是一个有偏的随机过程，传统的弱式有效市场理论并不能用于碳市场基本特征的描述。将分形与混沌思想引入碳排放权市场行为特征研究的文献还十分少见，远没达到系统而深入的研究阶段。现存的、最典型的研究属 Fan X H、Li S S 和 Tian L X（2015），他们采用关联维数、最大李雅普诺夫指数和柯尔莫哥洛夫熵三个经典的指标检验了欧盟排放权交易体系下第Ⅲ阶段碳期货（DEC14 和 DEC15）价格的特征，认为碳期货价格的波动可以看作是一个混沌现象。进一步的研究需要针对有效市场理论无法解释的市场异象，找出关于市场分形与混沌的证据，证明市场的基本行为符合耗散的、复杂系统特征。

（2）近年来关于碳市场价格波动规律的研究逐渐增多，比较而言，季节性变化与外部冲击引起价格波动的研究要多一些，周期性波动相对较少。所用的主要方法是随机一般均衡模型、多元线性模型、ARCH 族模型以及 EMD 算法。这些研究的一个共同特点是假定碳排放权市场是一个弱式有效市场，在这一假设条件下，从供给、需求、市场影响三个维度讨论碳价格波动规律。至于从分形与混沌的市场行为角度来考察碳价格波动十分罕见。

（3）关于碳排放权定价问题的研究。现有的碳排放权定价方法大致分为两类：一类是边际成本法（Marginal Abatement Cost，MAC），它利用两部门经济模型来研究不同情况下经济主体利润最大化实现均衡时碳排放权的价格。当边际成本曲线（Marginal Abatement Cost Curve，MACC）和社会平均成本曲线（Social Average Cost Curve，SACC）相等时，或者说，在企业实现利润最大化的情况下，排放率降低至边际减排成本时，碳排放权市场价格为最优状态。另一类是影子价格法（Shadow Price，SP），它从投入和产出的角度，运用方向距离函数和DEA方法估算影子价格，利用投入和产出的数量以及期望产出的价格信息，即可得到对应的影子价格，并用市场价格来测度偏差。在该模型中，产出被分为两个部分：期望产出和非期望产出，非期望产出就是我们所关注的二氧化碳、二氧化硫以及氮氧化物等。

在这两种方法中，一个共同的特点是它们所采用的都是一般均衡分析方法，这种方法对于分形与混沌市场的碳排放权定价是不合适的。这也正是我们需要探讨的核心问题。

1.3 研究内容与方法

1.3.1 研究内容

1.3.1.1 研究的理论基础：有效市场假说与分形、混沌市场之辨析

对研究的基础理论辨析之所以如此重要，是因为它决定了我们后续研究所采用的研究范式的技术与方法。如果我们承认碳排放权市场符合有效市场假说，我们就应该用线性的、完全理性的均衡范式进行后续研究，但如果我们承认碳交易市场是一个分形与混沌市场，我们可以依据复杂动力学系统原理，利用非线性、有限理性、非均衡范式的技术和方法对该系统进行分解与重构，得到微分流形市场几何形态，实现我们的研究目标。

鉴于金融市场异象对经典有效市场理论的质疑，我们首先需要找到一个

对现实碳金融市场运动规律恰如其分的描述并证实：

（1）有效市场理论三大假设：①完全理性投资人假设；②市场完全有效假设；③证券收益率（价格）相互独立假设对碳市场的不适应性。

（2）碳市场实际已具备的特征：①时间序列的自相似性、长期记忆性、时变方差等分形市场特征；②吸引子对初始值具有的敏感性、分形维、拓扑结构及系统的最大 Lyapunov 指数等混沌市场特征；③碳价格波动的孤立子特征。相对于有效市场理论，分形与混沌市场理论对碳交易市场价格运动的内在机制、波动规律、中枢价值的决定会有更严谨的表达。本质上，碳排放权市场是一个非线性的、开放的、耗散的、复杂的动力系统。

1.3.1.2 研究的市场基础：碳交易市场分形与混沌特征之证明

我们早期的研究曾经否定了碳排放权交易市场并不服从有效市场假设，原因是它无法解释真实市场中的种种异象，并且其线性范式的研究方法也存在诸多弊端。当时采用了欧盟碳排放权交易市场（EUETS）2005~2015 年的交易数据，利用 Lo MacKinlay 传统方差比检验、Wright 非参数检验、Chow Denning 多重方差比检验以及 Joint Wright 多重方差比四种方法对市场的有效性进行了检验，证明在 EUETS 现货市场 10 年的发展中，仅在第Ⅱ阶段市场具有弱势有效性，而其他两个阶段并不符合有效市场理论的基本假设条件。

在本书中，我们假定碳排放权交易市场是一个分形与混沌市场。我们用同一组数据，采用非线性范式的分析方法与技术，验证了该市场所具有的特征：①显著的统计多尺度变换、自相似性，而非全过程的长期记忆性的分形特征；②阶段性的低维混沌性和全过程的非收敛饱和混沌性的混沌特征；③具有波动—粒子两重性的可积系统孤波的孤立子特征。据此，我们得出结论：目前尚存的全球性的碳排放权市场是一个分形与混沌及孤立子市场。

1.3.1.3 碳排放权价格波动规律研究

该部分研究的目的是为后续碳资产定价提供参考依据。由于碳排放权是能源产品的衍生品，由此研究者认为，碳价格波动与能源价格波动息息相关，能源价格的波动规律与碳资产价格波动规律具有很高的相关性。据此，我们假定：与能源市场价格的季节性波动、周期性波动、外部冲击波动相似，碳排放权市场价格也存在三大波动。

（1）对季节性波动规律研究表明：EUETS 第Ⅰ阶段 EUA 现货价格不存在季节性波动，第Ⅱ、第Ⅲ两个阶段存在季节性波动，且各年的价格季节性波动规律基本一致，即夏、秋季 EUA 价格高，春、冬季 EUA 价格低。其主要原因是由于各个季节对能源的需求不一样，从而导致碳排放量的差异，继而引起的碳交易市场上碳配额价格的变化。

（2）对周期性波动规律的研究表明：碳排放权价格波动存在 33 个月左右的长周期，其中包含两个长度分别为 17 个月、16 个月的子周期；此外，存在约 10 个月的中周期，其中包含两个长度分别为 5 个月、7 个月的子周期。电力价格、煤炭与天然气的相对价格、经济发展综合指示指数都是影响碳排放权价格周期性波动的主要因素，而且电力价格对碳排放权价格的波动贡献率最高。

（3）外部冲击波动规律的研究。将外部冲击界定为重要信息公布与突发事件冲击。重要信息公布与突发事件将严重影响碳价格的波动，其中，重要信息公布造成短时间内价格剧烈波动，突发事件除造成瞬时剧烈的波动之外，其影响波及时间较长，影响力超过了重要信息公布所带来的影响。

总的来说：碳排放权价格波动具有季节性波动、周期性波动和外部冲击波动三大规律，这些规律与能源市场价格波动规律有极高的相关性，但与替代能源如风能、光能、地热能以及太阳能的关联度不大。

1.3.1.4 碳排放权定价研究——一个重要的创新

在证明了碳价格序列均值回归的存在性及周期和振幅的前提下，采用"孤子"为碳排放权定价，这在国内外并无先例，是本书研究的重要创新。研究依据是：孤子兼有波动和粒子的双重属性，孤子在经过长时间碰撞、分离、再集聚后，其波形和速度最终会回到原始状态。这与金融市场价格波动的均值回归现象十分相似。孤子波的这一非凡特性为我们提供了研究碳排放权定价的依据。但由于非线性微分方程的复杂性，孤立子精确解的求解难度很大，值得庆幸的是，在孤子理论中蕴藏着一系列构造显示解的方法，这才使得我们的研究得以进行，并为孤子理论在金融资产定价中的运用提供了借鉴。

为碳排放权定价首先必须解决三个问题：第一，碳排放权市场价格是否存在均值回归；第二，如果存在，均值回归的时间间隔（周期）和振动波幅（频率）如何；第三，如果上述二者均成立，那么，均值——碳排放权的中枢价值（理论价格）用什么方法确定。

（1）均值回归的存在性检验表明：在欧盟碳交易市场三个阶段的发展进程中，第Ⅰ阶段 EUA 价格序列变动不服从均值回归，第Ⅱ、第Ⅲ阶段 EUA 价格序列均具有非对称均值回复特征；第Ⅰ、第Ⅱ阶段 EUA 收益率序列具有持续性非对称均值回归特征，第Ⅲ阶段 EUA 收益率序列具有均值回避特征；价格序列和收益率序列均值回归特征在第Ⅰ、第Ⅲ阶段明显不一致，但在第Ⅱ阶段，无论是价格序列还是收益率序列均具有非对称性均值回归特征。

（2）均值回归的时间间隔（周期）和振动波幅（频率）研究表明：EUA 现货价格具有显著的均值回归周期振荡特征，周期在 3~15.5 个月；振幅在 -2.298~4.823；EUA 现货价格均值回归与原油价格指数 WTI 的耦合周期在 3~12 个月，耦合振幅在 0.1958~0.8843，与欧元区制造业采购经理指数 PMI 耦合周期分别为 4~11 个月，耦合振幅在 0.1652~2.134。

（3）对碳排放权进行定价的研究表明：①碳排放权价格序列波动具备了传播不弥散和碰撞稳定性的孤子特征，随着时间尺度的变化，碳价格沿着同一个方向位置尺度上的平移并不改变其运动的波形和速度；②碳孤子方程能通过 Painleve'可积性检验，在共振点处，存在满足 $u_j(t)$ 关于 t 的任意函数，相容性条件恒成立，表明碳孤子方程存在孤子解；③利用双线性方法构造的非线性演化方程得到了单孤子、双孤子和三孤子的精确解，其中，单孤子解正是我们寻求的碳排放权中枢价值，它的理论价值为 13 欧元/吨 CO_2e，约合人民币 101.55 元/吨 CO_2e（2017 年 12 月牌价）。

1.3.2 研究方法

第一部分的主要研究方法：文献研究法、比较研究法、归纳和演绎法。

第二部分的主要研究方法：①用时间序列方差的幂律关系（检验自相似性）、BDS、经典的重标极差法 R/S 及 V/S 分析法（检验长期记忆性）检验了 EUETS 市场的分形特征；②利用饱和关联维数、最大 Lyapunov 指数、邻近返回技术检验了 EUETS 市场的混沌特征；③利用相空间重构、鞅技术、不动点技术等检验了 EUETS 市场的波动–粒子两重性的可积系统孤波的孤立子特征。

第三部分主要研究方法：①采用 X–13A–S 法，对碳价格波动进行稳定季节性、移动季节性和 Kruskal–Wallis 季节性检验，探讨其波动规律；②采用最大熵谱法和小波方差法探讨碳价格周期性波动规律；③采用连续小波模态参数识别以及事件分析法，研究外部冲击事件波动规律。

第四部分的主要研究方法：①利用离散小波变换（DWT）和非对称非线性平滑转换 GARCH 模型（ANST–GARCH）检验均值回归的存在性；②采用功率谱和奇异谱技术进行均值回归的时间间隔（周期）和振动波幅（频率）研究；③采用双线性可积孤子方程进行碳排放权定价研究。

1.4 本书的创新、不足与尚需深入研究的问题

1.4.1 本书的创新

（1）丰富了资本市场价格行为理论。研究者证实了碳金融市场是一个典

型的分形与混沌市场，确认了经典的有效市场理论在解释资本市场众多的异象方面凸显出极大的局限性，非线性动力学、复杂系统、信息学和统计物理学共同构成的“金融物理学”可以对这些异象进行理论诠释并提供建模依据。对投资者行为动机的缜密逻辑演绎与抽象思想综合分析，可以在分形与混沌理论下得以实现。

（2）补充了金融产品定价技术与方法。在研究技术和方法上，将数学物理和工程技术的研究方法引入碳排放权定价是本书的重要创新。将孤子理论引用到金融领域为碳排放权乃至其他金融资产定价纯属一种开创性的尝试，孤子的基本属性为我们奠定了创新的基础。

（3）拓展了碳资产价格预测分析技术。以分形与混沌理论为基础，用非线性范式构建的 Db3-GA-RBF（SIC）模型，可用于碳排放权市场的价格预测。该模型能很好地刻画 EUA 现货价格波动的局部尺度多样性特征，有效地提高数据的准确性和模型的泛化能力。

（4）探讨了碳市场风险时点与规模的测度方法。采用小波领袖法（WL）和多重分形谱可以对碳交易市场多重分形特征的时变性及风险时点与规模进行研究。风险发生的时点可以通过最大波动点集的奇异性 h_{min} 和最大波动点集的分形维数 $D(h_{min})$ 进行定位。通常可以在 $D(h_{min})$ 突变时点 D_{jump} 上得到体现；风险规模指标 $R_{fractal}$ 可以根据多重分形参数得到，并且与最大波动点集的平均奇异性和最大波动点集的平均维数息息相关。

1.4.2 成果的不足

（1）目前的研究集中在对价格序列波动的正向稳定传播，未考虑价格序列波动的正、负两个方向的传播。

（2）碳资产定价研究仅利用了最简单的 KdV 方程，更复杂的价格波动机制及模型的设定尚未建立。

（3）风险规模指标 $R_{fractal}$ 参数选择尚存在一些问题，参数估计方法有待更新，对模型的时变性和结构变化性尚需进一步探讨。

1.4.3 尚需深入研究的问题

（1）进一步考虑利用更复杂的具有孤子解的非线性发展方程如 SG（Sine–Gordon）方程、NLS（非线性的 Schrodinger）方程、离散 Toda 方程以及 KP（Kadomtsev–Petviashvili）方程来探讨金融资产定价问题。

（2）利用高阶孤子定价还需要进一步研究。本书证明二阶以上的孤子并不具备孤子特性，那么，接下来的问题是：高阶孤子算不算“孤子”？如果不是，它们为什么会有孤子解？如果是，它们为什么又不具备孤子特性？又或许，数值分析方法对高阶孤子也无能为力，需要有一种更好的方法来对高阶孤子的定价功能进行研究。

（3）探讨大数据条件下碳金融风险时点定位和风险规模测度新方法。初步设想是如何利用动态风险测度理论、数据挖掘及模拟仿真技术，对模型的设定和参数估计方法进行改进。

第2章
有效市场理论与分形混沌理论之争议

2.1 有效市场理论对金融市场行为解释力的局限性

2.1.1 有效市场理论对金融市场行为的解释

1900年，法国数学家路易·巴舍利耶（Louis Bašellier）采用统计方法分析了股票、债券、期货和期权收益率问题，发现收益率波动的数学期望值总是为零。这在当时是一种富有远见和开拓性的工作。其中一个重要的发现是，随机游走模型可用于对价格行为进行解释。他认为价格行为应该遵循"公平游戏"的原则，投资期望利润应该为零。但受制于当时的分析技术水平，并没能提供相应经验证据的支持，并且很快就被遗忘和忽略。直到1953年，英国统计学家肯德尔（Kendall）采用计算机对英国工业股票价格指数及商品价格数据进行实证研究，发现了价格序列的随机波动性。随后理论界又开始了对随机游走模型和市场有效性的研究。1964年，著名的金融学家库特钠（Paul Harold Cootner）在他的经典文集《股票价格的随机性》书中收集了大量有关 EMH 的论文，为法玛（Eugene Fama）的有效市场理论的创立提供了全部理论基础。1970 年，法玛发表了《效率资本市场：对理论实证工作的评价》，提出了“有效市场假说理论”（Efficient Market Hypothesis，EMH）。它宣称市场是一个鞅，是一个“公平博弈”。EMH 的核心思想是：第一，金融市场上的投资者都是理性人，他们能够在风险与收益之间谨慎地进行权衡取舍；第二，股票的价格反映了理性投资者的供求平衡，有多少股票购买者就会有多少股票出售者，当二者失衡时，市场会通过套利迅速回归到平衡；第三，股票的价格能充分反映资产的所有信息，信息一旦变动，股票价格就一定会随之变动。根据价格对信息的反应程度，法玛将有效市场分为三种类型：弱型（Weak-Form Market Efficiency）、半强型（Semi-Strong-Form Market Efficiency）和强型（Strong-Form Market Efficiency）。在弱型有效市场中，价格已经充分反映了所有历史信息；在半强型有效市场中，价格反映了所有公开信息；在强型有效市场中，市场价格充分反映了所有已公开的和内部未公开的信息。由于市场普遍接受的是价格反映了所有公开信息，因此，半强型有效市场假说被认为是 EMH 的典型代表。

在市场承认了 EMH 之后，接下来是如何描述它的统计特征。EMH 认为，市场是一个线性范式，投资者在收到信息之后，不是以累积的方式对一系列事件作出反应，而是以原因—结果的线性方式对信息作出反应。线性范式暗示着：①收益率变化相互独立。今天的收益率与昨天的收益率无关，收益率的相互独立遵循随机游动理论，因而，可以用随机游动的几何布朗模型描述。②收益率的变化分布是正态的，即使该收益率序列的经验分布与正态分布存在较大的差异，但在消除了条件波动之后，其条件收益率仍然服从正态分布。③收益率有稳定的均值和有限方差。由于收益率的服从正态分布，因而收益率的波动可以用收益率变量的二阶矩——方差度量，并且近似的收益率正态分布隐含着至少一个有限的均值和一个有限的方差。

2.1.2　有效市场理论对金融市场行为解释的争议

EMH理论长期被视为金融理论的主流和基石，基于有效市场理论，发展出了诸如资本资产定价模型（The Capital and Asset Pricing Model，CAPM）、期权定价模型（The Option Pricing Model，OPM）、APT模型和B–S期权定价模型等一系列经典的金融理论。然而，随着计算机技术的发展、数据收集和处理能力的增强以及对金融市场研究的深入，该假说的弊端和局限日益凸显。主要体现在以下方面：

（1）对理性投资者的质疑。理性投资者是有效市场假说中另一个基本条件，他们能根据已有信息对价格做出最优预测。然而，由于有限理性、有限自制力和有限自利的存在，投资者难以在各种情境下清楚计算风险和得失，个人偏好、社会规范和观念习惯等都有可能影响其选择。Kahneman（2001）指出，投资者在做出投资决策时，多会偏离标准的决策模型而表现出非理性特征，例如损失的效用函数斜率远大于收益的效用函数斜率；投资者会基于偶然因素所引起的价格短期波动来预测未来，而非基于长期价格走势作出预判；投资者决策偏离贝叶斯原则，使得价格偏离价值产生收益反转。

（2）对信息成本的质疑。有效市场假说假定投资者收集和处理信息都是无成本的，然而Grossman和Stiglitz（2001）指出，信息成本是存在的，信息成本体现在收集和处理的过程中。由于信息成本的存在，价格不能完全反映已有信息，否则那些花费大量资源获取并处理信息的投资者将得不到超额收益的补偿。此时，投资者的超额收益可以视为信息成本的补偿。如果投资者负担了信息成本但却得不到超额收益，则投资者就会失去搜寻信息的动力，成为价格的接受者。直到所有市场参与者都不再主动搜寻信息，那么，价格此时就无法反映所有信息，即格罗斯曼—斯蒂格利茨悖论（Grossman-Stiglitz Paradox）。

（3）对预期一致性和风险中性的质疑。有效市场假说隐含两个条件：投资者的预期是齐次的和风险中性。投资者预期齐次意味着所有投资者以相同的方式评价和利用其所获得的信息。风险中性，即投资者不要求风险补偿。Figlfwski（2003）指出，投资者对信息的评价和利用是不同的。市场中存在信息优势和分析能力不同的投资者，那些有信息优势和分析能力强的投资者可以凭借其有利信息做出投机性行为；而那些信息劣势或分析能力弱的投资者就会把财富逐步转移给具有信息优势的投资者。市场在形成价格时将赋予最优信息最大的权重，价格不能充分反映所有可用信息，市场很可能介于完全无效和完全有效之间，故市场有效性受市场参与者的异质性特征影响。而Leroy（2004）指出，当前收益率的预期值与过去的收益率有关，在风险厌恶的前提下，收益不满足鞅性；只有在风险中性的条件下，超额收益才等于零。即考虑投资者的风险偏好，价格的鞅性就会被违背。

（4）对线性范式本质的争议。对于无信息成本、理性投资人假设、预期一致性以及风险中性的质疑，归根结底都是对经典金融理论线性范式的质疑。之所以被称为“线性”，是因为标准金融理论采用了同牛顿机械决定论相同的研究范式。类比于经典金融理论，在描述市场信息对价格规律的影响时，无论是对投资者行为和思维的整齐划一，还是市场无摩擦的假设前提，最终都是为达到消除行为与经济关系的不确定性。在此基础上，市场价格的变化与市场信息必然服从单一的线性因果关系，而投资者对市场信息的迅速反应也存在着作用与反作用的关系。关于线性范式的质疑，最典型的观点来自于 Peters 关于金融市场本质上是非线性的。

正是由于这些固化的前提条件，使得经典理论疲于解释“市场异象”，如金融市场中技术分析和基本面分析的超额盈利能力、反转效应（De Bond & Thaler，1985，1987）、动量效应（Jegadeesh & Titman，1993）、过度反应与反应不足（Ritter，1991；Ball & Brown，1968）以及一月效应、小规模效应、日历效应、季节效应等。面对如此多的质疑和困境，人们不得不重新思考有效市场理论的正确性与科学性。

除了理论上的质疑之外，金融市场的典型的波动特征也再一次引起人们的关注。首先，收益率的正态分布遭遇到严重挑战，众多的实证研究都表明，收益率即使在消除条件波动之后，仍然呈现“尖峰”“厚尾”“有偏”的波动特征；其次，价格运动会出现大幅度的“跳跃”“集聚”和“持续性”，当遇到外部冲击时，价格波动会出现突然的、超过平常几十倍幅度的跳跃，并且会出现集聚和影响相当长时间的运动态势；最后，价格波动有很强的自相似性和标度不变性。金融市场在某一个时间段内的波动将会在另一个时间标度上重现，并且呈现出极强的自相似性等。

上述质疑使人们开始寻求更具有解释力的新理论和新方法。反映非线性动力学、复杂系统和统计物理学的分形、混沌及孤立子理论在金融市场的应用便是其中之一。

2.2 分形与混沌市场假说对金融市场行为理论的解释

2.2.1 分形与混沌

最早提出“分形”（Fractal）概念的是伯努瓦·曼德布罗特（Benoit B Mandelbrot），1977年，在观察到英国海岸线的不定长现象之后，Benoit B Mandelbrot撰写了*Fractal*：*Form*，*Chance and Dimension*，创立了“分形几何学”。与欧几里得“对称和光滑”几何学不同，分形几何学是一种研究自然界的几何学，它具有“非对称性和粗糙性”。Mandelbrot将分形定义为：“一个分形是一个对象，它的部分以某种方式与整体相似”，即任何局部都会以某种方式与其整体存在相似的集合，在数学上可以称为豪斯道夫维数（Hausdorff）大于拓扑维数的集合。从定义延伸，分形具备两个特征：第一，分形具有自相似性（或标度不变性），分形形状在空间上有自相似性；分形时间序列在时间上有自相似性；第二，分形时间序列可以有分数维数，即非整数维[①]。分数维是确实存在的，如谢尔平斯基三角形，它的维数既不是 1 也不是 2，而是 1.58。分形可以分为两类：一类是对称分形（或称确定性分形），它们由确定规则生成，用迭代一个简单的规则生成另一个自相似物体；另一类是随机分形，它由多个在不同标度上随机选择规则生成另一个自相似物体。后者可能更受自然选择的青睐。

1994 年，埃德加·E. 彼得斯（Edgar E Peters）将曼德布罗特分形理论应用到金融市场中，提出了著名的"分形市场假说"（Fractal Market Hypothesis，FMH）。该假说认为：金融市场是一个非线性的、耗散的、复杂的动力系统。市场中的投资者根据有限理性对信息产生反应，使非线性均衡持续存在。分形市场具有自相似性、长期记忆性、时变方差等特征，并且可以用有偏的随机游走和分数布朗运动来刻画。

Edgar E Peters 首先证明了资本市场收益率的分布是一种"帕累托分布"（或稳定帕累托分布），并将其称为"分形分布"。"帕累托分布"具有显著的胖尾、尖峰特征，在时间上有足够的自相似性和长期相关性。其次，他发现了两个可以支持分形市场假说的事实：其一，赫斯特指数（H），它是分形维的倒数，能够支持分形维数的存在，对于大于或等于 30 天的增量，其 H 值是相同的；其二，他发现了"约瑟效应"[②]和"诺亚效应"[③]。前者证明分形分布有趋势和循环，后者证明分形有无限方差征群。长期记忆是分形时间序列重要特征。

为寻找资本市场的真正性质及价格决定的因素，Edgar E Peters 用非线性动力学理论分析了分形结构产生的原因，并在不经意中将分形与混沌连接在

① 分数维的概念有德国数学家豪斯道夫（F Hausdorff）在 1910 年提出，因而，分数维也常常用 F.Hausdorff 维数表示。

② 约瑟效应是指股票价格存在的长期持续与非周期的循环现象。

③ 诺亚效应是指股票价格会发生不连续、突发性的跳跃。并且大跳跃后面常跟着大跳跃、小跳跃后面常跟着小跳跃，即金融学中常说的波动集群（Volatility Clustering ）现象。

一起。

非线性动力学在某种意义上可以看作是资本市场的特征，虽然这个定论在目前尚存争议。非线性动力学的研究实际上可以理解为对一个紊乱系统的研究或者说对稳定状态向紊乱系统过渡的现象的研究，它无法用标准的牛顿物理学建立模型。这是因为牛顿物理学只能解释两个物体间的相互作用，对三个物体的相互作用却无法解释。但非线性系统却可以突破这种局限性。非线性系统有三个基本类型：点吸引子、极限环和奇异吸引子。我们通常把它们放在相空间中讨论。点吸引子意味着在相空间里，无论你给系统设置什么样的初始值，它最后都会被吸引到原“点”停下来，我们将这个原点称为系统的均衡状态；极限环是指不受任何摩擦力和重力影响的吸引子，系统设置的初始值会以周期方式围绕均衡点变动，即初始值最后会被吸引到一个“环”里；奇异吸引子又称为混沌吸引子，它在相空间里的变化是没有规律的，相图会显得随机和混沌，均衡变成了一个有着无限数目解的有限区域。

吸引子有着自相似性和遍历性。自相似性表现混沌系统中的奇异吸引子在接收到信息之后，会按照内部规定的规则自动处理信息，使得在有限的分布域中出现无限个奇异吸引子，这些吸引子具有不同尺度之间的相似性；遍历性指吸引子分布在整个混沌系统运动中，并且吸引子内部的每一个状态点都是规则有序、以唯一性存在的。

1908 年，亨利·庞加莱（Henri Poincare）在用数学工具（微分方程）解释三体现象过程中，首次发现了确定性系统内部的不确定运动，并将其称为“混沌”（Chaos）[①]。1963 年，美国气象学家爱德华·诺顿·洛伦兹（E N Lorenz）在实验中也同样发现了混沌现象：在确定性的系统里会出现随机行为，并正式提出“混沌理论”，他认为，“在混沌系统中，初始条件的微小变化，可能造成后续长期而巨大的连锁反应”。混沌理论被认为是物理学的第三次革命，它与相对论、量子力学同时被列入 20 世纪最伟大的三大发现

① “混沌”（Chaos）指在确定的非线性系统中存在着无规则的随机运动的现象。

之一。

混沌系统具备三大基本特征：第一，对初始条件的敏感性依赖。初始条件敏感性意味着在非线性动力系统中，初始条件的任何细微变化都会使得整个系统发生随机的、N 个差异性变化，并且这种变化是未曾预料的结果。所以，预测尤其是长期预测将变得不可能。第二，临界水平。一个典型的例子就是“压垮骆驼的最后一根稻草”。骆驼的垮掉与最后的这根稻草并无直接联系，但它恰恰超过了骆驼站立的临界水平。第三，分形维。这正是我们在前面谈到的分形特征，通过分形维我们将分形与混沌连在了一起，混沌主要研究非线性系统在时间上的演化行为特征，而分形主要研究非线性系统在空间上的演化行为特征。我们可以认为：混沌是时间上的分形，分形是空间上的混沌，即分形是混沌的一个特例。

最早将混沌理论引入经济学领域的研究当数阿卢瓦-施蒂策（Alois Stutzer），1980 年，Alois Stutzer 发表了论文《一个宏观模型中的混沌动力学和分支理论》，将混沌理论用于金融市场研究，他认为在杂乱无序、随机的、非线性变化的金融市场中，存在着一种更高维度上的有序，一种看似复杂但却简单的、看似随机但却有规律性的运动，并创立了混沌状态下的经济增长模型，从而为金融市场提供了新的分析框架。美国经济学家本哈比伯（Bcn-habib）和戴（R.Day）（1981）发表了论文《合理选择与不规则行为》，应用混沌理论研究了效用函数的长期性问题。戴（1982，1983）在研究人口净自然出生率与生产函数和平均工资收入关系时，发现人口变化会出现混沌状态。戴（R.Day）和谢富（Shafer）（1985）检验出在具有非线性投资规模的固定价格中出现了混沌现象。博尔丁（Boldrin，1986）在研究最优经济增长轨道时也发现了混沌现象。卢塞尔（J B Rosser，1993）的研究表明，在发生经济制度变革时，也会出现有条件混沌。截至目前，关于混沌经济学的研究尚无大的进展，最新、最有权威性的研究当数埃德加·E.彼得斯（Edgar E Peters），他的系统性研究成果在《资本市场的混沌与秩序》中得到最好的体现。

2.2.2　分形与混沌理论对金融市场的解释

分形与混沌理论从市场属性、市场价格、市场研究范式等几个方面对金融市场的运动提供了解释：

第一，金融市场是一个有限理性并非完全理性的市场，具有典型的非线性特征。分形市场理论认为，金融系统是一个具有非线性特征的复杂体系。用非线性范式来描述金融市场更为准确。金融市场中的投资者由于社会生活环境、经济基础、受教育程度等多方面的差异，对信息获取的速度、质量、对信息处理的偏好等差异会导致其决策和行为的不同，不可能做到完全理性。由于有限理性的存在，投资者在信息获取、信息判断、信息过滤等方面会出现异质性，当且仅当趋势和信息水平超过临界值时，人们才可能对所忽略的信息做出反应，即投资者的滞后累加反应，这种反应具有先平稳后突变的性质，呈现典型的非线性特征。与此同时，投资者的不同投资行为为市场提供了流动性，市场流动性取决于投资者的投资起点，从而保持市场稳定，这种稳定不是一种均衡，而是相对于市场恐慌的相对稳定状态。

第二，金融资产价格变化的概率分布呈现尖峰厚尾特征。分形与混沌理论下，市场长短期表现不一，短期为分形噪声，长期为噪声混沌。短期内，基于投资者对信息的非线性反馈，价格服从分数布朗运动，即有偏的随机游走，离散形式表现为分形噪声，此时，收益率服从分形分布，表明其具有尖峰肥尾和自相似性，而价格不连续性跳跃导致分形分布可能存在无限均值和方差。长期内，市场表现为确定性非线性系统或确定性混沌。当非线性系统演变为奇异吸引子时，由于临界水平的存在，系统可能进入混沌运动，也可能在均值附近的狭小区域内运动，从而呈现尖峰现象。而落入混沌运动后的不确定性涨落现象使得收益率分布呈现肥尾。

第三，金融资产价格遵循自相似性和长期记忆性。分形混沌理论中，金融市场系统是非线性、开放的、耗散的，投资者对信息的非线性反应，价格的正反馈机制使得历史的重要事件在相当长的时间内左右价格的走向，甚至改变市场的性质。因此，市场是远离均衡态的，整体有序，存在自相似结构。另外，价格运动的离散形式表现为分形噪声，而市场收益属于与白噪声相对的黑噪声，由于其存在的约瑟效应和诺亚效应，使得时间序列体现出长期记忆性特征。

第四，金融资产价格具有可预测性。混沌理论认为，金融市场是具有高度复杂特性的非线性系统，资产价格波动处于确定性过程和随机性过程之间，这种确定性与随机性，体现在价格波动对初始条件敏感，以及临界点突变的特征。由此，市场具备可预测性，并取决于时间尺度、市场性因素和非市场性因素等。进一步，分形理论在金融市场随机性和可预测性方面，认为金融市场的价格行为可以通过连续的分形时间序列表示，该序列具有长期的内在相关性，存在趋势与循环的成分。而在线性范式下的价格决定理论中，由于市场是一个鞅或公平博弈，价格服从随机游走的特性，故而价格不可预测。

第五，金融市场更适合用非线性范式进行研究。分形市场假说的核心是金融市场的非线性和非均衡，对非线性系统，简单的叠加理论将不再适用。非线性系统不具有精确的解析解和唯一的最优解，由此，新古典经济学中的还原论[①] 在非线性系统中将失效，对非线性系统的研究更适合用非线性动力学方法，例如重标极差方法、洛吉斯蒂克方程、埃农映射等。目前，更多的学者正探讨用测度论、协同论、模糊集合、小波理论、自组织临界状态等研究非线性、非均衡系统。

① 还原论是一种通过对个体行为的研究提炼出总体规律的研究方法。

2.3 有效市场假说与分形混沌市场理论的主要区别

有效市场理论与分形混沌理论的区别主要表现在理论假设、研究方法、市场认知三个方面。

2.3.1 理论假设上的差异

有效市场理论基础由三大假设构成：

假设 1：理性人假设。资本市场的投资者都是理性的投资人，他们对证券价格的变动具有理性的、相同的估计，能谨慎地在风险与收益之间进行权衡取舍，并及时调整其所持有的证券。理性人假设建立在投资偏好基础上，如果一个人的偏好满足了完全性和传递性，则这个偏好就是理性的。如果投资偏好是理性的，他就会按照效用最大化原理进行投资。进一步，即使理性投资者假设不成立，投资者在某种程度上是非理性的，但他还是会产生交易，而交易是随机进行的，交易行为是相互独立的，根据大数定理，大量投资者的非理性决策会相互抵消，并不影响资产价格，不会形成系统的价格偏差。再进一步，即使交易对价格的影响无法相互抵消，但市场可以利用套期保值来抵消非理性投资者的投资行为。套期保值保证了即使价格发生系统性偏误，套利行为也会使资产价格回归到价值。

假设 2：市场信息充分有效，且信息无成本。即证券价格能充分反映所有可获得信息。市场上所有信息都是公开的，能够充分及时地在市场上流动和传递，并被投资者获取。每一个关注某证券的投资者都可以根据所获取的信息理性地做出买或卖的决策。当信息变动时，证券的价格就一定会随之变动，投资者获取证券的相关信息是完全免费的，无论是过去的历史信息、已公开的信息以及尚未公开的内部信息。

假设 3：证券价格和收益率的时间序列相互独立，今天的价格与昨天的价格相互独立，它们遵循随机游走定理，当其观察值趋于无穷时，其概率分布为正态分布，具有稳定的均值和有限的方差。

与有效市场假设条件不同，分形市场理论并没有任何理想化的假定，它更强调市场流动性和投资者的投资起点在市场中的决定性作用。其主要内容如下：第一，市场必须具有流动性，一个流动性市场才是稳定的。稳定性市场保证了容错性、纠错性，从而使市场得以延续，并且任何一个稳定性市场都具有分形结构。第二，不同投资起点的投资者对信息反映是有差异的，投资者对信息的理解和反应不一样，投资决策也会不一样，从而导致了价格的变化。第三，资本市场的信息并非完全充分有效，金融资产的价格并不能反映所有信息，价格的变化具有循环和自相似的特征。信息的获取是有成本的，它包括信息搜集成本、分析处理成本、储存成本以及其他关联成本等。第四，资本市场投资者并不是完全的理性人，而是具备有限理性的投资者，他们并不按照理性预期理论的路径行事，他们会在趋势明确的情况下，比较分析信息做出决策。第五，资本市场远离均衡条件，它实际上是非周期性秩序之上叠加随机噪声。第六，资本市场是一个反馈系统，市场存在某种记忆，这种记忆具有长期的相关性，昨天的事件会影响到今天的价格，因而，资产价格是可以预测的，至少短期预测可以实现。

2.3.2 研究方法上的差异

依据有效市场理论的经济分析主要采用一般均衡分析方法[①]。它要求均

① 一般均衡理论 1874 年由法国经济学家里昂·瓦尔拉斯（Léon Walras）创立，后来帕累托(Pareto)、希克斯（Hicks）、诺伊曼（Ronald Neu-mann）、萨缪尔森（Samuelson）、阿罗（Arrow）、德布鲁（Debreu）、麦肯齐（McKenzie）等著名经济学家将其进行了发展。在相当严格的假定条件下证明了一般均衡方程存在均衡解。

衡方程必须是线性的，而且方程之间必须线性无关。一般均衡分析方法主要有三大模型。第一代模型是经典的无交易成本"Arrow-Debreu 模型"（阿罗-德布鲁模型）。Arrow-Debreu 模型所用的数学方法是不动点定理和凸集分离定理，它证明了一般均衡的存在性、唯一性和稳定性，直到今天仍然是数量经济学最重要的分析工具。但该模型隐含着两个重要假设：完全信息与交易无成本。很显然，这两个条件在现实中是无法实现的。1970 年，佛列（Foley）构建了含交易成本的最简单的一般均衡模型，即"Foley 单一市场模型"，用不动点定理证明了均衡的存在性、唯一性以及帕累托最优性，这是第二代一般均衡模型。Foley 模型一个重要的缺陷是不能用于期货交易，他有充分的理由认为期货交易的成本要远远大于现货交易。1971 年，哈利（Hann）构建了"Hann 多市场模型"，这是第三代一般均衡模型。在多市场模型中，均衡的性质与 Arrow-Debreu 模型完全不同，均衡的帕累托最优不再存在，除非在均衡点上，任一市场上价格都相同。

相对于有效市场理论，分形市场理论的主要研究方法以非线性系统和非均衡为依据，这就决定了对非线性系统的研究不能采用线性的叠加原理，只能采用非线性的演进原理。用演进方法研究整个系统随时间变动特征，其主要工具是重标极差分析法。重标极差分析法是判断时间序列是遵从随机游走（布朗运动）还是有偏的随机游走（分数布朗运动）过程的指标。因该指标由英国水文学家哈罗德·赫斯特（H E Hurst）对尼罗河进行长期的水文观测后得出，故命名为"赫斯特指数"（H），当 $H=0.5$ 时，时间序列为随机游走；当 $0.5<H<1$ 时，表明时间序列存在长期记忆性；当 $0\leqslant H<0.5$ 时（或 $H\neq 0.5$），时间序列遵从有偏的随机游走（分数布朗运动）。重标极差分析法的最大优点是不必假设时间序列的分布特征，并且能找到序列是否具有长期记忆性，继而得出时间序列的自相似性。

有多种赫斯特指数的计算方法，如 R/S 分析法（R/S Method）、聚合方差法（Aggregated Variance Method）、残差方差法（Variance of Residuals）、周期图法（Periodogram Method）、绝对值法（Absolute Value Method）、小波分

析法（Abry-Veitch Method）等，这些方法各有利弊，要有针对性加以应用。

2.3.3 市场特性的认知差异

有效市场理论认为：金融市场是一个简单的、有直接因果关联的理想市场，投资者对信息的反应是线性的，具有一致性，可以很清楚地知道市场发展趋势。市场表现是确定性的，均衡、理性、时间可逆以及唯一最优解是市场的核心。但分形与混沌市场理论认为，资本市场是一个复杂的、耗散的动力系统，是一个非理想市场，投资者对信息的反应具有异质性，异质性使得市场呈现出一种非线性特征。市场表现具有不确定性，非均衡、有限理性、时间不可逆以及多重解是市场的特性。

由于对市场认知上的差异，因而，对资产价格的表现形式刻画上就产生了差异。在有效市场理论看来，价格的变化是相互独立的，遵循随机游走（Random）或布朗运动（Brown Motion），由于存在众多投资者，故收益率的分布为正态分布或对数正态分布，并且方差有限。但分形理论则认为，金融资产的价格并不能反映所有信息，价格的变化具有循环和自相似的特征，它服从有偏的随机游走（Biased Random Walk）或分数布朗运动（Fractional Brownian Motion），分数布朗运动使得收益率的分布并非正态分布，而是具有尖峰又有肥尾的分布。尖峰产生的原因是收益率的峰度严重偏离了均值，信息成堆地靠近（或远离）均值。在远离均值的情况下，有可能出现极端的情况，导致产生非常大的收益或者非常大的损失。肥尾产生的原因是信息不是以平滑连续的方式而是以成堆的方式出现，导致收益率的偏度严重偏离了均值，市场对于成堆信息的反应使肥尾产生，并出现稳定的帕累托分布。一个在均值处既有尖峰又有肥尾的分布，使方差的无限或无定义成为可能。

第Ⅱ篇

碳排放权市场分形与混沌行为特征检验与应用

在本篇里，我们对碳排放权市场的行为特征进行了检验，并应用相关技术与方法探讨了复杂动力学系统价格的预测与风险管理。研究表明：碳交易市场本质上是一个分形与混沌市场，自相似性检验、长期记忆性检验以及混沌吸引子的拓扑结构检验结果都证实：目前以欧盟为主导的国际碳排放权市场是一个复杂的非线性动力系统，它具备：①在不同的时间标度上具有相似的统计学特征（分形结构）；②在特定的条件和时点会出现无规则的行为（混沌现象）。此外，我们认为，基于系统发展的“轨道”具有对初始条件的敏感性，系统是否具有长期记忆性还有待进一步研究（或者，可以选择恰当的时间间隔和延滞时间，将一个长期演化过程转化为相空间的短期演化来进行研究）。但由于分形与混沌系统本身的内在确定性规律，短期预测是可能实现的。

第3章
碳排放权交易市场分形与混沌特性检验

碳排放权交易源于科斯的产权交易理论，当纯粹的碳排放权交易逐步具备了投融资及套利功能的金融属性时，其市场价格形成机制、交易制度、投资策略就具备了一般的金融市场特征，遵循一般的金融市场运动规律。

现代金融市场理论始于20世纪50年代，经过半个多世纪的发展，形成了三个重要分支：第一个分支是以理性预期理论为基础发展起来的有效市场理论，它奠定了经典资本市场理论的基石；第二个分支是以非线性动力学理论为基础发展起来的分形与混沌理论，它为我们提供了理解资本市场行为的新视角；第三个分支是以有限理性理论为基础，并与心理学相结合产生的行为金融理论，它促成了传统的力学研究范式向以生命为中心的非线性复杂范式的转换，开拓了投资模型与人的心理行为特征相结合的金融新领域。

长期以来，有效市场假设理论一直被视为现代金融市场的主流学说和重要支柱，其研究假设基于两个线性模型：随机游走和几何布朗运动，这两个假设曾很好地简化了数学模型的推导，受到极大的推崇。然而，随着经验数据可获得性的增强、计算机技术的发展以及对金融市场研究的不断深入，该假说的弊端和局限日益凸显，市场中出现了诸多用有效市场理论无法解释的异象，例如，反转效应（De Bond & Thaler，1985，1987）、动量效应（Jegadeesh & Titman，1993）、过度反应与反应不足（Ritter，1991；Ball & Brown，1968）以及一月效应、小规模效应、日历效应、季节效应等。这使得人们不得不重新思考该理论的基本假设，如理性投资者假说、收益率的正态分布假设，以及线性假设的正确性与科学性。

从非线性科学的角度看，分形与混沌有非常密切的关系，混沌系统的随机性与分形系统的无规则性都与初始条件有关，混沌现象的奇怪吸引子与分形结构都具有自相似性。所不同的是，分形注重系统本身的结构特征，而混沌注重系统演化过程的行为特征，或者说，分形主要研究非线性系统吸引子在空间上的结构，混沌则研究非线性系统时间序列的行为特征，分形是空间上的混沌，混沌是时间上的分形，二者作为非线性理论框架下的两大分支，分别从空间和时间的角度描述和刻画了非线性动力系统的基本特征。

1977 年，伯努瓦·B. 曼德布罗特（Benoit B Mandelbrot）的著作 *Fractal*：*Form*，*Chance and Dimension* 问世，它标志着分形理论的诞生。Mandelbrot 认为：分形是指任何局部都以某种方式与其整体有某种程度的相似的集合，分形通常可以由一个简单的，递归、迭代的方法产生出来。分形理论具有三大原则：自相似原则、迭代生成原则和分维原则。自相似原则指分形具有自相似性，分形自身可以看成是由许多与自己相似的、大小不一的部分组成；迭代生成原则指分形具有无限精细的结构，是一种有规分形（自然界只有少数分形是有规分形，绝大部分分形都是无规分形）。有规分形具有无穷多的层次，无论在分形的哪个层次，总能看到有更精细的下一个层次存在，可以不断放大，永远都有结构；分维（分形维或分数维）原则指分形的维数可以是一个分数，它是分形的定量表征和基本参数，通常用分数或带小数点表示。这是对传统的整数维的一个挑战。分形理论自诞生之后得到了迅速的发展，并广泛用于自然科学、社会科学、思维科学等各个领域。

1994 年，埃德加·E.彼得斯（Edgar E Peters）将分形理论应用到经济领域，提出了“分形市场理论”。分形市场理论认为：大多数资本市场实际上是分形的，它们具有循环和趋势，以长期记忆过程为特征，并且是非线性动力学系统或者确定性混沌的结果。资本市场的行为并不符合随机游走模型，传统的资本市场理论对均衡和时间的处理具有很大的弊端。首先，市场均衡是不存在的，一个健康的经济或市场不是趋于均衡状态而是远离均衡状态，用均衡理论给远离均衡状态的系统制定模型得出的结论是靠不住的。其次，对于时间的处理。资本市场没有对过去的记忆或者记忆有限，记忆的影响会迅速消散，不存在记忆反馈。因此，资本市场并不存在最优化的解，市场能得到的是多个可能的解，远离均衡状态条件和时间依赖的反馈机制恰恰是非线性动力学系统的特征，因而，市场是一个非线性、开放、耗散的系统，市场中投资者是以非线性的方式对信息进行反应，有效市场只是分形市场的一种特例。分形市场的研究假设应该基于两个非线性模型：有偏的随机游走和分数布朗运动。

与此同时，以爱德华·洛伦茨（Edward Lorenz）的Lorenz方程为基础的混沌理论得到迅速发展，Edward Lorenz认为：混沌是确定性系统所表现的随机行为，它源于系统内非线性因素的相互作用。该系统有三个明显的特征：①对初始条件的敏感依赖性（蝴蝶效应）。我们对未来预测的准确性依赖于时间的长短，我们在时间上走得越远，我们的预测就越不准确，并且在过了某一点之后，我们会丢失关于初始条件的所有信息。一个事件将无限地影响未来，虽然系统可能只在有限的时间段内记住这一事件。②混沌内部结构呈现出跨尺度的自相似性（分形特征）。一个分形就是一个对象，它的部分与某种方式与整体相似，即自相似性。分形的自相似性分为两种类型：确定的和随机的，确定性自相似性一般是对称的，非常明确地反映除部分和整体的一致性。随机性自相似性看上去不像整体的部分，但他们可能存在定性自相似性，定性自相似意味着系列在不同的标度上具有类似的统计特性。③极为有限的可预测性。混沌系统的有限预测性主要归咎于两个原因：一是人们不能准确确定初始条件，初始条件确定的微小误差将引起预测结果的极大差异；二是对初始条件的极端敏感性。初始条件极其微小的变化会对预测结果产生显著影响，而人们在建模时常常会忽略微弱作用力，但微小的作用力变化会使预测结果迥然不同。

现实中的资本市场是一个内部结构层次丰富、因果关系错综复杂且存在多种不确定性的非线性系统，这个系统看上去是随机的，但实际上并非真正随机的结果，具有多样性和多尺度性的混沌特征。典型的如：①收益率分布的有偏胖尾，这与 EMH 理论假设的收益率正态分布有明显差异；②价格波动的聚集性与持久性，价格运动的跳跃性，这与正态分布中一个大的变化是由于无穷多个小变化累积发生的观点完全不同；③金融收益高阶矩的时变性。经典的金融理论认为，收益率只取决于前两个阶矩（期望收益和方差），但事实上，收益的高阶矩（偏度和峰度）也同样具有时变性。如此等等，都是线性范式的有效市场理论无法解释的。鉴于此，基于非线性范式的分形和混沌理论开始成为分析及解释金融市场复杂性的前沿工具。

概言之，基于非线性范式的分形与混沌理论，以其独特的视角和新颖的思路为复杂的金融市场提供了新的分析框架，能解释许多有效市场理论所不能解释的经济现象，因此该理论受到理论界和实务界的追捧，迅速成为金融领域新的研究热点。

欧盟碳排放权市场已经有 12 年的发展历史，其中，2006 年、2009 年、2013 年曾出现价格激烈波动，表现出典型的耗散、不稳定、非平衡的非线性动力学特征。这意味着碳排放权市场行为或许更符合分形与混沌市场特征。为此，我们将通过碳排放权价格的一维时间系列，选择适当的延迟时间和嵌入维数，重构系列的动力学空间来证明我们的假设。

研究步骤：首先，检验碳排放权市场收益系列的基本统计分布特征，包括正态性检验、肥尾性检验以及非线性检验；其次，检验 EUETS 市场是否具备分形市场的两大基本特征：自相似性和长期记忆性；再次，检验 EUETS 市场的混沌特征：混沌吸引子的特征和拓扑结构；最后，我们将讨论研究结论的正确或误判。

3.1 碳排放权市场的基本统计分布特征

3.1.1 数据说明及预处理

数据来源：选择欧盟排放交易体系（EUETS）下的Bluenext交易所和欧洲气候交易所（ECX）的碳配额（EUAs）现货日收盘价研究欧盟碳市场的特征，二者是目前最大的核证减排量（CERs）和欧盟碳配额（EUAs）的现货和期货交易市场，其交易量占全球碳排放权市场的93%。所用数据均来自彭博（Bloomberg）数据库和ECX的历史数据。具体如下：第Ⅰ阶段数据区间：2005年6月27日~2007年12月28日共计626个交易日碳配额现货结算价格（Bluenext交易所）；第Ⅱ阶段数据区间：2009年3月13日~2012年12月5日，共计920个交易日的碳配额现货结算价格（ECX）；第Ⅲ阶段数据区间：2012年12月7日~2015年5月8日，共计622个交易日的碳配额现货结算价格（ECX）。为了保证数据的有效性，对第Ⅰ阶段碳价格剔除2007年6月29日之后的数据，这样，第Ⅰ阶段的数据区间变为：2005年6月27日~2007年6月29日，总计500个数据。分析软件是Eviews6和Matlab R2012b。

将碳现货价格序列转变为对数收益率：

$$R_t = \ln P_t - \ln P_{t-1} \tag{3-1}$$

式中，R_t 表示t日的EUA现货收益率；P_t 表示t日EUA现货交易的收盘价；P_{t-1} 表示t－1日EUA现货交易的收盘价。

3.1.2 基本统计分布检验

为判断收益率序列是否服从正态分布，对欧盟三阶段的收益率时间序列进行 JB（Jarque-Bera）检验和 QQ 图检验，JB 统计量判断是否存在尖峰特征，QQ 图判断是否有肥尾特征。

3.1.2.1 JB 检验

对于 JB 检验，有：

$$JB=\frac{N}{6}\left[S^2+\frac{(K-3)^2}{4}\right] \tag{3-2}$$

式中，$S=\frac{E[(R_t-\mu)^3]}{\sigma^3}$为偏度，反映碳收益序列概率密度的对称性；$K=\frac{E[(R_t-\mu)^4]}{\sigma^4}$为峰度，反映碳收益序列概率密度的“肥瘦”。若欧盟三阶段碳收益序列服从正态分布，则偏度 S=0 且峰度 K=3，JB=0；否则，JB>0，JB 值越大，对正态分布的偏离也越大。JB 检验结果如表 3-1 所示。

表 3-1 欧盟三阶段的碳收益率序列基本统计检验结果

统计量	第Ⅰ阶段	第Ⅱ阶段	第Ⅲ阶段
样本量	499	919	621
均值	-0.0105	-0.0007	0.0003
标准差	0.0640	0.0272	0.4193
最小值	-0.4368	-0.1081	-0.4314
最大值	0.3667	0.2038	0.2399
偏度	-0.7627	0.3944	-1.5388
峰度	12.3629	9.1324	24.0609
JB 统计量	1871.0589 (0)	1463.8515 (0)	11722.283 (0)

表 3-1 显示：

（1）第Ⅰ阶段、第Ⅲ阶段的偏度均小于零，表明此两个阶段的碳收益率序列的概率密度左偏，与之相反，第Ⅱ阶段的偏度大于零概率密度，出现右偏；三个阶段的峰度均大于正态分布的峰度值 3，证明碳收益序列分布呈现有偏、尖峰特征。

（2）第Ⅰ、第Ⅱ阶段的碳收益序列均值均小于零，第Ⅲ阶段的均值大于零，说明碳收益率序列呈现整体上扬的趋势。

（3）三个阶段的 JB 统计量均远远大于零，证明了欧盟三阶段的碳收益序列均不服从正态分布。

3.1.2.2 QQ 图检验

QQ 图检验：若 QQ 图呈现的是一条直线，则该收益率序列服从正态分布；若 QQ 图的上端或下尾出现偏移，则该收益率序列具有厚尾特征。QQ 图检验结果如图 3-1 所示。

图 3-1 显示：QQ 图的中部大致上保持一条直线，但曲线上端有左上方偏移；曲线下端有右下方偏移。证明三个阶段的收益率序列上尾和下尾均有肥尾的特征。

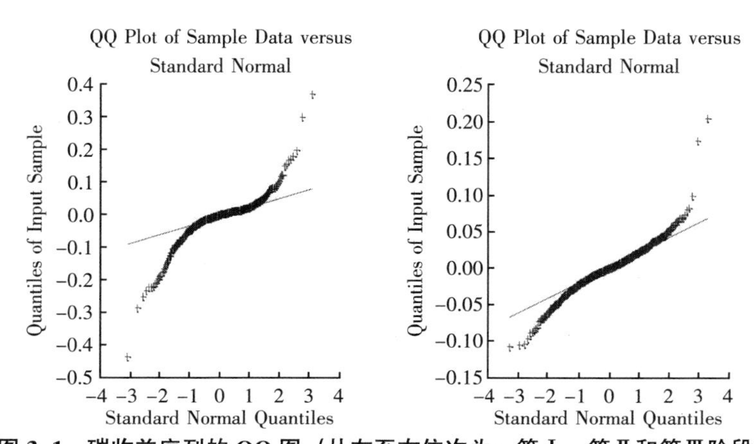

图 3-1 碳收益序列的 QQ 图（从左至右依次为：第Ⅰ、第Ⅱ和第Ⅲ阶段）

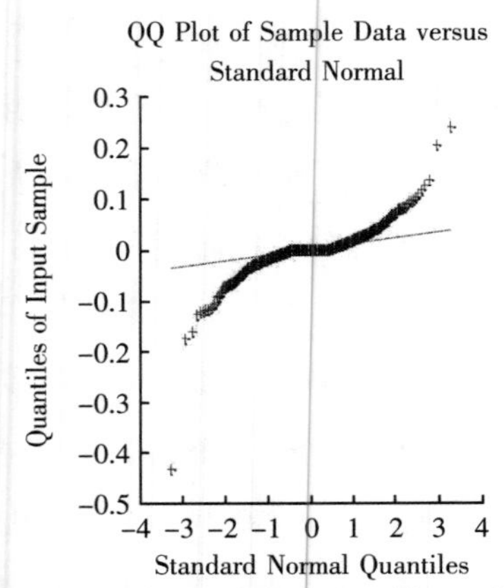

图 3-1 碳收益序列的 QQ 图（从左至右依次为：第Ⅰ、第Ⅱ和第Ⅲ阶段）（续图）

3.1.3 非线性检验

非线性统计检验采用 BDS 统计量。BDS[①] 统计量检验时间序列 $\{x_t\}_{t=1}^{N}$ 中是否存在非线性关系。数学式为：

$$BDS(m, N, \varepsilon)=\sqrt{N}\left[C(m, N, \varepsilon)-C(1, N, \varepsilon)^{m}\right]/V(n, \varepsilon) \tag{3-3}$$

式中，$C(m, N, \varepsilon)=\frac{1}{M(M-1)}\sum_{i,j}H(r-\|X_i-X_j\|)$ 是 Grassberge-Procacia 为关联积分，$\{x_t\}_{t=1}^{M}$ 为由时间序列 $\{x_t\}_{t=1}^{N}$ 通过相空间重构而得到的 m 维向量序列，$M=N-(m-1)\tau$，m 为嵌入维，τ 为时间延迟，$H(\cdot)$ 为 Heaviside 函数[②]，$V(N, \varepsilon)$ 为对 $C(m, N, \varepsilon)-C(1, N, \varepsilon)^m$ 标准差估计。

在大样本条件下，若时间序 $\{x_t\}_{t=1}^{N}$ 列满足独立同分布的零假设，则 BDS 统计量渐进收敛于标准正态分布：当样本量 $N\to+\infty$ 时，$BDS(m, \varepsilon)\to N$

① BDS 统计量：1987 年由 Brock、Dechert 和 Scheinkman 创立，是弥补关联维数在非线性检验方面缺陷的统计量。

② Heaviside 函数 $H(x)$：当 $x\leq0$ 时，$H(x)=0$。

(0，1)；若 BDS 统计量并不收敛于正态分布，说明原时间序列并非独立同分布，存在一定的相关性；对已知不存在线性相关关系的时间序列进行 BDS 检验，结果依然拒绝零假设，说明原时间序列必然存在非线性相关。其研究步骤为：

第一步，消除碳收益率序列中可能存在的线性相关性。采用 Q_{LB} 统计量来判断三阶段的碳收益率序列是否存在线性相关性，若不存在，直接对原始碳收益率序列进行 BDS 检验；反之，则采用已消除线性相关性的 AR（p）模型的残差序列进行 BDS 检验。三个阶段的 Ljung–Box 检验结果如表 3–2 所示。

表 3–2　Ljung–Box 检验结果

时间序列	统计指标	1	5	10	15
第Ⅰ阶段收益序列	P 值	0.0000	0.0003	0.0006	0.0004
	Q 统计量	19.5983	23.5543	30.9560	40.3101
第Ⅱ阶段收益序列	P 值	0.7129	0.2872	0.5362	0.6841
	Q 统计量	0.1354	6.2004	8.9572	11.9323
第Ⅲ阶段收益序列	P 值	0.0000	0.0003	0.0006	0.0004
	Q 统计量	19.5983	23.5543	30.9560	40.3101
第Ⅰ阶段 AR（1）残差序列	P 值	0.8511	0.5020	0.0899	0.0754
	Q 统计量	0.0353	4.3366	16.3565	23.4289
第Ⅲ阶段 AR（5）残差序列	P 值	0.9848	0.9996	0.8566	0.0101
	Q 统计量	0.0004	0.1437	5.4840	30.5340

表 3–2 显示：第Ⅱ阶段碳收益序列不存在线性相关，可直接进行 BDS 检验，第Ⅰ阶段、第Ⅲ阶段的碳收益序列具有线性相关性，但采用 AR（1）和 AR（5）模型拟合所得残差序列消除了线性相关性，故对相应的残差序列进行 BDS 检验。

第二步，选取合适的参数 r 和嵌入维 m。在 BDS 检验中至关重要的是选择合适的 r 和 m。根据 Brock 和 Kanzler 经验：嵌入维 m 取值在 2~10，参数 r 取值在 0.6σ~1.9σ，检验效果最好。根据市场情况，本书选择 r = 1.5σ、m =

2，…，6。其检验结果如表 3–3 所示。

表 3–3 BDS 统计检验结果

时期	嵌入维	BDS 统计量	标准差	Z 统计量	概率
第Ⅰ阶段	2	0.0041	0.0006	7.3198	0.0000
	3	0.0012	0.0002	7.8293	0.0000
	4	0.0002	0.0000	7.9523	0.0000
	5	0.0001	0.0000	9.7847	0.0000
	6	0.0000	0.0000	15.2162	0.0000
第Ⅱ阶段	2	0.0004	0.0000	10.6601	0.0000
	3	0.0000	0.0000	8.1371	0.0000
	4	0.0000	0.0000	38.3466	0.0000
	5	0.0000	0.0000	150.5365	0.0000
	6	0.0000	0.0000	–5.4376	0.0000
第Ⅲ阶段	2	0.0007	0.0001	6.4034	0.0000
	3	0.0001	0.0000	8.5266	0.0000
	4	0.0000	0.0000	–3.3877	0.0007
	5	0.0000	0.0000	–6.0875	0.0000
	6	0.0000	0.0000	–4.1995	0.0000

表 3–3 显示：在不同的嵌入维数下，三个阶段的 Z 统计量均远大于 1%显著性水平下的临界值 2.25，故拒绝原假设，证明欧盟三个阶段碳现货收益率序列均存在非线性相关。

3.2 碳排放权交易市场分形特征检验

该部分主要检验分形时间序列两大基本特征：自相似性和长期记忆性。

若时间序列 $\{x_t\}_{t=1}^{N}$，对任意的正数 a 均满足下列条件：

$$x(t)\overset{d}{=}a^{-H}x(at) \tag{3-4}$$

式中，$\overset{d}{=}$ 表示分布相等，则称该时间序列具有自相似性。若时间序列 $\{x_t\}_{t=1}^{N}$ 的 k 阶自相关函数 $\rho(k)$，在 $k\to\infty$ 时满足下列条件：

$$\rho(k)\sim ck^{2d-1} \tag{3-5}$$

式中，c 为非零常数，$d<0.5$，则称该时间序列具有长期记忆性。

3.2.1 自相似性分形特征检验

对自相似性的检验主要是对 Hurst 参数的估计。根据式（3-4）通过试算，选取 H=0.6925、0.5625 和 0.605 对碳市场三阶段周收益进行尺度变换，得到欧盟碳市场三阶段的日收益与周收益的概率密度曲线如图 3-2 所示。图中显示，三个阶段的周收益分布与日收益分布具有很强的相似性。

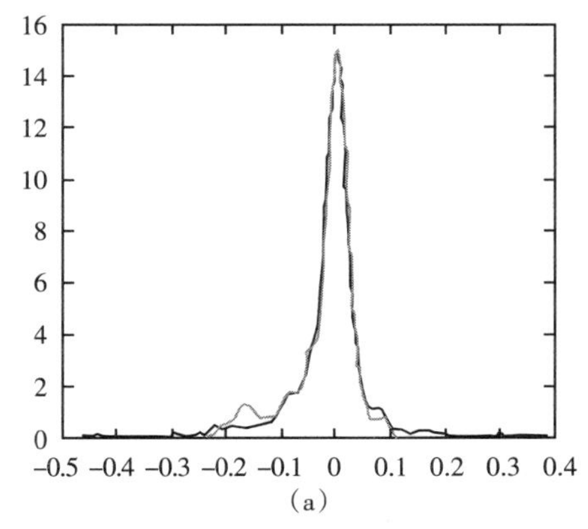

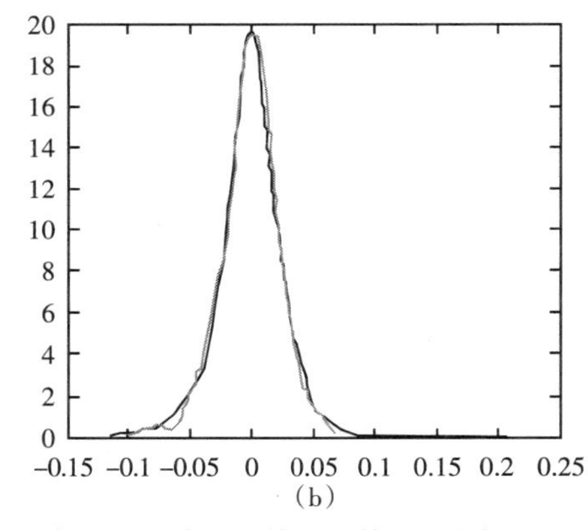

图 3-2　碳市场收益概率密度曲线（从左至右依次为第Ⅰ、第Ⅱ和第Ⅲ阶段）

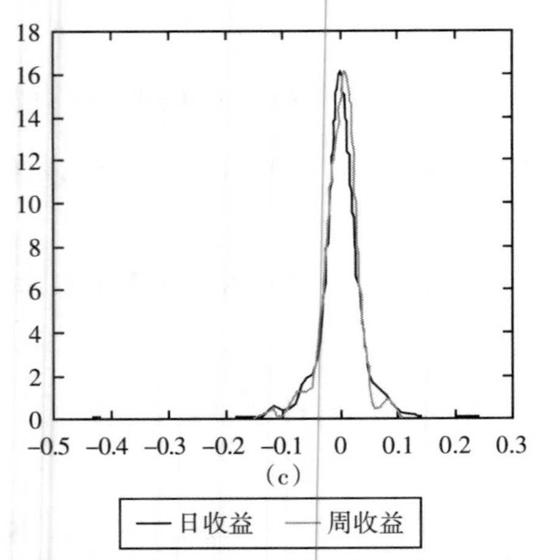

图 3–2　碳市场收益概率密度曲线（从左至右依次为第Ⅰ、第Ⅱ和第Ⅲ阶段）（续图）

然而，概率密度曲线上反映出的周收益和日收益的自相似性并不能准确量化碳排放权市场的自相似程度，即严格的自相似①、渐进自相似和统计自相似。对此，采用时间序列方差的幂律关系来判断自相似程度。

根据时间序列 $\{x_t\}_{t=1}^{N}$ 构造新时间序列 $\{x_k^{(m)}\}_{k=1}^{M}$，其中 $x_k^{(m)}=(x_{km-m+1}+\cdots+x_{km})/m$，$M=int(N/m)$，若对任意的 m 两时间序列均满足：

$$Var(x^{(m)})=Var(x)/m^{\beta}，且 0<\beta<1 \tag{3–6}$$

则，原序列为严格二阶自相似。以 $S=1-\beta/2$ 表征自相似程度；若对任意 m 两时间序列仅满足 $Var(x^{(m)})\approx Var(x)/m^{\beta}$，则原序列为渐进二阶自相似。但金融市场极少有理想的严格自相似性和渐进自相似，通常只在较小尺度范围内出现一定的自相似，即统计自相似性。

对统计自相似性进行检验：将原时间序列在不同尺度 m 下进行重构，获得相应聚集序列方差 $Var(x^{(m)})$，得到一系列的点对（m，$Var(x^{(m)})$）。根据式（3–6）得到：

① 自相似性分为严格自相似、渐进自相似和统计自相似，其中严格自相似的自相似性最强，在任一尺度下分形都一致；渐进自相似次之，不同尺度下的分形大致相同；统计自相似最弱，在不同尺度下分形有固定的数值。但前两者在金融市场上几乎不存在。

$$\log[Var(x^{(m)})] = \log Var(x) - \beta \log(m) \quad (3-7)$$

在 $(\log(m), \log Var(x^{(m)}))$ 双对数图中进行拟合，获得对应尺度范围内 β 值的估计，当 $0.5 < H < 1$ 时，H 值越大，序列的自相似程度越高。将聚集阶数 m 范围设为［2，N/4］，以保证聚集序列方差的有效性，考察在不同尺度范围内三阶段碳收益率序列自相似程度，结果如表 3-4 所示。

表 3-4　不同尺度范围内碳收益序列自相似性检验结果

时期	统计量	2-11	2-21	2-31	2-61	2-N/4
第Ⅰ阶段	β_1	-0.9538	-0.6908	-0.5491	-0.3554	-0.2190
	H_1	0.5231	0.6546	0.7254	0.8223	0.8905
	R_1^2	0.9637	0.9040	0.8486	0.7296	0.5929
	F_1	212.3459	169.4490	156.9082	156.5318	176.2281
	P_1	0.0000	0.0000	0.0000	0.0000	0.0000
第Ⅱ阶段	β_2	-0.4486	-0.2622	-0.1901	-0.1103	-0.0385
	H_2	0.7757	0.8689	0.9049	0.9448	0.9808
	R_2^2	0.8246	0.6831	0.5992	0.4683	0.2614
	F_2	37.6002	38.7977	41.8531	51.0902	79.9658
	P_2	0.0003	0.0000	0.0000	0.0000	0.0000
第Ⅲ阶段	β_3	0.1418	0.0878	0.0633	0.0355	0.0158
	H_3	1.0709	1.0439	1.0317	1.0178	1.0079
	R_3^2	0.9448	0.8004	0.6885	0.5056	0.3008
	F_3	136.9502	72.1869	61.8997	59.3126	65.4042
	P_3	0.0000	0.0000	0.0000	0.0000	0.0000

表 3-4 表明：

（1）第Ⅰ阶段碳收益序列具有显著的统计自相似性。其碳收益序列的 H 值均在（0.5，1），在较小尺度（2-21）内时拟合效果非常好，但在较大尺度（2-N/4）范围内时拟合效果就较差。在所有尺度范围内并不存在严格自相似性。

（2）第Ⅱ阶段不存在严格自相似性，且统计自相似性也较弱。其碳收益序列 H 值同样在（0.5，1），在较小的尺度（2-21）拟合效果好，在较大尺度（2-N/4）拟合效果较差。

（3）第Ⅲ阶段在所有尺度范围均未显示自相似性，个别尺度上具有统计自相似性。其 H 值并不在（0.5，1）。

3.2.2 长期记忆性的分形特征检验

本部分采用经典的 R/S 分析法、V/S 分析法检验碳收益率时间序列的长期记忆性。

3.2.2.1 经典的 R/S 分析法检验

经典 R/S 分析法（H E Hurst 法）以 Hurst 指数作为判断时间序列特征的指标。Hurst 指数通过重标极差（Q）$_n$ 得到。将时间序列 $\{x_t\}_{t=1}^{N}$ 分成长度为 n 的 A（A = int（N/n））个连续子序列，得到在时间增量长度 n 上的重标极差 $(Q)_n$：

$$(Q)_n = \frac{1}{A}\sum_{a=1}^{A}\frac{\max\limits_{1<k<n}\sum\limits_{k=1}^{n}(x_{k,a}-e_a)-\min\limits_{1<k<n}\sum\limits_{k=1}^{n}(x_{k,a}-e_a)}{S_a} \tag{3-8}$$

式中，$x_{k,a}$ 为第 a 个子序列的第 k（k = 1，2，…，n）个元素，e_a 和 S_a 分别是第 a 个子序列的均值和标准差。

当 n 无限增大时，时间序列的重标极差（Q）$_n$ 满足如下关系：

$$(Q)_n = cn^H \tag{3-9}$$

式中，H 就是 Hurst 指数。取对数：$\log[(Q)_n] = \log(c) + H\log(n)$。以不断增长的时间长度增量 n（n < N/2）分割时间序列获得时间序列重标极差 $(Q)_n$，对 $(\log(n), \log[(Q)_n])$ N 个点最小二乘回归，其斜率就是 Hurst 指数。

R/S 分析：第一，根据 V 统计量判断时间序列长期记忆持续的非循环周期的平均长度；第二，对非循环周期平均长度内的（$\log[(Q)_n]$，$\log(n)$）点线性回归得到检验结果。

V 统计量 $V_n = (Q)_n/\sqrt{n}$，且（Q）$_n$ = cn^H，数学式：

$$V_n = cn^{H-0.5} \tag{3-10}$$

取对数形式：

$$\log(V_n) = \log(c) + (H-0.5)\log(n) \tag{3-11}$$

当 $H=0.5$ 时，$\log(V_n)$ 关于 $\log(n)$ 为水平线；当 $H>0.5$ 时，$\log(V_n)$ 关于 $\log(n)$ 曲线向上方倾斜；当 $H<0.5$ 时，$\log(V_n)$ 关于 $\log(n)$ 的曲线向下方倾斜。故在 $\log(V_n)$~$\log(n)$ 的双对数图中，若在某一时刻曲线由向上倾斜转为平坦或向下倾斜时，说明该序列的长期记忆性结束，这一过程就是该时间序列非周期循环的平均长度。

依据关联度函数：$C=2^{2H-1}-1$ 以及 Hurst 值可以判断时间序列特征：若 $0<H<0.5$ 且 $C<0$，时间序列前后呈负相关；若 $H=0.5$ 且 $C=0$，则时间序列前后不相关；若 $0.5<H<1$ 且 $C>0$，时间序列前后呈正相关；若 $1<H$ 且 $1<C$，时间序列为具有无限方差的非平稳系列。收益率序列的 V 统计量如图 3-3 所示：

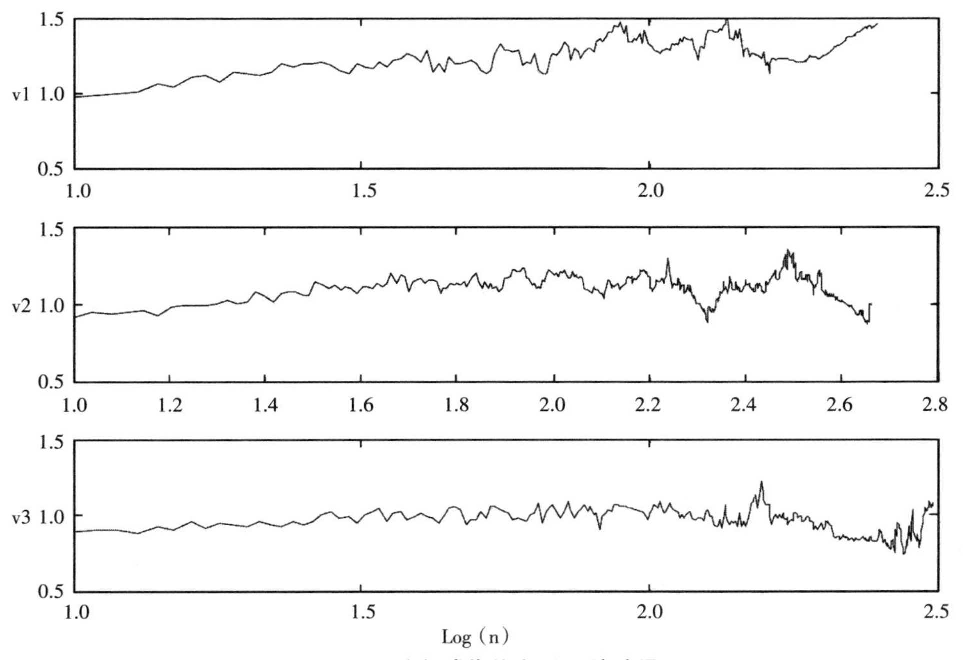

图 3-3　阶段碳收益序列 V 统计量

图 3–3 表明：EUETS 市场三个阶段碳收益序列的 V 统计量分别在点（2.137，1.496）、（2.238，1.301）、（2.017，1.088）处反转，由 $T=10^{\log10(n)}$ 得到：EUETS 市场三个阶段的非循环周期平均长度分别为：137 天、172 天和 103 天。

对非周期循环平均长度内的（$\log[(Q)_n]$，$\log(n)$）点对进行线性回归，其结果如表 3–5 所示。

表 3–5　EUETS 市场三个阶段碳收益序列 R/S 分析结果

时期	H	R^2	F	P	C	T
第Ⅰ阶段	0.6148*	0.9874	10571.4465	0.0000	0.1725	137
第Ⅱ阶段	0.5828*	0.9915	19899.6672	0.0000	0.0819	172
第Ⅲ阶段	0.5598*	0.9908	10868.0649	0.0000	0.0864	103

注：* 表示在 5%的水平下显著。

表 3–5 显示：三个阶段碳收益序列的 Hurst 指数均大于 0.5，表明碳收益序列具有长期记忆性，其中，第Ⅰ阶段长期记忆性最强，第Ⅱ阶段次之，第Ⅲ阶段较弱。

3.2.2.2　V/S 统计量分析

由于经典的 R/S 统计量对短期记忆具有敏感性，在长期记忆性估计中容易出现偏误，故采用 V/S 统计量修正经典 R/S 统计量缺陷。V/S 统计量数学表达式为：

$$M_N(q)=\frac{1}{S_{N,q}^2N^2}\left\{\sum_{k=1}^{N}\left[\sum_{j=1}^{k}(x_j-\bar{x}_N)\right]^2-\frac{1}{N}\left[\sum_{k=2}^{N}\sum_{j=1}^{k}(x_j-\bar{x}_N)\right]^2\right\} \tag{3-12}$$

式中，$S_{N,q}^2=\frac{1}{N}\sum_{j=1}^{N}(x_j-\bar{x}_N)^2+2\sum_{j=1}^{q}w_{q,j}\hat{\gamma}_j$，是经自协方差修正的样本方差；后部分为修正部分，$w_{q,j}=1-\frac{j}{q+j}$（其中 $q<N$）为巴特勒特权数；$\hat{\gamma}_j=\frac{1}{N}\sum_{i=1}^{n-j}(x_j-\bar{x}_N)(x_{i+j}-\bar{x}_N)$为样本自协方差的估计。在短期记忆性的零假设下，V/S 统

计量的渐进分布[①] 为：

$$F(m)=1+2\sum_{k=1}^{\infty}(-1)^{k}e^{-2k^{2}\pi^{2}m} \tag{3-13}$$

为消除短期自相关，引入了 V/S 滞后期 q[②]。q 值为 q=0，1，…，5，10，20，30。检验结果如表 3-6 所示。

表 3-6　EUETS 市场三阶段碳收益序列的 V/S 检验结果

q	0	1	2	3	4	5	10	20	30
$(V/S)_1$	0.3597*	0.3003*	0.2845*	0.2762*	0.2762*	<u>0.2560*</u>	0.2295*	0.2286*	0.2019*
$(V/S)_2$	0.0577	0.0527	<u>0.0565</u>	0.0557	0.0559	0.0572	0.0581	0.0561	0.0615
$(V/S)_3$	0.0320	<u>0.0313</u>	0.0358	0.0408	0.0407	0.0393	0.0384	0.0490	0.0602

注：有下画线的 V/S 值表示该阶段由经验公式所确定最优 q^* 时的统计量；* 表示在 5%的水平下显著。V/S 统计量在 5%显著性水平下的临界值为 0.1869。

V/S 检验结果显示：EUETS 市场第Ⅰ阶段碳收益序列具有显著的长期记忆性，第Ⅱ阶段、第Ⅲ阶段不存在长期记忆性。

将经典 R/S 估计与 V/S 估计结果比较：二者都证明第Ⅰ阶段存在显著的长期记忆性，对于第Ⅱ阶段和第Ⅲ阶段，经典 R/S 估计存在弱长期记忆性，V/S 估计不存在长期记忆性。

两种估计方法结果差异的原因：经典 R/S 估计对短期记忆具有敏感性，容易将短期记忆误判为长期记忆，而 V/S 估计是剔除了短期记忆敏感性后所得结果，故而更精确。由此得到：第Ⅰ阶段碳收益序列存在显著的长期记忆性，第Ⅱ、第Ⅲ阶段仅存在短期记忆性。

---

① 该分布的理论均值和方差分别为 1/12 和 1/360。

② 对于 q 的选择，目前尚无选择最优 q 值的统一标准。本书的 q 选取是根据 Andrews（1991）提出的确定最优 q 的经验公式 $q^*=int\{(3T/2)^{1/3}[2\rho_1/(1-\rho_1^2)]^{2/3}\}$，并结合市场实际情况选取。

3.3 碳排放权交易市场混沌特征检验

对碳排放权市场混沌特征的检验主要是对混沌吸引子的存在性检验：第一，市场是否存在混沌吸引子；第二，如果存在，混沌吸引子的结构是否为拓扑结构。

3.3.1 混沌吸引子的存在性检验

判断系统是否存在混沌吸引子有两个基本特征：第一，吸引子是否在系统相空间中有自相似分形结构的分维数；如果没有则选择第二，对初始条件是否具有敏感依赖性。研究基础是相空间重构；自相似分形结构用关联维数检验；对初始条件的敏感依赖性用 Lyapunov 指数判别。

3.3.1.1 检验基础：相空间重构

对时间序列 $\{x_t\}_{t=1}^{N}$，其相空间重构为：

$$\{X_t=[x_t,\ x_{t+\tau},\ x_{t+2\tau},\ \cdots,\ x_{t+(m-1)\tau}]\}_{t=1}^{M} \tag{3-14}$$

式中，τ 为时间延迟，m 为嵌入维，$M=N-(m-1)\tau$，m 维向量序列 $\{x_t\}_{t=1}^{M}$ 是 m 维状态空间中的一个相轨道。若嵌入维 m 满足 $m\geqslant 2d+1$（d 是系统吸引子的维数），则重构 m 的维状态空间可以重现原动力系统的几何特征。

取时间延迟 τ 和嵌入维 m 两个参数对碳收益序列进行相空间重构，用偏自相关函数确定合适 τ 值。时间序列 $\{x_t\}_{t=1}^{N}$ 的 τ 阶偏自相关函数为：

$$\gamma_{xx}(\tau)=\frac{1}{N}\sum_{t=1}^{N-\tau}(x_t-\bar{x})(x_{t+\tau}-\bar{x}) \tag{3-15}$$

选择偏自相关函数初始值 1.0e−4 时的 τ 作为相空间重构最优时间延迟 τ_0。以保证空间重构时 x_t 与 $x_{t+\tau}$ 之间独立且不完全无关。当 $m\geqslant 2d+1$ 时，关联维数趋于稳定，本书从较小的嵌入维数（m=2）开始，逐渐增加，直至关联维数达到饱和值，即最优嵌入维数。

3.3.1.2　EUETS 市场混沌性的关联维数检验

采用基于关联积分和尺度之间幂律关系的 G-P（Grassberger 和 Procaccia）算法计关联维数，关联积分为：

$$C_r=\lim_{N\to\infty}\frac{1}{N^2}\sum_{i=1}^{M}\sum_{j=1}^{M}H(r-|X_i-X_j|) \tag{3-16}$$

式中，H 表示 Heaviside 函数；r 为尺度或距离，大于零；$||$表示两个向量之间欧式距离，即：$r_{i,j}=\left[\frac{1}{m}\sum_{t=0}^{m-1}(x_{i+t\tau}-x_{j+t\tau})\right]^{0.5}$，当 $r\to0$ 时，关联积分与尺度之间满足：$C_r\propto r^{d_m}$。若 d_m 随嵌入维 m 的增加而收敛于一个饱和值，则碳市场是低维混沌的，所对应的 m 即为最优嵌入维数；若 d_m 随着嵌入维 m 的增加而持续增加，则市场不是低维混沌的。

在对 EUETS 市场碳收益序列进行相空间重构时，第Ⅰ阶段、第Ⅱ阶段和第Ⅲ阶段的最优时间延迟分别为 6 天、2 天和 2 天。根据 G-P 算法得到不同嵌入维下对应的关联维数如表 3-7 所示。

表 3-7　不同嵌入维下 EUETS 市场三阶段关联维数

嵌入维	2	3	4	5	6	7	8	9	10
d_1	0.1241	0.1962	0.2674	0.3370	0.4047	0.4687	0.5364	0.6062	0.6831
d_2	0.1061	0.1326	0.1765	0.2033	0.2504	0.2738	0.3176	0.3331	0.3701
d_3	0.0528	0.0841	0.1176	0.1566	0.2017	0.2495	0.2934	0.3413	0.3936

注：d_1、d_2 和 d_3 分别表示 EUETS 市场第Ⅰ阶段、第Ⅱ阶段和第Ⅲ阶段的关联维数。

表 3-7 显示的三个阶段关联维数均为分数，体现出吸引子的分形特征。但其中没有任何一个关联维数收敛于饱和值，由此判断 EUETS 市场并不存在低维混沌性，关联维数检验失败。进一步，我们通过吸引子对初始条件的敏感依赖性来判定 EUETS 的混沌性。所用方法是最大 Lyapunov 指数。

3.3.1.3 EUETS 市场混沌性的最大 Lyapunov 指数检验

Lyapunov 指数（λ）是通过检验系统初始邻近轨道的指数发散速率来检验市场是否混沌。若 λ>0，则初始邻近轨道指数发散，市场运动混沌；若 λ<0，初始邻近轨道集聚，市场规则运动；若 λ=0，市场处于混沌运动与规则运动之间。

采用 Wolf 的轨线算法计算吸引子的最大 Lyapunov 指数，数学式为：

$$\lambda = \frac{1}{t_s - t_0}\sum_{i=0}^{s}\log_2\left(\frac{L_i'}{L_i}\right) \tag{3-17}$$

得到的三阶段的最大 Lyapunov 指数如表 3-8 所示。

表 3-8 EUETS 市场三阶段最大 Lyapunov 指数

嵌入维	2	3	4	5	6	7	8	9	10
λ_1	3.7690	2.7035	2.1201	1.7991	1.5478	1.3751	1.2311	1.1161	1.0314
λ_2	4.0787	2.8663	2.2035	1.7838	1.5319	1.3534	1.2207	1.1193	1.0495
λ_3	3.7532	2.7741	1.9428	1.5983	1.4261	1.2623	1.1497	1.0575	0.9713

注：λ_1、λ_2 和 λ_3 分别为第Ⅰ阶段、第Ⅱ阶段和第Ⅲ阶段的最大 Lyapunov 指数。

表 3-8 显示出 EUETS 市场三阶段的最大 Lyapunov 指数均大于零，初始邻近轨道按指数发散，三个阶段的混沌吸引子均存在对初始条件的敏感依赖性，市场具有混沌特征。

3.3.2 EUETS 市场混沌吸引子的拓扑结构检验

混沌吸引子的拓扑结构采用邻近返回法（Close Return，CR）检验，它通过混沌时间序列中的强回复性行为来判断收益率序列的拓扑结构特征。其检验结果如表 3-9 所示。

表 3-9　EUETS 市场三阶段 CR 检验结果

时期	第 I 阶段	第 II 阶段	第 III 阶段
k-1	497	1183	619
χ^2	4.1748E+04	4.9787E+04	5.9459E+04

注：k-1 表示自由度，三阶段相应自由度下 χ^2 分布在 0.00001 处的临界值分别为 6.4308E+02、1.4020E+03 和 7.8066E+02。

在表 3-9 中，EUETS 市场三阶段 χ^2 统计量均远远大于相应显著性水平下的临界值，拒绝碳收益序列服从独立同分布的原假设。得到结论：EUETS 市场属于非线性结构的混沌系统。

3.4　本章小结

本章运用物理学的方法和技术分析了欧盟碳排放权市场的分形和混沌特征，其结论如下：

（1）欧盟碳排放权市场的碳收益率序列不服从正态分布，具有明显的有偏、尖峰、厚尾的非正态性和非线性特征。

（2）分形特征检验结果表明：在 EUETS 市场，第 I 阶段碳收益序列具有显著的统计自相似性和长期记忆性，第 II 、第 III 阶段的碳收益序列仅有微弱的统计自相似性，但存在短期记忆性。市场具有明显的分形特征。

（3）混沌特征检验结果表明：EUETS 市场三个阶段的碳收益率序列有明显的混沌吸引子和拓扑结构。市场均具有明显的混沌特征。

由此，我们得出：现行的碳排放权市场是一个分形与混沌市场。

第4章

市场应用（I）：分形与混沌市场行为特征下的碳排放权价格预测

尽管关于金融资产价格的预测研究已经进行了大量有价值的工作，但对金融市场能否预测及预测效果如何，至今仍是一个极有争议的课题。在传统的有效市场理论看来，金融市场的价格波动是无法预测的，原因是金融市场的价格遵循随机游走过程，金融资产的收益率相互独立，历史价格对今天的价格并不产生影响。其研究基础是基于线性的、完全理性的均衡范式。但主流金融理论却很少关注到标度不变性在金融市场上的动力学行为。事实上，金融市场并不是一个简单的、有秩序的线性系统，本质上，它是一个耗散的、复杂的、非线性系统，它以非线性的方式与外界发生作用。由于分析与混沌市场所具有的长期记忆性特征，因而价格预测是可以实现的。

我们已经证明（杨星、梁敬丽，2017）：作为一个新兴的金融市场，碳排放权市场是一个复杂演化的非线性动力系统，碳排放权价格序列本质上是一个高噪声、非线性、非平稳、带有确定性混沌的序列。相对于有效市场，混沌与分形系统下的动态不平稳价格时间序列的预测似乎难度更大，也更具有挑战性。但价格预测对市场的稳健发展如此重要，以至于我们无法跨过它而到达一个理想的彼岸，这也正是本章研究的初衷。

针对国际碳市场价格的预测，国内外学者已经进行了多方面探讨，这些研究归纳起来主要有三个方面：第一，从能源市场、金融市场和宏观经济与碳市场的相关性上实现对碳价格的预测；第二，通过对碳价格序列的计量和统计特征实现对碳价格的预测；第三，基于市场的混沌特征以非线性、非参数的方法实现对碳价格的预测。

最有代表性的从能源市场实现对碳市场价格的预测的研究当数 Carolina G M，Julio R，Maria J S（2013），他认为在整个世界经济和能源部门不确定的条件下，需要建立一个有效且强大的能够实现化石能源、碳配额和电力价格预测的数量模型：一个多变量预测模型，其中，价格波动特征通过条件异方差动态要素模型的方式提取，他解决了估计多变量 GARCH 模型时经常出现的维数问题。通过比较 VARIMA 法、单变量模型和多变量模型的预测误差，发现煤、石油、天然气及碳配额价格之间的动态交叉相关性可以有效地进行碳价格预测。Niblock S（2011）通过皮尔逊相关系数检验、回归分析、邹检验和子阶段的回归分析研究了欧盟碳市场的资本特征，发现碳市场与国际金融市场日趋协整，这种联系恰好证明了碳市场收益率的可预测性。Marius C F、Dominique G 和 Antonin L（2010）通过鉴别驱动碳市场的基本要素，即天然气、石油和煤炭及股票指数，建立了一个 APT 模型，实现了对碳价格的有效预测。

通过对碳价格序列计量和统计特征实现对碳价格的预测的研究主要包括：Suk J B 和 Hangjun C（2013）比较分析了 GARCH 模型、K 邻近算法与隐含波动率对碳期货收益的预测能力。通过对三种模型的预测误差函数和回归方法的比较，发现 GARCH 模型表现要比隐含收益率和 K 最邻近模型更优，而带有正态分布的 GJR-GARCH 模型在所有的 GARCH 模型中预测效果最好。Chevallier（2011）首次将非参数模型应用于碳市场，应用 Bluenext 和 ECX 上碳期货日价格变化数据，探讨非参数模型对碳价格行为发展趋势，通过成对检验统计量验证了非参数模型的预测能力，得出非参数模型在样本外的预测能力要强于线性的 AR 模型，使得预测误差下降了 15%的结论。Benz 和 Truck（2009）比较了 GARCH 模型与 Markov 制度转换模型在碳配额价格波动预测时的有效性，证明 Markov 制度转换模型无论是在样本内的适用性，还是在样本外的预测性上，都要优于 GARCH 模型。主要原因是：第一，

Markov 制度转换模型允许资产价格出现连续的跳跃和极端值，所以能够很好地获得碳配额价格的计量和统计特征；第二，Markov 制度转换模型通过允许高方差状态与低方差状态的动态转换，能够反映出在不同制度框架、生产力水平和天气条件下碳配额供求的波动；第三，Markov 制度转换模型中制度取决于一定的不可观测的状态变量，更适合碳配额市场上不能量化且不可观测的碳配额价格的决定因子，故预测精度要比其他技术高。

从混沌的角度探讨碳价格的预测问题主要是 Fan、Li 和 Tian（2015），他们通过三个经典的指标——最大李雅普诺夫指数、关联维数及柯尔莫哥洛夫熵，验证了欧盟碳排放交易体系下第Ⅲ阶段碳市场的混沌特征，确定了碳价格序列貌似随机的不规则运动，并基于相空间重构恢复了原动力系统，利用多层感知器的神经网络模型（MLP）实现了对欧盟碳价格的短期预测。Bangzhu Zhu 和 Yiming Wei（2013）认为，碳价格同时包含线性和非线性模式，所以单一的模型并不能实现准确的预测。鉴于 ARIMA 模型在预测线性模型时的有效性及最小二乘支持向量机（LSSVM）用于解决非线性回归的估计问题的效果，提出以 ARIMA 和 LSSVM 复合的方法来预测碳价格，其线性与非线性结合技术对碳价格的有效预测提供了很好的启示。高杨、李健（2014）针对碳价格的非线性及非平稳性等不规律特性，提出了基于经验模态分解—粒子群算法—支持向量机的国际碳价格误差矫正模型（EMD-PSO-SVM）。通过引入经验模态分解技术，解决了误差序列的随机性和相邻频带的干扰性、预测结果的滞后性和拐点误差大等问题，实现了预测值与误差预测值趋势的一致性，有效地提高了模型的预测精度。朱帮助、魏一鸣（2011）提出采用最小二乘支持向量机（GMDH-PSO-LSSVM）的非线性、非参数方法对碳价格进行预测，提出了一种基于知识抽取和智能优化的解决方法，证明了该模型良好的泛化预测能力。

有别于上述研究，本章将构建一个 Db3-GA-RBF（SIC）模型来预测碳现货价格的变化趋势，其研究思路如下：首先，验证建模的市场基础——一个适应于非线性范式的多重分形市场是否存在；其次，构建一个预测模型以对未来碳价格进行预测；再次，对模型的预测精度进行检验和比较；最后，给出研究结论并加以分析。

4.1 碳排放权市场多重分形特征提取

4.1.1 检验多重分形特征的指标

多重分形特征通常通过局部霍尔德指数（Hölder）和豪斯道夫分形维数（Hausdorff）[①] 来表征。其中，Hölder 刻画市场波动的奇异性，Hausdorff 刻画局部霍尔德指数的概率分布。二者共同构成多重分形谱以刻画系统的动力学特征。

若存在一个常数 $C>0$ 和一个多项式 P（$\deg(P)<a$，$a\geqslant0$）使得时间序列 $x(t)$ 满足：对任意的 $\delta>0$，当 $|t-t_0|\leqslant\delta$ 时，有 $|x(t)-P(t-t_0)|\leqslant C|t-t_0|^a$，则称时间序列 $x(t_0)$ 属于 $C(t_0)^a$。$x(t)$ 在 t_0 处的 Hölder 指数为：

$$h(t_0)=\sup\{a: x\in C^a(t_0)\} \tag{4-1}$$

集合 $A\subset R^d$，如果 $\varepsilon>0$ 且 $\delta\in[0, d]$，设 $M_\varepsilon^\delta=\inf\limits_R\left(\sum\limits_i|A_i|^\delta\right)$（其中，R 为所有集合 A 的 ε 覆盖），对任意的 $\delta\in[0, d]$，集合 A 的 δ 维豪斯道夫测度为：

$$mes_\delta(A)=\lim_{\varepsilon\to0}M_\varepsilon^\delta \tag{4-2}$$

如果存在一个 $\delta_0\in[0, d]$ 满足：对 $\forall\delta<\delta_0$，有 $mes_\delta(A)=+\infty$；对 $\forall\delta>\delta_0$，有 $mes_\delta(A)=0$，则称 δ_0 为集合 A 的豪斯道夫维数。

① 由数学家豪斯道夫于 1918 年引入。

4.1.2 小波领袖法对多重分形特征的检验

在现存的多重分形检验方法中，小波领袖法（WL）是最为优良的分析方法。其中，Chhabza 算法精确度最高。数学式为：

$$\begin{cases} \hat{\zeta} = \sum_{j=j_1}^{j_2} w_j \log_2 S^L(j, q) \\ \hat{D}(q) = \sum_{j=j_1}^{j_2} w_j U^L(j, q) \\ \hat{h}(q) = \sum_{j=j_1}^{j_2} w_j V^L(j, q) \end{cases} \tag{4-3}$$

式中，$U^L(j, q) = \sum_{k=1}^{n_j} R_X^q(j, k) \log_2 R_X^q(f, k) + \log_2 n_j$，$V^L(j, q) = \sum_{k=1}^{n_j} R_X^q(j, k) \log_2 L_X(j, k)$，$R_X^q(j, k) = L_X(j, k)^q / \sum_{k=1}^{n_j} L_X(j, k)^q$，而权重 w_j 必须满足 $\sum_{j_1}^{j_2} jw_j \equiv 1$ 且 $\sum_{j_1}^{j_2} w_j \equiv 0$，其可以表示为：$w_j = b_j((V_0 j - V_1)/(V_0 V_2 - V_1^2))$ 且 $V_i = \sum_{j_1}^{j_2} j^i b_j$，$i = 0, 1, 2$，而 b_j 为对 $\log_2 S^L(j, q)$ 与 $\log_2 2^j$ 进行线性回归估计标度指数函数 $\zeta(q)$ 值时所选择的置信度水平。

Chhabza 算法可以根据标度指数函数 $\zeta(q)$ 与相应的多分辨量矩 q 之间的关系来判断 EUETS 市场的分形特征：若二者呈线性关系，说明碳收益序列仅具有单分形特征；若二者呈非线性关系，则说明碳收益序列具有多重分形的特征。

此外，利用多重分形谱的宽度和豪斯道夫维数的方差也可测度多重分形市场特征。多重分形谱的宽度为 $\Delta h = h_{max} - h_{min}$，$\Delta h$ 所衡量的是市场价格波动不均匀性，Δh 越大，表明市场波动奇异性差异越大，多重分形特征越强；

反之，多重分形特征越弱。豪斯道夫维数的方差为 $S_D=Var(D(h))$，反映市场波动的奇异性强度。

4.1.3 EUETS 多重分形特征检验

研究对象：Bluenext 交易所和欧洲气候交易所（ECX）；交易品种：碳配额（European Union Allowance，EUA），数据来源：彭博数据库（Bloomberg database），具体如表 4–1 所示。

表 4–1 样本数据量及样本区间

时期	交易所	样本量	样本区间
第Ⅰ阶段	BlueNext 交易所	500	2005 年 6 月 27 日~2007 年 6 月 29 日
第Ⅱ阶段	BlueNext 交易所	1186	2008 年 2 月 26 日~2012 年 12 月 5 日
第Ⅲ阶段	欧洲气候交易所 ECX	622	2012 年 12 月 7 日~2015 年 5 月 8 日

注：由于第Ⅰ阶段、第Ⅱ阶段配额不能跨期使用，考虑到数据的有效性，剔除了 2007 年下半年的数据。

首先，将碳现货价格序列转换为对数收益率序列：

$$\{R_t | R_t = \ln P_t - \ln P_{t-1},\ t=2,\ 3,\ \cdots,\ N\} \tag{4-4}$$

其次，判断碳收益率序列的分形性：选择基于消失矩 $N_\Psi=3$ 的 Daubechies 小波（即 Db3）对碳收益率序列进行离散小波变换，得到小波领袖系数；多次试验后将三阶段的多分辨量矩阶数 q 分别选为：[−15，15]、[−8，8]、[−12，12]；采用 Chhabza 算法得到不同多分辨量矩阶数下的标度指数函数值 $\zeta(q)$。

标度指数函数 $\zeta(q)$ 与多分辨量矩阶数 q 之间的关系如图 4–1 所示。

图 4–1 显示：标度指数函数 $\zeta(q)$ 与多分辨量矩 q 之间均呈现显著的非线性关系且为凸的递增函数，表明 EUETS 市场三个阶段均具有多重分形特征。

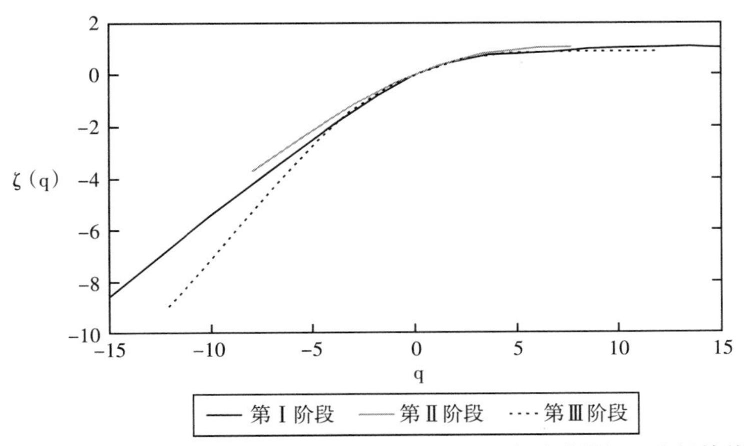

图 4-1　欧盟碳市场三阶段的标度指数函数 ζ（q）与多分辨量矩 q 之间的关系

最后，用多重分形谱宽度和豪斯道夫维数方差检验 EUETS 市场三个阶段多重分形特征如表 4-2 所示。

表 4-2　EUETS 市场三个阶段多重分形特征的宽度和方差

标度	第Ⅰ阶段	第Ⅱ阶段	第Ⅲ阶段
Δ_h	0.6361	0.5400	0.9123
S_D	0.1145	0.0907	0.4299

表 4-2 显示：第Ⅲ阶段碳收益序列的多重分形谱宽度和豪斯道夫维数方差远大于第Ⅰ、第Ⅱ阶段，说明该阶段多重分形强度最强，且奇异性最为复杂；与之相反，第Ⅱ阶段碳收益序列无论在谱宽度还是维数方差上都小于其他两个阶段，说明价格序列多重分形程度较弱。

4.2　碳排放权价格预测算法

上述研究表明：欧盟碳排放权市场价格波动具有很强的多重分形（多尺

度）特征，碳价格预测模型必须能够准确捕捉这种多尺度的结构。我们构建了多贝西小波三层变换单支重构的遗传算法径向基函数神经网络模型（Daubechies Wavelet-Genetic Algorithm-Radial Basis Function Neural Network Model，Db3-GA-RBF），能够很好地预测欧盟碳现货价格。具体做法如下：

将碳价格序列向前预测，即：

$$P_t=f(P_{t-1}, P_{t-2}, \cdots, P_{t-m}) \tag{4-5}$$

式中，m 为常数，表示滞后阶数。

Db3-GA-RBF 模型建模具体步骤如图 4-2 所示：①确定最优滞后期 m，即确定输入到模型中的原始序列和滞后序列；②对原始序列和滞后序列进行

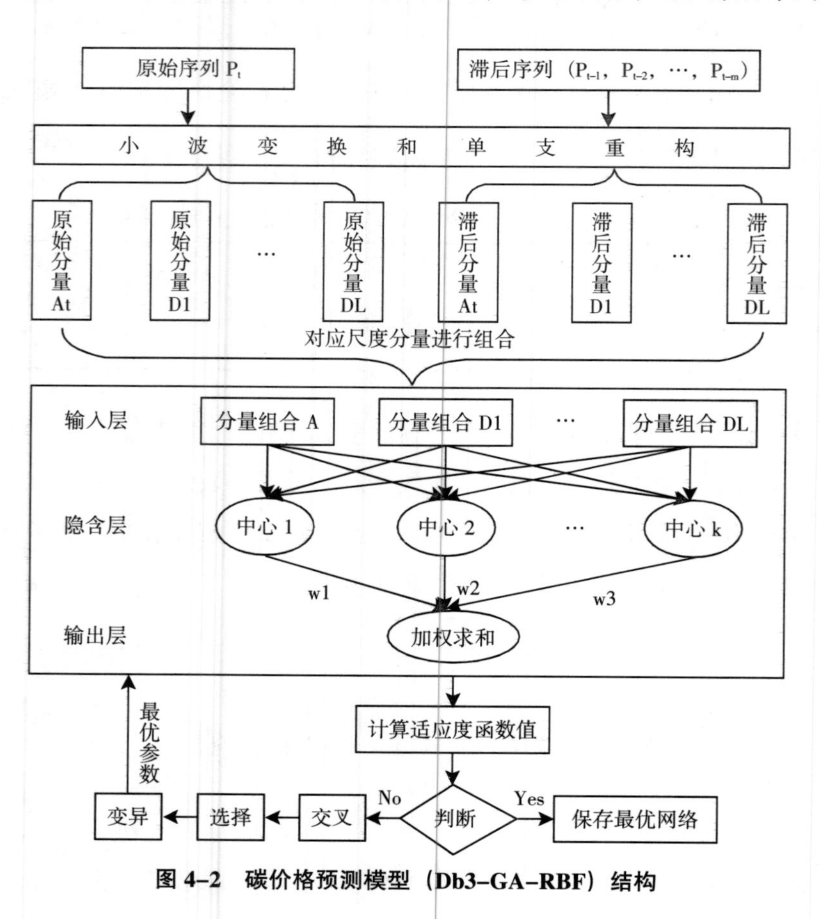

图 4-2 碳价格预测模型（Db3-GA-RBF）结构

小波变换单支重构，获取不同尺度上的分量组合；③初始化 RBF 神经网络，确定网络结构和网络参数，完成建模。

4.2.1　最优滞后期的确定

本书选择施瓦茨信息准则作为确定最优滞后期的标准，施瓦茨信息准则的对数形式为：

$$\ln SIC=\frac{k}{N}\ln N+\ln\left(\frac{RSS}{N}\right) \tag{4-6}$$

式中，k 表示滞后的阶数或回归元个数，N 表示样本量，RSS 表示自回归的残差平方和。$\frac{k}{N}\ln N$ 是自由度丧失的惩罚因子。lnSIC 越低说明模型效果越好，所以我们选择使 lnSIC 达最小值的滞后期作为最优滞后期。

4.2.2　小波变换和单支重构

小波变换是指将原始信号 f(t) 与母小波 Ψ(t) 做平移伸缩后所得的函数族做内积：

$$Wf(a,\ b)=\langle f,\ \Psi_{a,b}\rangle=\frac{1}{\sqrt{a}}\int_{-\infty}^{+\infty}f(t)\ \Psi\left(\frac{t-b}{a}\right)dt \tag{4-7}$$

式中，$\Psi_{a,b}(t)=\frac{1}{\sqrt{a}}\Psi\left(\frac{t-b}{a}\right)$是由母小波 Ψ(t) 经过伸缩平移而得到的函数族，a 为伸缩因子，b 为平移因子。将原始信号进行小波变换便可以得到在不同尺度上的小波系数。

为使每一个小波细节信号都能单独表征原始信号在相应分辨率（尺度）下波动特征，我们需要对每一个小波分解信号进行单支重构。小波单支重构是小波变换的逆运算：

$$f(t)=c\int_{-\infty}^{+\infty}\int_{-\infty}^{+\infty}Wf(a,\ b)\ \Psi\left(\frac{t-b}{a}\right)\frac{dadb}{a^2} \tag{4-8}$$

在小波重构的过程中保持伸缩因子 a 不变仅对平移因子 b 进行积分，得到在尺度 a 下的单支重构信号：

$$f(a,\ t)\ =\int_{-\infty}^{+\infty}Wf(a,\ b)\ \Psi\left(\frac{t-b}{a}\right)\frac{db}{a^2} \tag{4-9}$$

根据 Mallat 算法，各单支重构信号之和便是原始信号：

$$f(t)=D_1+D_2+\cdots D_L+A_L \tag{4-10}$$

式中，L 为分解层数，A_L 为表征信号结构特征的逼近信号的重构，D_j（j=1，2，…，L）为表征原信号细节特征的各分辨率下细节信号的重构。

对碳价格序列经过小波变换和单支重构之后，得到表征不同分辨率下波动特征的独立分量序列，对碳现货价格进行更准确的预测。

4.2.3 初始化 RBF 神经网络

径向基神经网络数学式为：

$$\begin{cases} y_k(x)=\sum_{j=1}^{M}w_{kj}F_j(x)+w_{k0} \\ F_j(x)=\exp\left(-\dfrac{\|x-c_j\|^2}{2\sigma_j^2}\right) \end{cases} \tag{4-11}$$

式中，x 是输入向量，c_j 为径向基函数的中心，σ_j 是径向基函数的宽度，$F_j(x)$是高斯函数形式的径向基函数，M 为隐单元的个数，w_{kj} 隐含层到输出层的权值，y_k 输出单元。

RBF 神经网络必须经过初始化之后才能进行预测，初始化有两个关键问题：一是确定最优网络结构（隐含层核函数数目）；二是确定最优参数（径向基函数的中心、宽度和输出权值）。

（1）最优网络结构的确定。在 RBF 神经网络结构中，若隐含层核函数数目过少，会使得神经网络的训练不够充分；若隐含层核函数数目过多，又可能会引起“过拟合”（Overfitting）问题。我们将“最优”核函数数目的标准定为：训练误差持续下降而预测误差由下降转为上升时的节点数。我们从最小的隐含层节点数 1 开始，逐渐增加隐含层节点数，在获得每个模型的训练误差和泛化误差之后，依据“最优标准”确定神经网络的核函数数目。

（2）最优参数的确定。建模中引用遗传算法（Genetic Algorithm，GA）①来优化 RBF 神经网络中的参数：径向基函数的中心、宽度和输出权值。

采用的适应度函数为：

$$\mathrm{Fit}=\frac{1}{(\mathrm{ESS}+\mu)} \tag{4-12}$$

式中，ESS 表示个体误差的平方和，μ 表示一个极小的常数防止出现 ESS = 0 的情况，设 μ = 1.0E − 10。个体的适应度值越大，则被选中的可能性就越大。

采用的权值计算公式为：

$$w_i(n+1)=w_i(n)+\xi\cdot\frac{\partial E(n)}{\partial w} \tag{4-13}$$

式中，E(n) 表示平均误差平方和；n 表示迭代次数；ξ 表示学习速度，$\xi\in(0,\ 1]$。

在确定了最优的网络结构和最优的网络参数之后，RBF 神经网络模型的初始化过程完成。进而可依此模型对未来碳价格进行预测。

① 1975 年由 J Holland 教授首先提出，是进化算法的一种，是解决最优化问题的搜索启发式算法。

4.3 实证检验与分析

4.3.1 数据来源

数据来源：彭博（Bloomberg）数据库中 Bluenext 交易所和欧洲气候交易所碳配额现货收盘价格。鉴于 EUETS 市场前两个阶段已结束，取第Ⅲ阶段 2012 年 12 月 7 日~2015 年 5 月 8 日共 622 个数据。所用软件 Matlab R2012b。

为加快模型收敛速度，首先对碳现货价格序列及其滞后序列进行归一化处理：

$$y_t=(0.99-0.01)\times\left[x_t-\min_t(x_t)\right]/\left[\max_t(x_t)-\min_t(x_t)\right]+0.01 \tag{4-14}$$

将碳价格数据变换到［0.01，0.99］范围内。归一化处理结果如图 4-3 所示。

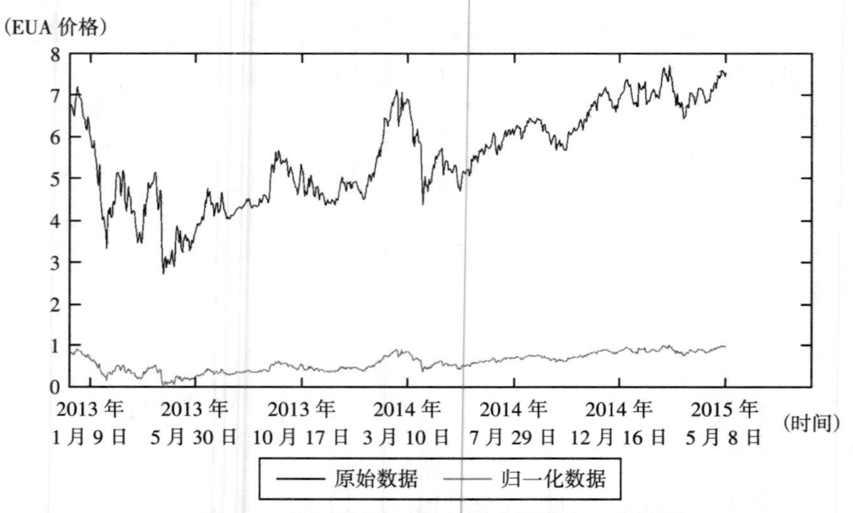

图 4-3 第Ⅲ阶段 EUA 价格序列的归一化处理

4.3.2　预测模型的构建

（1）最优滞后期的确定。采用 SIC 统计量确定最优滞后期。当 $k=3$ 时 lnSIC 最小，故最优滞后期为 3（$m=3$）。选择 P_{t-1}，P_{t-2}，P_{t-3} 为碳价格预测模型的自变量。此时，因选择 $k=3$ 丧失了 3 个自由度，第Ⅲ阶段的有效数据变为 619 个，为使预测模型能进行充分学习将前 550 个数据作为训练集数据，后 69 个作为测试集数据，以检验模型的泛化能力。原始碳价格序列在各滞后阶数下的 SIC 统计量如表 4–3 所示。

表 4–3　SIC 统计量

滞后期	1	2	3	4	5	6	7
SIC	–245.3954	–250.3487	–254.1127	–251.4343	–251.1232	–246.9998	–239.6131

（2）不同尺度分量的获取。选用 DbN 对碳价格序列进行小波变换和单支重构。由于 Db3 小波最符合原始碳价格序列的波动特征，故选择其进行 3 层小波分解和单支重构。得到的 3 个高频细节分量和一个低频结构分量如图 4–4 所示。

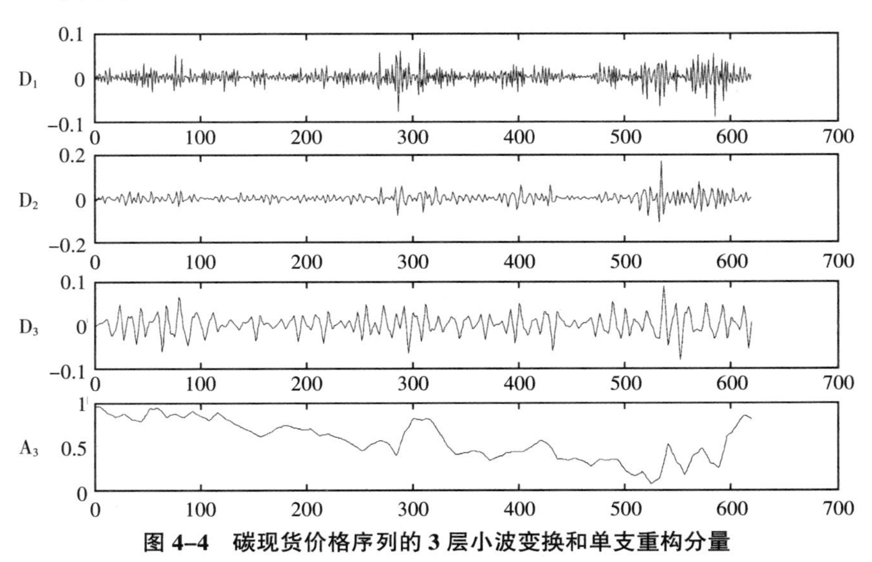

图 4–4　碳现货价格序列的 3 层小波变换和单支重构分量

（3）网络结构的确定。表 4-4 为不同核函数数目下模型的训练误差和预测误差，表中显示：GA-RBF 模型的训练误差随着核函数数目的增加持续下降，但预测误差在核函数数目为 5 时由下降转为上升，根据“最优”标准，选取模型泛化能力最强的隐含层核函数数目 4 为最优。

表 4-4　不同核函数数目下模型的训练误差和预测误差

核函数数目	预测误差	训练误差	核函数数目	预测误差	训练误差
1	0.1021	0.0537	6	2.3464E-02	5.8882E-03
2	0.0382	0.0194	7	2.5186E-02	5.9301E-03
3	0.0238	0.0067	8	2.5256E-02	5.7966E-03
4	0.0209	0.0063	9	2.7644E-02	5.7099E-03
5	0.0231	0.0061	10	2.9010E-02	5.6740E-03

（4）网络参数的确定。采用遗传算法来确定模型的最优参数。初始种群的规模设为 50，最大训练代数设为 100，将交叉概率设为 0.9，变异概率设为 0.01。在进化终止条件满足时，将最优参数存入 GA-RBF 中，得到最优的 RBF 模型。

4.3.3　预测结果

将测试集内 GA-RBF 预测值与实际值对比，其结果如图 4-5 所示，预测值与实际值非常接近，表明本问所构建的 Db3-GA-RBF 预测模型预测效果不错。

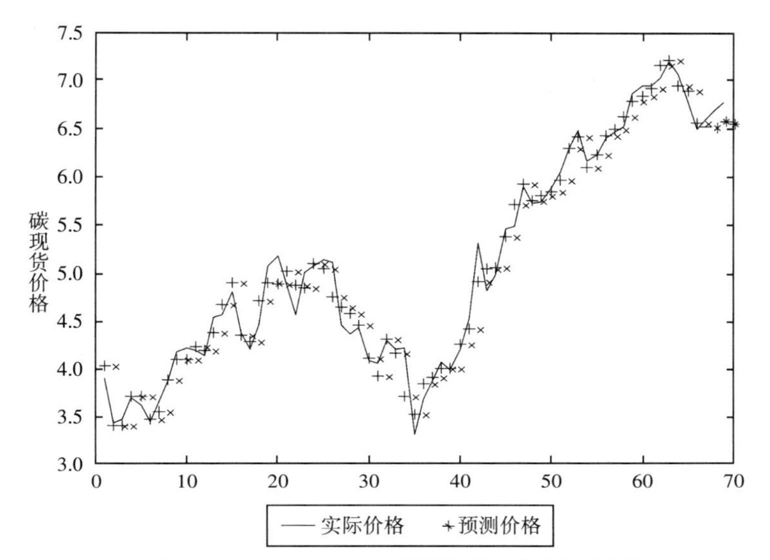

图 4-5　Db3-GA-RBF 模型的碳现货价格预测图

4.4　预测效果比较

为检验 Db3-GA-RBF 预测模型的效果，将其与 SVM、GA-SVM、GA-RBF 预测结果进行预测值的精确度和预测方向的精确度进行比较，前者采用均方误差（MSE）和平均绝对误差（MAE）两个指标来测度，后者采用预测方向精度（SCP）测度。各指标的计算公式如下：

$$MSE=\frac{1}{N}\sum_{t=1}^{N}(\hat{y}_t-y_t)^2 \tag{4-15}$$

$$MAE=\frac{1}{N}\sum_{t=1}^{N}|\hat{y}_t-y_t| \tag{4-16}$$

$$SCP=\frac{100}{N}\sum_{t=1}^{N}d(t),\ d(t)=\begin{cases}1,\ (\hat{y}_t-\hat{y}_{t-1})(y_t-y_{t-1})>0\\0,\ (\hat{y}_t-\hat{y}_{t-1})(y_t-y_{t-1})\leqslant 0\end{cases} \tag{4-17}$$

比较结果如表 4-5 所示。

表 4-5 不同预测模型的预测精度比较

模型	MSE	MAE	SCP
SVM	0.0801	0.2230	61.7647
GA-SVM	0.0797	0.2208	60.2941
GA-RBF	0.0765	0.2127	60.2941
Db3-GA-RBF（AC）	0.0411	0.1524	74.6269
Db3-GA-RBF（SIC）	0.0209	0.1057	80.8824

表 4-5 显示：

（1）与其他模型预测相比：Db3-GA-RBF（AC）模型和 Db3-GA-RBF（SIC）模型预测误差均小于 SVM 模型、GA-SVM 模型和 GA-RBF 模型，其预测精度分别提高了 73.9%、73.7%和 72.7%，预测方向的正确率均高于其他模型，说明 Db3-GA-RBF 类模型预测更为准确。

（2）Db3-GA-RBF（SIC）与 Db3-GA-RBF（AC）的预测结果相比：Db3-GA-RBF（SIC）的预测误差明显小于 Db3-GA-RBF（AC），预测方向精度明显高于 Db3-GA-RBF（AC）。相较之下，SIC 准则更为有效，精确度更高。

（3）Db3-GA-RBF 类模型与 GA-RBF 模型相比：Db3-GA-RBF 类模型的预测误差小于 GA-RBF，预测精度远大于 GA-RBF 模型，说明通过小波变换和单支重构的预测模型能较大程度地提升模型的预测能力。

4.5 本章小结

（1）欧盟碳排放权市场 EUA 现货价格波动均具有局部尺度多样性特征，且第Ⅲ阶段碳价格波动最不均匀，多重分形特征最强。表明经典的有效市场假说无法解释碳排放权市场的价格行为特征，本质上，碳排放权市场是一个多重分形和混沌市场。

（2）与原始价格系列相比，经过小波变换单支重构后的价格序列已经有效地平滑掉原始信号的边缘和噪声，得到了能够准确反映信号本身特征的细节信息。说明通过小波变换单支重构可以有效提高数据的准确性，继而使在此时间序列基础上所构建的模型预测精度更高。

（3）与其他预测模型效果相比，本章所构建的 Db3-GA-RBF（SIC）模型能较大幅度地避免预测误差，提高预测精度。预测精度提高约 70%。这一研究为碳排放权价格及其他金融资产的价格预测提供了一种新的思路和方法。

第5章
市场应用（Ⅱ）：分形与混沌行为特征下的碳排放权市场风险测度

碳排放权作为一种特殊的金融产品，其独特的制度设计决定了风险产生的机理和表现形式的特殊性。目前，国际碳排放权市场出现的增值税诈骗风险、碳减排项目投资诈骗风险、碳信用非法回购、重复计量风险以及碳信用额度生产造假风险等都将严重影响碳市场健康有序的发展。风险测度是风险管理中的重要内容，而关于风险的时变性、风险发生的时点以及风险规模则是风险管理中的核心。

风险的时变性是研究风险的时点和规模的基础。在经典的金融资产定价理论中，金融市场风险的时变性采用β值来度量，如果β系数随着时间推移没有结构性变化，即β系数跨期稳定，无时变性；反之，β系数具有时变特征。简志宏等（2013）从系统性跳跃风险的层面来考察系统性风险系数β的时变特征。卞志国等（2012）引入跨期条件，推导得出资本资产定价模型的系统性风险系数β存在跨期变化。Jagannathan和Wang（1996）对资本市场有价证券的系统性风险β系数进行了检验，结论是：系统性风险β系数是可变的，这种变化是由于投资者进行连续跨期投资引起的。然而，用β值检验一个分形与混沌市场的时变性是否合适还有待商榷，原因是，β值应用的市场基础是简单的线性关系，而碳交易市场是一个复杂的非线性系统，我们需要用新的方法来确定风险的时变性，继而确定风险时点与规模。

对碳排放权市场风险突变点的研究较多的是从结构突变点入手，主要采用的方法是均值结构突变点检验与方差结构突变点检验。高辉等（2018）以 EUETS 第三阶段的碳期货结算价为样本数据，采用 Bai-Perron 检验和修正的 ICSS 算法检测了碳价的均值和方差结构突变点，并将其结果引入 GARCH 模型，构建了修正的 GARCH 模型，得到 EUA 期货价格序列既存在均值结构突变点，也存在方差结构突变点的结论。吴振信等（2015）运用递归 OLS 残差检验和 CUSUM 平方检验考察了欧盟碳价的动态变化路径，发现碳价序列具有明显的结构突变特征，并利用 Bai-Perron 方法检验了碳价发生结构突变的次数和时点。蒋晶晶等（2015）将条件方差和极值理论纳入 VaR 计量模型，并构建了碳市场价格波动风险的 GARCH-EVT-VaR 模型，得到碳市场存在显著的极端价格波动风险。风振华（2012）运用基于极值理论的动态 VaR 模型对碳价风险暴露程度进行分析，得出基于极值理论（EVT）的动态 VaR 能充分度量碳市场风险等结论。郭福春和潘锡泉（2011）运用 Bai-perron 模型对 EUETS 第二阶段碳期货合约价格波动风险进行了结构突变检验，证实了碳期货合约价格存在显著的结构突变并且呈现非线性特征。杨超等（2011）在 VaR 模型中引入 Markov 波动转移，以 CER 期货价格作为研究对象，结合 EVT 理论，对国际碳交易市场风险时点进行了度量。Checallier 和 Julien（2009）运用 GARCH 模型对碳期货价格与宏观环境风险相关性进行研究，得到碳价格的突变与环境政策息息相关。

对风险规模的测度目前采用的主要方法是：早期预警指标法（Alessi & Detken，2011）、预期损失法（Acharya，Brownlees & Engle，2010）、条件风险价值（CoVaR）（Brownlees C T & Engle R，2010）、未定权益分析（CCA）（Castren & Kavonius，2009）以及综合压力指数法（Illing & Liu，2009）。这些方法对于线性市场的风险测度有一定的优势，但对于一个非线性的复杂系统的风险测度的效果到底如何，还需要进一步验证。

作为世界上最大的碳交易市场，欧盟碳排放权交易体系（EUETS）在国际碳市场上占有绝对份额，市场影响十分巨大。从 2005 年 6 月 24 日~2015 年 5 月 8 日欧盟碳配额（EUAs）现货日收盘价的走势（见图 5-1）可以看出，欧盟碳排放权市场价格波动非常剧烈，在某些时段呈现出了非常态特征，如第Ⅰ阶段后期，受金融危机及配额分配过多的影响，价格出现骤降，并致使最大的碳交易市场之一的 Bluenext 宣布永久性关闭。因此，针对碳排放权市场分析形成的机理，精确度量碳市场风险发生的时点与规模，科学合理地制定风险管控措施，对于碳金融市场持续健康的发展具有重要意义。

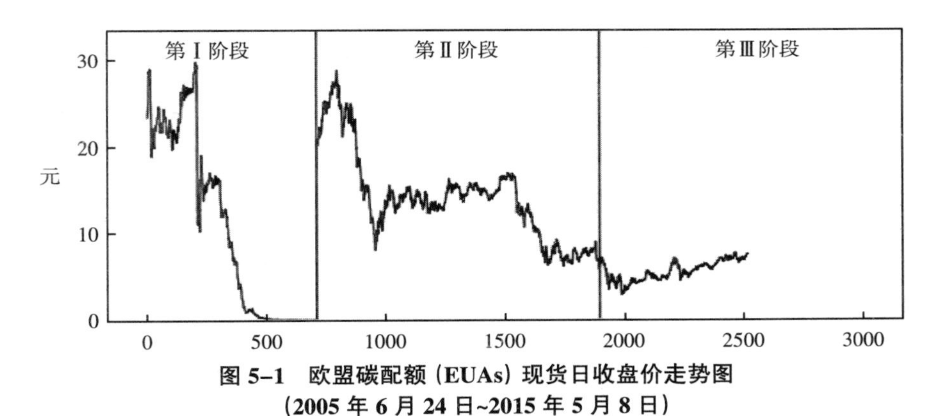

图 5-1　欧盟碳配额（EUAs）现货日收盘价走势图
（2005 年 6 月 24 日~2015 年 5 月 8 日）

数据来源：彭博（Bloomberg）数据库和 ECX 的历史数据。

首先，用小波领袖法确定碳排放权市场的多重分形特征；其次，根据多重分形谱演化图，分析欧盟碳市场价格序列多重分形特征的时变性；最后，利用多重分形谱确定欧盟碳排放权交易市场风险发生的时点与规模。

5.1　小波领袖法风险测度原理

5.1.1　小波领袖法与风险时点定位

5.1.1.1　小波领袖法的结构函数与尺度函数

小波领袖（WL）[①]是一种检验系统多重分形特征下市场出现较高的反转风险趋势的方法，可用于对市场出现重要拐点精确定位。由于传统小波领袖法存在对奇异指数产生低估的缺陷，因此，本书采用小波母函数乘以与尺度有关的因子修正传统的小波领袖算法。具体如下：

（1）计算小波系数：

$$d_X(j,\ k)=\int_R X(t)\,2^{-j}\,\Psi_0(2^{-j}t-k)\,dt \tag{5-1}$$

$\Psi_0(t)$称作母小波，$N\geqslant 1$称为$\Psi_0(t)$的消失矩。

$$\int_R t^k\,\Psi_0(t)\,dt\equiv 0.\ \forall k=0,\ 1,\ \cdots,\ N-1 \tag{5-2}$$

$$\int_R t^N\,\Psi_0(t)\,dt\neq 0 \tag{5-3}$$

将母小波$\Psi_0(t)$放大2^j，平移2^jk得到$\Psi_0(2^{-j}t-k)$。

若$N>h$，当$X(t)\in C^a(t_0)$时，存在常数$C>0$使得：

$$|d_X(j,\ k)|\leqslant C2^{jh}(1+|2^{-j}t_0-k|^h) \tag{5-4}$$

（2）定义计算多重分形的结构函数$S_d(q,\ j)$以及尺度函数$\zeta_d(q)$：

---

① 小波领袖法由 Lashermes 于 2005 年提出。

$$S_d(q,\ j)=\frac{1}{n_j}\sum_{k=1}^{n_j}|d_X(j,\ k)|^q \tag{5-5}$$

$$\zeta_d(q)=\liminf_{j\to+\infty}\frac{\log(S_d(q,\ j))}{\log(2^j)} \tag{5-6}$$

根据小波系数的相关性质及分形的自相似性有：第j层小波系数的个数为 $n_j \sim n_0 2^{-j}$，小波系数为 $|d_X(j,\ k)| \sim (2^j)^h$；第j层的豪斯特指数h个数为 $(2^j)^{-D(h)}$：

$$S_d(q,\ j)\sim 2^j\cdot 2^{-jD(h)}\cdot(2^{jh})^q=(2^j)^{1+hq-D(h)} \tag{5-7}$$

$$\zeta_d(q)=\inf_h(1+hq-D(h)) \tag{5-8}$$

由于 $\zeta_d(q)$ 是 $D(h)$ 的勒让德变换，于是有：

$$D(h)=\inf_{q\neq 0}(1+hq-\zeta_d(q)) \tag{5-9}$$

利用式（5-5）构造的结构函数极易受到计算误差的干扰且信号无法侦测，故用小波领袖替代小波系数构建结构函数。

设 $\Psi_0(t)$ 有紧支撑，令 $d_\lambda \equiv d_X(j,\ k)$，$\lambda_{j,k}=[k2^j,\ (k+1)2^j]$，$3\lambda_{j,k}=\lambda_{j,k-1}\cup\lambda_{j,k},\ \cup\lambda_{j,k+1}$，小波领袖 $L_X(j,\ k)$ 定义如下：

$$L_X(j,\ k)=\sup_{\lambda'\in 3\lambda_{j,k}}|d'_\lambda| \tag{5-10}$$

即 $L_X(j,\ k)$ 等于在所有 $\{2^j|0<j'\leqslant j\}$ 的尺度上 $3\lambda_{j,k}$ 范围内的最大小波系数。

于是，式（5-5）的结构函数与式（5-6）的尺度函数改变为：

$$S_L(q,\ j)=\frac{1}{n_j}\sum_{k=1}^{n_j}|L_X(j,\ k)|^q \tag{5-11}$$

$$\zeta_L(q)=\liminf_{j\to+\infty}\frac{\log(S_L(q,\ j))}{\log(2^j)} \tag{5-12}$$

使用勒让德变换就可以得到多重分形谱（$D(h)\sim h$）的参数：

$$h=d\zeta_L(q)/dq \tag{5-13}$$

$$D(h)=\inf_{q\neq 0}(1+hq-\zeta_L(q)) \tag{5-14}$$

在式（5-13）、式（5-14）中，h_{min} 衡量最大波动点集的奇异性，$D(h_{min})$

衡量最大波动点集的分形维数，h_{min} 和 $D(h_{min})$ 都能刻画市场极端波动点集情况。定义系统的突变点为风险发生的时点。通过 $D(h_{min})$ 的演化过程分析，就可以对金融风险发生的时点进行定位，继而确定风险规模的大小。

5.1.1.2 风险时点的定位

基于系统在突变时点会发生频率极小的巨幅震荡的特征，选取 WL 分析欧盟碳市场价格多重分形的演化特性，由 $D(h_{min})$ 的演化趋势图定位出市场发生突变的时点。在分析中需对分析数据段进行扫描，本书对 2005~2015 年碳市场进行分析时，对三个阶段扫描分析窗口的宽度 W 给予了不同设置，将滑动窗口的长度定为 1 个交易日，第 M 个分析窗口的右端点为 M+W−1。借助 $D(h_{min})$ 突变时点的横坐标 D_{jump}，定位金融风险发生的时点 P_{risk} 为：

$$\begin{cases} P_{risk} = D_{jump} + W - 1 \\ D_{jump} = Y \cap Z \end{cases} \tag{5-15}$$

式中，

$$Y = \{ M \mid \Delta D(h_{min})_{M-1} = D(h_{min})_{M} - D(h_{min})_{M-1} < a \} \tag{5-16}$$

$$Z = \{ M \mid R_M = -\Delta D(h_{min})_{M-1} / D(h_{min})_{M-1} > b \} \tag{5-17}$$

由于欧盟碳市场价格波动非常剧烈，市场的波动幅度很大，为了更准确地定位不同阶段的市场风险时点，对各阶段分别设置了式（5-16）和式（5-17）的临界值 a 和 b，a、b 的取值在第Ⅰ阶段分别为−0.05 和 0.1，第Ⅱ阶段分别为−0.1 和 0.1，第Ⅲ阶段分别为−0.25 和 0.2。

5.1.2 多重分形谱与风险规模的测度

5.1.2.1 描述多重分形[①] 的指标：Hölder 指数与 Hausdorff 维数

取局部 Hölder 指数来检验多重分形的奇异性：

设一组信号为 $\{X_{(t)}\}_{t\in R}$，它的局部奇异性由 Hölder 指数表示。$X_{(t)}$ 是局部

① 多重分形理论由 Mandelbrot 在 1997 年提出。

有界且在 t_0 点有 $X_{(t)}\in C^{a}(t_0)$，$t_0\in R$，$\alpha\geqslant 0$；则存在一个常数 $C>0$ 以及一个多项式 P 满足 $\deg(P)<\alpha$，在 t_0 点的领域内有：

$$|X_{(t)}-P(t-t_0)|\leqslant C|t-t_0|^{\alpha} \tag{5-18}$$

$X_{(t)}$ 在 t_0 点的 Hölder 指数为：

$$h(t_0)=\sup\{\alpha : X\in C^{\alpha}(t_0)\} \tag{5-19}$$

$h(t)$ 可用多重分形谱（$D(h)\sim h$）得到，$D(h)$ 为豪斯道夫（Hausdorff）维数。

5.1.2.2　风险规模的测度

在多重分形谱中，奇异指数 h_{min} 越小，市场波动幅度越大。当市场风险发生时，h_{min} 和 $D(h_{min})$ 都处在较低水平。故可以通过 h_{min} 和 $D(h_{min})$ 对风险的波动幅度和频率进行测度。

定义 $R_{fractal}$ 为测度风险规模的指标：

$$\begin{cases} R_{fractal}=\ln\left[\dfrac{1}{\overline{(h_{min})_{M'}}\times\overline{D(h_{min})_{M'}}}\right] \\ M'\in[D_{jump},\ D_{jump}+W-1] \end{cases} \tag{5-20}$$

“U”形区间内最大波动点集的平均奇异性用 $\overline{(h_{min})_{M'}}$ 来表示，其值越小，市场波动幅度越大；$\overline{D(h_{min})_{M'}}$ 为与 $\overline{(h_{min})_{M'}}$ 相对应的平均维数，其值越小，市场波动频率越小；当 $\overline{(h_{min})_{M'}}$ 和 $\overline{D(h_{min})_{M'}}$ 都较小时，则 $R_{fractal}$ 较大。

5.2　碳排放权市场风险时变性

5.2.1　数据来源与预处理

选择 Bluenext 交易所和欧洲气候交易所（ECX）碳配额（EUAs）现货日

收盘价研究欧盟碳市场的风险。数据来源于彭博（Bloomberg）数据库和ECX的历史数据，应用软件MATLAB R2016a。样本数据时间段为2005年6月24日~2015年5月8日，包括了欧盟碳交易体系三个阶段的碳配额现货结算价格[①]。由于不同阶段所实施的政策不同，本书分三个阶段进行分析：第Ⅰ阶段为2005年6月24日~2008年4月25日，共计708个交易日数据；第Ⅱ阶段为2008年2月26日~2012年12月5日，共计1186个交易日数据；第Ⅲ阶段为2012年12月7日~2015年5月8日，共计622个交易日数据。考虑到金融时间序列的异方差性、平稳性及广泛适用性，将碳现货价格序列转变为对数收益率序列：

$$R_t = \ln P_t - \ln P_{t-1} \tag{5-21}$$

式中，R_t 表示t日的EUA现货收益率；P_t 表示t日EUA现货交易的收盘价；P_{t-1} 表示t−1日EUA现货交易的收盘价。

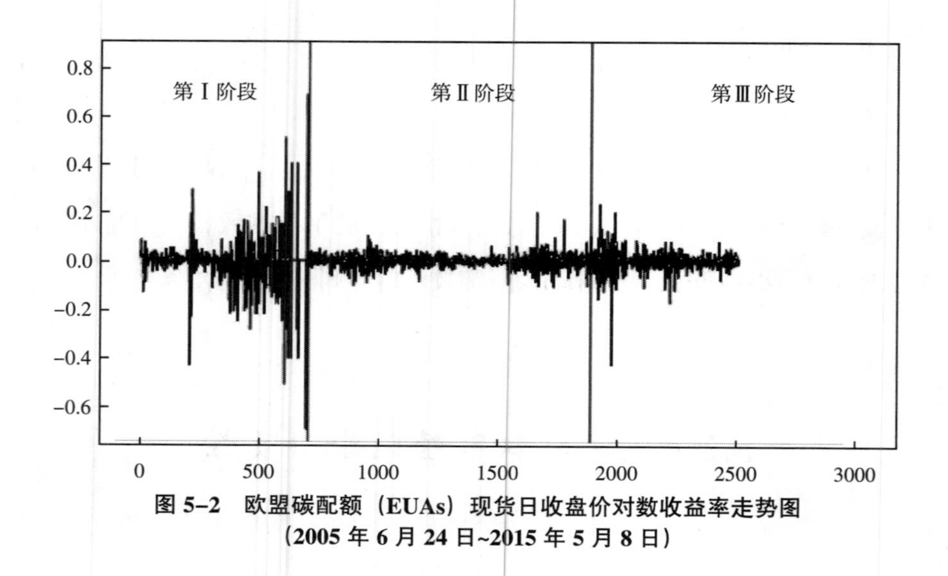

图5-2 欧盟碳配额（EUAs）现货日收盘价对数收益率走势图（2005年6月24日~2015年5月8日）

① 第Ⅰ阶段包括了2008年2~4月重新定价前的数据，第Ⅱ阶段自2008年2月重新定价数据开始。

从图 5-2 可以看出，欧盟碳配额现货日收盘价对数收益率序列呈现出剧烈波动态势和波动集聚效应特征，且在不同时期波动幅度存在显著差异，第Ⅰ阶段的波动幅度较大，第Ⅱ阶段波动幅度较小。在第Ⅰ阶段后期，2006 年之后呈现较大幅度波动，特别是 2007 年之后，受金融危机影响，波动非常剧烈；在第Ⅲ阶段初期，2013 年 1~6 月出现较大幅度波动。

5.2.2　欧盟碳市场市场效率与时变性检验

5.2.2.1　碳市场市场效率分析

对碳市场的市场效率可以用能反映多重分形特性强弱程度的市场波动奇异性差异的 Δh 表示：

$$\Delta h = h_{max} - h_{min} \tag{5-22}$$

式中，Δh 越大，市场波动的差异越大，市场效率越低；反之，市场效率越高。欧盟碳排放权市场三个阶段 Δh 的演化过程如图 5-3 所示。

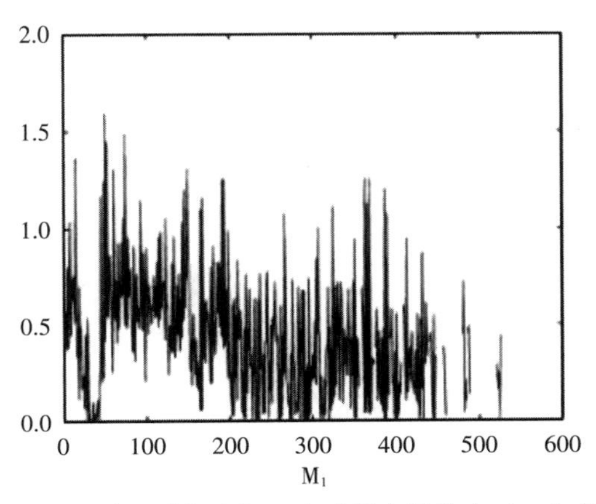

图 5-3　欧盟碳排放权市场三个阶段市场效率（Δh）的演化图

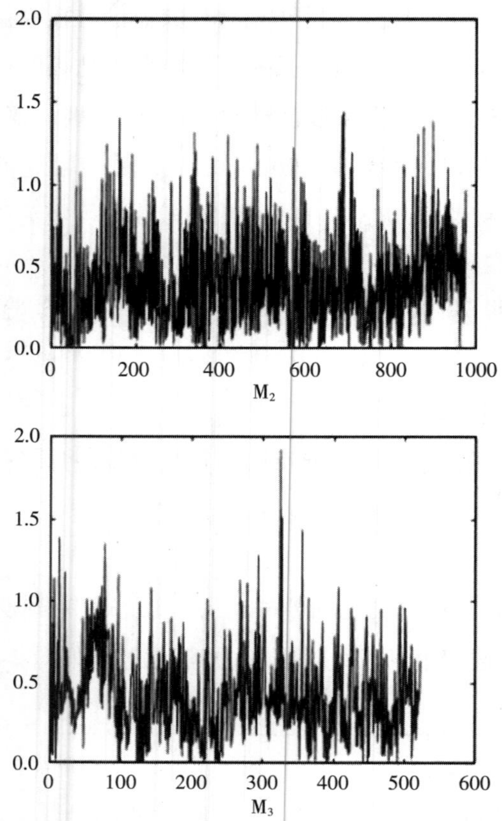

图 5-3 欧盟碳排放权市场三个阶段市场效率（Δh）的演化图（续图）

注：M_m（m=1，2，3）表示第 m 阶段的分析窗口，$1\leqslant M_1\leqslant 528$；$1\leqslant M_2\leqslant 976$；$1\leqslant M_3\leqslant 522$。

图 5-3 显示：2007~2015 年，欧盟碳排放权市场在三个阶段的波动均较大，市场效率不显著。其中，第Ⅱ阶段的市场波动幅度要低于第Ⅰ阶段和第Ⅲ阶段，市场效率要优于第Ⅰ阶段和第Ⅲ阶段。具体看来：

第Ⅰ阶段：在分析窗口 $43\leqslant M_1\leqslant 150$（2006 年 5~10 月）以及 $165\leqslant M_1\leqslant 198$（2006 年 11 月~2007 年 1 月），市场效率较弱，两个时期碳交易价格骤降分别主要受核证减排量数据公布和碳排放额度供过于求的影响。在分析窗口 $M_1\geqslant 450$（2008 年 1~4 月），Δh 波动异常，主要是受到金融危机的影响。

第Ⅱ阶段：该阶段市场总体有效性略好，其中，在分析窗口 $400\leqslant M_2\leqslant$

557（2010 年 7 月~2011 年 3 月），市场效率有细微减弱，该时期与欧债危机发生时期相符。

第Ⅲ阶段：在分析窗口 $2 \leqslant M_3 \leqslant 100$（2013 年 5~9 月），市场效率较弱，该时期与欧盟议会投票否决救市计划提案的发生时期相符。

5.2.2.2　碳市场的时变性

从欧盟碳排放权市场有效性的分析中发现，2007~2015 年，各个阶段市场波动有所不同，市场多重分形特征强弱程度不同，故进一步对不同阶段市场多重分形特征的时变性进行分析，包括多重分形谱的时变性，风险前后多重分形特征的时变性分析。

通过多重分形谱的演化图，分析欧盟碳市场三个阶段多重分形谱的时变性，如图 5-4~图 5-6 所示。

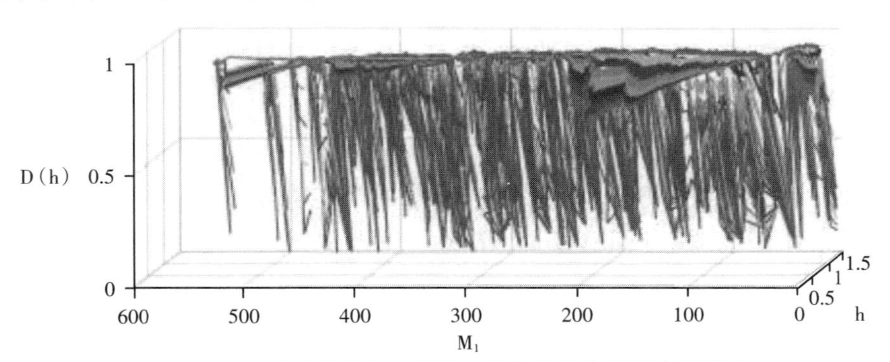

图 5-4　欧盟碳排放权市场第Ⅰ阶段多重分形谱的演化图

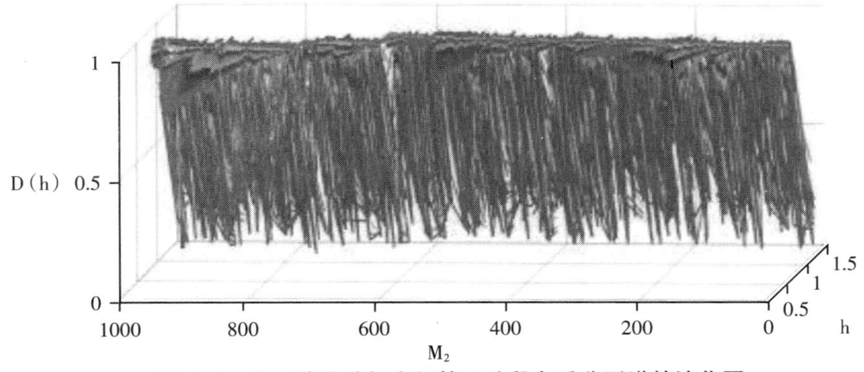

图 5-5　欧盟碳排放权市场第Ⅱ阶段多重分形谱的演化图

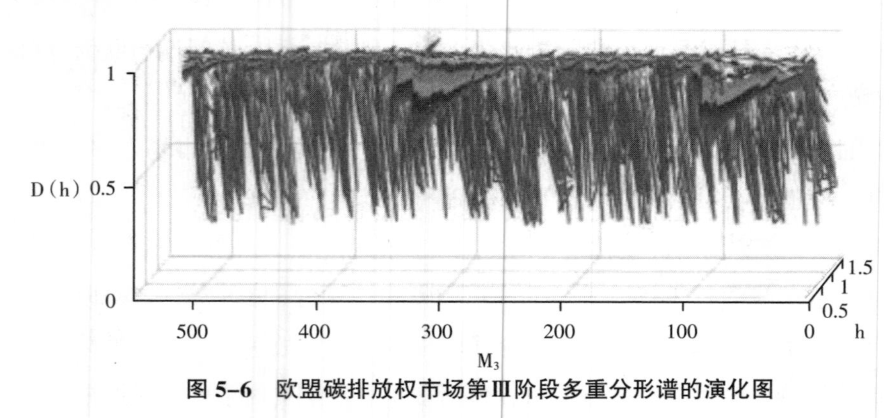

图 5-6　欧盟碳排放权市场第Ⅲ阶段多重分形谱的演化图

从三个阶段多重分形谱的演化图（见图 5-4~图 5-6）可以看出，欧盟碳市场的多重分形特性是随着时间而不断变化的。在三个阶段中，第Ⅱ阶段多重分形谱演化图的平滑性最优，第Ⅰ阶段多重分形谱的平滑性最差，与第Ⅱ阶段市场波动幅度小于第Ⅰ阶段和第Ⅲ阶段的结论一致。其中，第Ⅰ阶段后期多重分形谱特征不明显。

结合欧盟碳市场有效性和多重分形谱的演化图可知，在风险发生前后，市场波动剧烈，多重分形谱的演化趋势发生明显变化。基于此，分别在三个阶段中风险发生前后各随机选取一个分析窗口，通过结构函数 $S_L(q, j)$ 与尺度 $a=2^j$ 的双对数关系图，考察欧盟碳排放权交易价格序列自相关关系的变化。第Ⅰ阶段选取的分析窗口为 $M_1=30$（2006 年 4 月 27 日），$M_1=250$（2007 年 3 月 19 日）；第Ⅱ阶段选取的分析窗口为 $M_2=400$（2010 年 7 月 19 日），$M_2=714$（2011 年 10 月 20 日）；第Ⅲ阶段选取的分析窗口为 $M_3=1$（2013 年 5 月 1 日），$M_3=50$（2013 年 7 月 9 日）。

图 5-7~图 5-9 分别列出了三个阶段各分析窗口所对应的结构函数 $S_L(q, j)$ 与尺度 $a=2^j$ 的双对数关系图。

图 5-7~图 5-9 显示：三个阶段中，各分析窗口的 $\log_2 S_L(q, j)$ 与 $\log_2(a)$ 在离散小波变换的尺度区间上均呈现较好的线性关系，说明欧盟碳排放权市场交易价格序列具有自相关关系。同时，风险发生前后的双对数关系图存在显著差异性，说明在不同阶段以及风险前后，碳排放权市场交易价格的自相

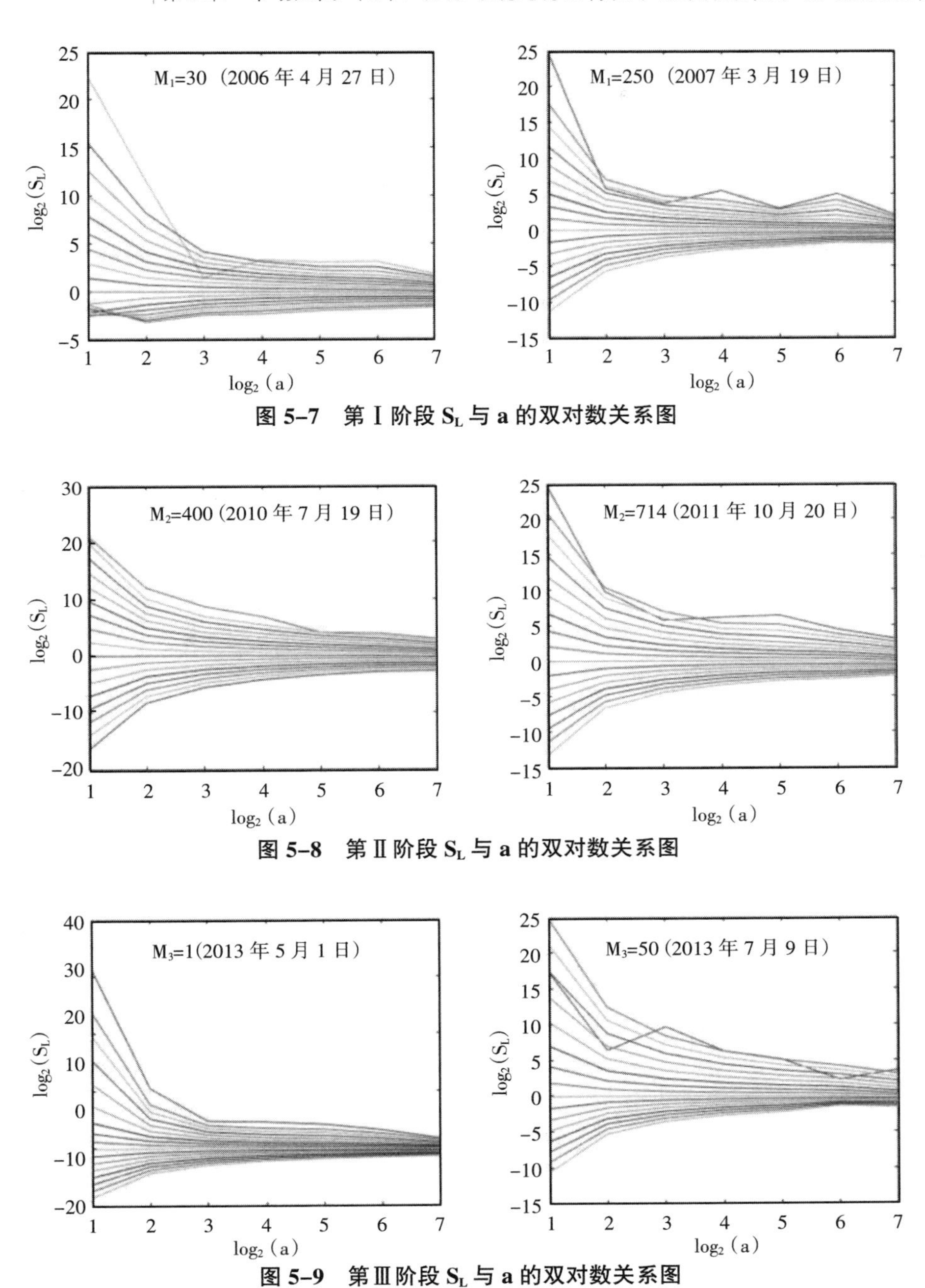

图 5-7　第Ⅰ阶段 S_L 与 a 的双对数关系图

图 5-8　第Ⅱ阶段 S_L 与 a 的双对数关系图

图 5-9　第Ⅲ阶段 S_L 与 a 的双对数关系图

关性存在时变性。

进一步，通过风险发生前后的尺度函数 $\zeta_L(q)$ 和多重分形谱 D（h），分析风险发生前后欧盟碳排放权市场多重分形特征的时变性。

图 5-10~图 5-12 是三个阶段风险前后不同分析窗口的尺度函数与多重分形谱的趋势图。其中，尺度函数图刻画了欧盟碳市场在不同增量尺度特征下的分形特征。当 $\zeta_L(q)$ 为线性函数时，其过程是单分形的；当 $\zeta_L(q)$ 为非线性函数时，其过程为多重分形。表 5-1 列出了三个阶段中风险发生前后多重分形谱的特征。

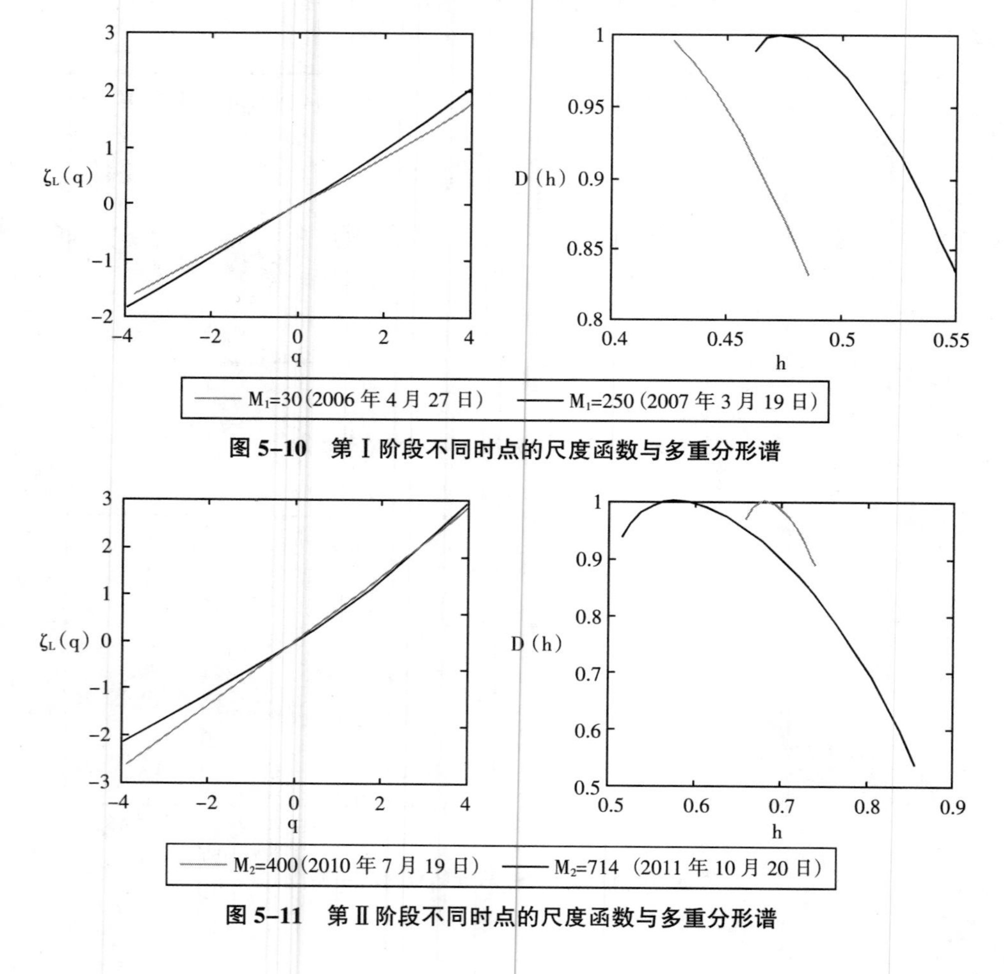

图 5-10　第Ⅰ阶段不同时点的尺度函数与多重分形谱

图 5-11　第Ⅱ阶段不同时点的尺度函数与多重分形谱

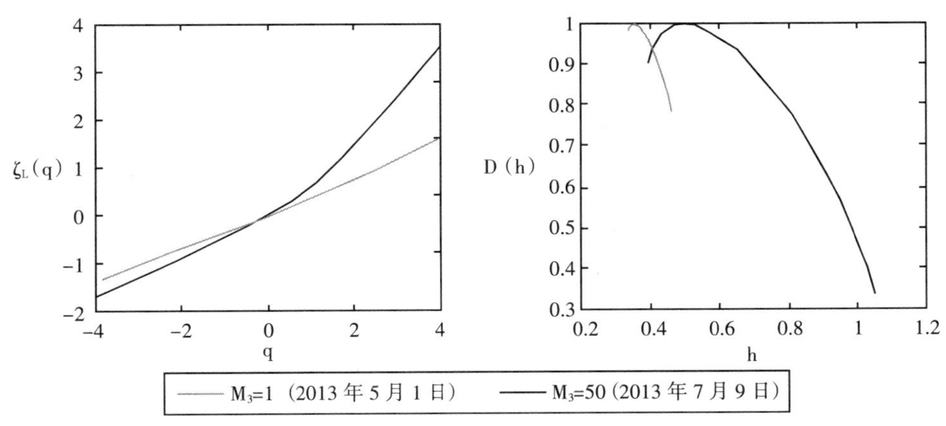

图 5-12　第Ⅲ阶段不同时点的尺度函数与多重分形谱

图 5-10~图 5-12 显示：不同时点上的多重分形存在差异，欧盟碳市场在危机发生后多重分形特征更为显著，欧盟碳排放权市场多重分形特征具有时变性。具体如表 5-1 所示。

表 5-1　金融风险发生前后多重分形谱的特征

所属阶段	分析窗口	多重分形谱左端点 D（h_{min}）	多重分形谱宽度
第Ⅰ阶段	M_1=30	0.9962	0.0707
	M_1=250	0.9862	0.0874
第Ⅱ阶段	M_2=400	0.9685	0.0797
	M_2=714	0.9334	0.3392
第Ⅲ阶段	M_3=1	0.9768	0.1276
	M_3=50	0.9052	0.6556

结合图 5-10~图 5-12 和表 5-1 可知：与市场风险发生前相比，市场风险发生后，多重分形谱左端点 D（h_{min}）显著低于风险发生前，多重分形谱的宽度明显变宽，说明风险发生后市场有效性显著低于风险发生前的市场有效性。

综合来看，欧盟碳交易价格多重分形谱的特征存在显著时变性，特别是在金融风险发生前后，多重分形谱存在明显差异。

5.3 欧盟碳排放权市场风险时点与规模

从上述分析可知，碳市场的波动，尤其是金融风险对碳市场的有效性有显著影响，基于小波领袖在分析过程中使用市场各种突变信息的特点，通过 D（h_{min}）来刻画市场极端波动的点集，利用 D（h_{min}）的演化图对欧盟碳排放权市场的风险进行定位及测度，图 5-13 分别显示了欧盟碳交易体系在三个阶段中 D（h_{min}）的演化。

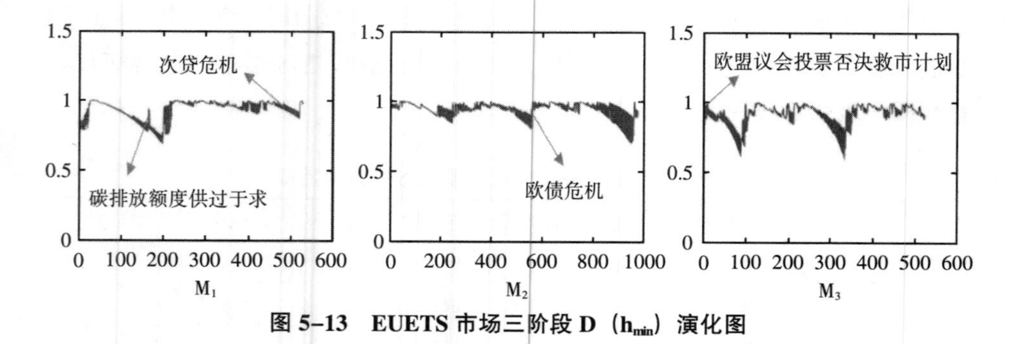

图 5-13 EUETS 市场三阶段 D（h_{min}）演化图

图 5-13 显示：第Ⅰ阶段主要有 2 个突变点，分别对应了碳排放额度供需失衡和次贷危机发生的两个时期；第Ⅱ阶段主要有 1 个突变点，该突变点与欧债危机发生时期相符；第Ⅲ阶段主要有 1 个突变点，该突变点主要来自欧盟会议投票否决救市计划的影响。

在测出 D（h_{min}）突变时点横坐标 D_{jump} 的基础上，可确定金融危机发生的时点，即突变时点所在分析窗口的右端点［式（5-17）］，根据式（5-20）对这些时点的金融风险进行测量，具体结果如表 5-2 所示。

表 5-2　欧盟碳排放权交易市场的金融风险测度（2007~2015 年）

所属阶段	D_{jump}	P_{risk}	对应时点	$R_{fractal}$	背景事件
第Ⅰ阶段	167	346	2006 年 11 月 17 日	1.0814	碳排放额度供过于求
	519	698	2008 年 4 月 14 日	—	次贷危机
第Ⅱ阶段	557	766	2011 年 3 月 11 日	0.5610	欧洲债务危机
第Ⅲ阶段	2	101	2013 年 5 月 2 日	1.1548	欧盟议会投票否决救市计划的提案

表 5-2 显示：

第Ⅰ阶段的风险时点为 2006 年 11 月 17 日、2008 年 4 月 14 日，其分别受到碳排放额度供过于求以及次贷危机的影响，导致欧盟碳价格急剧下降，风险规模为 1.0814；

第Ⅱ阶段的风险时点为 2011 年 3 月 11 日，其与欧洲债务危机发生时期相对应，风险规模为 0.5610；

第Ⅲ阶段的风险时点为 2013 年 5 月 2 日，该时点的突变主要是受到 2013 年 4 月欧盟议会投票否决救市计划提案的影响，导致欧盟碳排放额度价格暴跌，风险规模为 1.1548。

5.4　本章小结

（1）欧盟碳排放权市场多重分析谱和多重分形特征存在明显时变性。从多重分形谱的演化图看，在风险发生前后，市场波动剧烈，多重分形谱的时变性表现尤为充分；从不同时点上的多重分形特征看，欧盟碳市场在风险发生前后多重分形特征存在明显差异，风险发生后多重分形特征的时变性更为显著。

（2）对欧盟碳排放权交易市场三个阶段的风险时点检测结果如下：欧盟

碳排放权交易市场在第Ⅰ阶段的风险时点为2006年11月17日、2008年4月14日，分别对应了碳排放额度供需失衡以及金融危机发生的时期；第Ⅱ阶段的风险时点为2011年3月11日，对应了欧债危机发生的时期；第Ⅲ阶段的风险时点为2013年5月2日，该突变时点主要是受到2013年4月欧盟议会投票否决有关扶持碳交易的新提议的影响。

（3）对欧盟碳排放权交易市场风险规模测度情况如下：在第Ⅰ阶段，2006年11月17日的风险规模为1.0814，碳排放额度供需失衡对市场波动影响较大；在第Ⅱ阶段，2011年3月11日的风险规模为0.5610；在第Ⅲ阶段，2013年5月2日的风险规模为1.1548。

需要注意的是，当研究数据的时间尺度，如分析窗口宽度或样本数据的采样频率发生改变时，市场风险发生的时点以及风险规模也会发生变化，因此，在做决策时，应根据需要，在不同时间尺度上对风险进行管理和控制。另外，由于欧盟碳排放权交易市场三个阶段数据量相对较少，本章对分析窗口的宽度不能设置太宽，因此，在后续碳市场交易价格数据量扩充后，可根据数据情况，调整分析窗口宽度，以使结果更加精确。

第Ⅲ篇

碳排放权市场价格波动规律

欧盟碳排放权交易体系（EUETS）自 2005 年 1 月 1 日运行至今已经 12 年，其间碳市场价格发生剧烈波动，其价格机制以及价格传导机制表现出诸多异常的特点。从价格机制上看，价格的形成与运行并不完全取决于供求关系间存在的相互联系和制约；从价格传导机制上看，也并非完全是由于某种产品价格的变化而引起的碳价格的变化。归纳起来，碳价格的波动应该是经济因素、非经济因素共同作用的结果。经济因素包括了经济周期、财政和货币政策、市场总体表现等；非经济因素包括自然环境的变化、自然灾害、战争与政权的变更以及可替代能源的使用和节能减排技术创新等。更重要的是，碳排放权本身有其独特的性质，作为能源的衍生品，碳排放权价格的波动在很大程度上取决于能源及其替代品价格的波动。所以，任何其他因素对碳价格的影响都无法绕过能源价格的影响因素。

经济周期通过对能源的不同需求传导到碳排放权价格，并影响碳价格的波动。一般说来，能源价格与经济周期在大多数时间内是正向联动关系。在经济周期繁荣时期，企业开工充足，对能源的需求增加，能源价格上涨，碳排放量增加，碳排放权价格降低；反之，在经济衰退时期，企业对能源的需求减少，碳排放量减少，碳排放权价格上涨。此外，在经济增长的不同周期，能源的价格也会发生变化。在经济增长的短周期内，能源价格与经济增长同向变化，但在中长期内，由于政策的干预或其他因素的影响，能源的供需将发生变化，进而抵消能源价格波动的影响，并导致碳排放量和碳排放价格的变化。

财政和货币政策通过影响经济周期间接影响碳排放权价格波动，其影响一般是双向的。一方面，财政和货币政策变化会导致能源价格变化，使碳排放量及碳排放权价格发生变化；另一方面，能源价格的冲击也会通过影响货币政策来影响碳价格，其传导机制为：财政和货币政策变化⇌宏观经济变化⇌能源价格变化⇌碳排放量变化⇌碳排放权价格变化。一般来讲，能源价格上涨会引起其他产品价格的大幅上涨，形成通货膨胀，政府为控制通货膨胀，会实施紧缩性的货币政策，二者共同作用导致经济衰退，经济衰退会使企业对能源的需求减少，碳价格上涨；反之，若能源价格下跌，政府会实施宽松性的货币政策，使经济复苏，企业对能源的需求增加，碳价格下跌。

市场总体表现通过碳市场产品供求、市场操纵和投资者心理预期影响到碳价格的波动。市场供求决定了碳价格的涨落。碳市场供给的增加，会导致碳价格下降。例如，免费发放配额、增加企业排放配额额度、降低配额总量设定、减排信用抵消制度等都将使配额供给增加，导致碳价格下降；反之，如果需求增加，则将使碳价格上涨。例如，限制配额总量、扩大减排责任行业、压缩特定行业排放源配额等。尤其对于碳市场，配额的供给在一定时期内是固定的，那么碳价格的波动主要取决于企业需求，企业经营状况、能源、燃料价格、配额分配量和配额方式的变化等都会影响企业需求。市场操纵也会在很大程度上引起碳价格的波动，这种波动更多的是由于投机者大量做多、做空形成看涨和看跌的供求变化。例如，转账轧空、制造概念、操纵等行为。投资者的心理预期对碳价格走势会产生强烈的影响，尤其是当个人投资者在市场中占比太多的情况下，众多个人投资者的心理预期交互影响形成整个市场的心理预期，从而使碳市场价格剧烈波动。

自然环境的变化尤其是气候和温度的变化，将通过对能源需求的改变而影响碳价格。气候变化涉及两方面问题：一是季节变更；二是极端天气。春夏秋冬的季节变化对能源及其能源特定产品需求不一样，冬、春季节由于供暖的需要，对化石能源的需求会增加；夏、秋季制冷对电力的需求会增加。当出现极端天气时，市场对各种能源的需求量会大幅上升，能源价格上涨，碳排放量相应增多，碳排放权价格会发生剧烈波动。全球变暖使温度上升对碳交易价格的影响主要通过较大气候灾难传导，例如飓风、强暴雨、洪水、山体滑坡等都会对电力尤其是以风电、太阳能为主的电力供应区域产生极大的影响，通过能源价格的变化影响碳交易价格。

清洁能源和节能减排技术会通过降低碳排放量而影响碳排放权价格。风能、太阳能、地热能和核能都在一定程度上替代了化石能源，这些清洁能源的使用降低了二氧化碳排放量，从而使碳交易价格发生变化。节能减排的技术创新如碳捕获和碳封存，从技术上降低了碳排放总量，继而影响到碳排放交易价格。

第 6 章
碳价格波动规律（Ⅰ）：碳排放权价格季节性波动规律

碳排放权作为能源的衍生品，其价格传导主要以能源为媒介来实现。因而，碳排放权的价格波动首先受制于能源价格的波动，能源价格的波动主要取决于能源的供求关系，这种供求关系在不同的季节会表现出不同的特征。例如，在冬季，供暖会使能源需求增加，碳排放量增加，碳排放权价格会随之波动；在夏季，用电量的增加也会导致电力需求的增加，同样会影响到碳排放权的价格，此外，可替代能源如水电、风电、太阳能等也可以通过与化石能源的相对价格影响碳排放权价格。在不同的地区，由于能源获取便捷性的差异也会导致碳价的波动，例如，在澳洲，化石能源如煤炭是其主要的动力来源，而在欧洲，风能则是其主要的能源形式。总之，由于能源供需及价格存在着季节性波动，故可以推测碳排放权价格的波动是完全可能呈现季节性特征的。

专门针对碳市场价格季节性波动规律的研究相对较少，但在成熟的商品市场，则有不少涉及价格季节性波动规律的文献，例如：张梦迪（2018）利用 X-12-ARIMA 模型研究了我国公路货运价格的波动，得出公路运输价格在年内不同月份呈现显著的季节性变化。赖安波（2016）采用多元回归线性方法对广西蔬菜价格的波动进行了研究，认为无论是年际或年内其价格都存在季节性变化。张峭、宋淑婷（2012）在研究生猪市场价格波动规律时，运用移动平均季节调整法对生猪价格季节性波动进行研究，发现我国生猪市场价格存在季节变化规律。王川、赵俊晔、李辉尚（2012）在研究水果市场价格波动规律时，利用 Census X-12 季节调整法对我国水果市场的价格季节性波动进行研究，发现在 2000 年 1 月~2011 年 12 月，我国各个品种的水果市场价格均存在季节性波动；在柑橘市场上，价格季节性波动总体也呈现显著的“两头低，中间高”的态势。也有一些文章侧重对季节性波动的成因、隐含的经济意义进行分析。如赵奉军、王先柱（2012）利用 X-12-ARIMA 模型，季节稳定性和移动季节性 F 检验以及 Kruskal-Wallis 检验，对我国土地市场价格的季节性波动规律及其根源进行分析，发现我国的住宅用地、工业用地以及商业用地的价格波动均存在显著的季节性，而流动性与住宅价格指数的季节性是土地交易价格季节性产生的根源。王书平、朱艳云、吴振信（2014）以硬红冬小麦为例，利用 X-13A-S 方法，对小麦市场价格的季节性波动规律及其形成的原因进行研究，结果表明，硬红冬小麦市场价格存在季节性波动规律，夏、秋两季小麦价格上涨，冬、春两季价格下跌；价格波动季节性波动规律产生的根源在于小麦生长周期。这些研究所涉及的主要方法是 Census X-12 以及 Census X-13 系列的季节调整法。季节调整法能够很好地提取时间序列中的季节性成分，一方面用于对季节波动存在性进行检验，另一方面由于分离出的季节性时间序列能够更为准确地反映价格的中长期运动规律，因而也为周期性和趋势波动规律的研究奠定了基础。

鉴于碳排放权所具备的商品与金融的双重属性特征，采用商品市场研究价格波动的方法来探讨碳市场价格波动规律也不失为一种很好的选择。故选取了 X-13A-S 季节性调整方法对该部分进行研究。

6.1 X-13A-S 季节调整法基本原理

X-13A-S[①] 是一种最新的季节调整方法，它是在 X-12-ARIMA 季节调整法基础上发展起来的。X-12-ARIMA 包括 X-11 模块，ARIMA 模块以及相关的诊断与检验。X-13A-S 除包含 X-12-ARIMA 所有模块外，还在预调整部分吸收了 TRAMO/SEATS 模块部分功能。相对于 X-12-ARIMA，X-13A-S 在 RegARIMA 建模、季节调整和诊断检验三个方面都有了很大进步。

X-13A-S 季节调整方法分三步进行：首先，建立 RegARIMA 模型，以甄别原始序列中存在的离群值和历法效应。其次，季节调整。重复运用不同长度的滤子 SI 对序列进行移动平均操作，以提取季节分量、周期趋势分量、不规则分量。最后，对季节调整的结果进行诊断检验。

6.1.1 建立 RegARIMA 模型

RegARIMA 是具有 ARIMA 误差的回归模型[②]，可对数据进行样本外延长，以对数据进行补充。假定存在一个时间序列：

$$Y_t = \sum_i \beta_i X_{it} + z_t \tag{6-1}$$

式中，若随机误差项 z_t 服从 ARIMA 过程，则有：

$$\phi_p(L)\Phi_p(L^S)(1-L)^d(1-L^S)^D z_t = \theta_q(L)\Theta_Q(L^S)u_t \tag{6-2}$$

以及 RegARIMA：

① X-13A-S 方法是 X-12-ARIMA 和 SEATS 模型的结合，2009 年由美国普查局正式推出。

② 与 ARIMA 模型相比，RegARIMA 模型考虑了与观测值同期发生的回归变量效果的影响，增强了 ARIMA 建模的灵活性。

$$\phi_p(L)\phi_p(L^S)(1-L)^d(1-L^S)^D(Y_t-\sum_i\beta_iX_{it})=\theta_q(L)\Theta_Q(L^S)u_t \tag{6-3}$$

式中，$\phi_p(L)$和$\theta_q(L)$分别表示非季节性 p 阶自回归算子和 q 阶移动平均算子；$\phi_p(L^S)$ 和 $\Theta_Q(L^S)$ 分别表示季节性 p 阶自回归算子和 Q 阶移动平均算子；S、d 和 D 分别表示季节周期长度、非季节差分次数和季节差分次数。

在 X-13A-S 程序中有五种 ARIMA 形式，模型选择时必须同时满足三个条件：平均相对误差 MAPE、Box-Ljung 检验的相伴概率、过度差分检验所规定的标准。否则，不能使用 ARIMA 模型对原序列进行延长。

6.1.2 非参数季节调整

非参数季节调整采用 X-11 模型，利用滑动平均方法将原始时间序列分解为趋势项与季节项。X-11 模型的基本形式分为加法模型和乘法模型，由于乘法模型只适用于序列值为正的情形，故研究中选取 X-11 加法模型：

$$Y_t=TC_t+S_t+I_t \tag{6-4}$$

式中，Y_t 为原始价格序列；TC_t 为周期趋势分量；S_t 为季节分量；I_t 为不规则分量。

6.1.3 季节性诊断

采用秩方差检验 Kruskal-Wallis 对模型进行检验。统计量为：

$$H=\frac{12}{n(n+1)}\left[\frac{(\sum R_1)^2}{n_1}+\frac{(\sum R_2)^2}{n_2}+\cdots+\frac{(\sum R_k)^2}{n_k}\right]-3(n+1) \tag{6-5}$$

式中，$\sum R_1$，$\sum R_2$，…，$\sum R_k$ 为各个样本的秩和；n_k 为样本容量，$n=1$，2，…，k。如果 $n_k>5$，H 统计量接近卡方分布（自由度为 $k-1$）。当 H 统计量大于卡方分布的临界值，拒绝原假设，碳价格时间序列存在季节性波动；当 H 统计量小于卡方分布的临界值，接受原假设，碳价格时间序列不存在季节性波动。

Q统计量是判断对X-11季节调整效果的综合性指标。其取值范围为0~3，当Q统计量在0~1范围时，季节调整效果良好。

6.2 EUETS市场EUA现货价格季节波动检验

6.2.1 数据来源与处理

数据来源：Bluenext交易所和欧洲气候交易所（ECX）；样本时间：第Ⅰ阶段为2005年6月~2007年12月；第Ⅱ阶段为2008年2月~2012年12月；第Ⅲ阶段为2012年12月~2015年5月。考虑到研究标的是季节性波动，故将日价格序列通过简单加权得到月度价格序列共120个。运用软件为Eviews8.0。

6.2.2 EUA价格季节波动检验

对EUA价格季节波动检验，原假设：不存在季节性变化；备择假设：存在季节性变化。

首先，模型选择。首选ARIMA模型，但均不满足条件，故放弃ARIMA。选用X-11方法和SEATS程序进行季节性调整；分别采用稳定季节性F检验、移动季节性检验和Kruskal-Wallis检验，其结果为：稳定季节性F检验和Kruskal-Wallis检验均不存在稳定季节性；移动季节性检验不拒绝移动季节性。如表6-1~表6-3所示。

表 6-1　三阶段合并的稳定季节性检验

	平方和	自由度	均方	F 统计量	P 值
月度间	101798.4363	11	9254.40330	1.048	41.06%
残差	954039.8370	108	8833.70219		
总和	1055838.2733	119			

注：在 1%的显著性水平下稳定季节性不存在。

表 6-2　三阶段合并的移动季节性检验

	平方和	自由度	均方	F 统计量	P 值
年度间	201083.2514	8	25135.406420	3.180	0.33%
误差	695654.0520	88	7905.159681		

注：1%的显著性水平下不存在移动季节性。

表 6-3　三阶段合并的 Kruskal-Wallis 检验

Kruskal-Wallis 统计量	自由度	概率水平
13.0936	11	28.725%

注：1%的显著性水平下不存在稳定季节性。

为进一步甄别检验结果，将后两个阶段的 EUA 月度价格序列合并进行季节调整。其检验结果如表 6-4~表 6-6 所示。

表 6-4　两阶段合并的稳定季节性检验

	平方和	自由度	均方	F 统计量
月度间	2546.2696	11	231.47906	4.803
残差	3662.9721	76	48.19700	
总和	6209.2417	87		

注：1%的显著性水平下存在稳定季节性。

表 6-5　两阶段合并的移动季节性检验

	平方和	自由度	均方	F 统计量
年度间	100.5348	5	20.106969	1.292
误差	855.9482	55	15.562695	

注：5%的显著性水平下不能证明移动季节性存在。

表 6-6　两阶段合并的 Kruskal-Wallis 检验

Kruskal-Wallis 统计量	自由度	概率水平
40.3766	11	0.003%

注：在 1%的显著性水平下证明存在稳定季节性。

后两阶段合并的检验结果：稳定季节性检验（$F=4.803>F_{0.01/2}(11, 76)=2.74$）和 K-W 检验（$\kappa=40.3766>\kappa_{0.01/2}=26.065$）拒绝原假设，表明碳价格存在季节性波动；移动季节性检验（$F=1.292<F_{0.05/2}(5, 55)=2.79$）不能拒绝原假设，说明不存在季节性波动。此外，Q 统计量为 0.76<1，说明后两阶段联合的价格季节调整效果良好。

由此得出结论：在 EUETS 市场上，第Ⅰ阶段 EUA 现货价格不存在季节性波动，第Ⅱ、第Ⅲ阶段 EUA 现货价格存在季节性波动。

6.3　碳排放权价格季节性波动成因

6.3.1　变量选取与数据说明

变量选取：鉴于价格季节波动与天气息息相关，选取气温、降水量和风力三个变量为被解释变量。数据来源：气温数据来源于英国、德国、法国、意大利和西班牙五国，原因是该五国气温基本代表了欧盟大多数国家的气候类型。降水量数据：选取挪威、法国、意大利、西班牙、瑞典和奥地利六国的降水量数据，原因是六国的水电发电量占欧盟水电发电量的 70%以上；风电数据来源于风力发电量占比较高的德国和西班牙。对所有日指数序列采用算术平均得到月度指数序列。其季节性波动如图 6-1 所示。

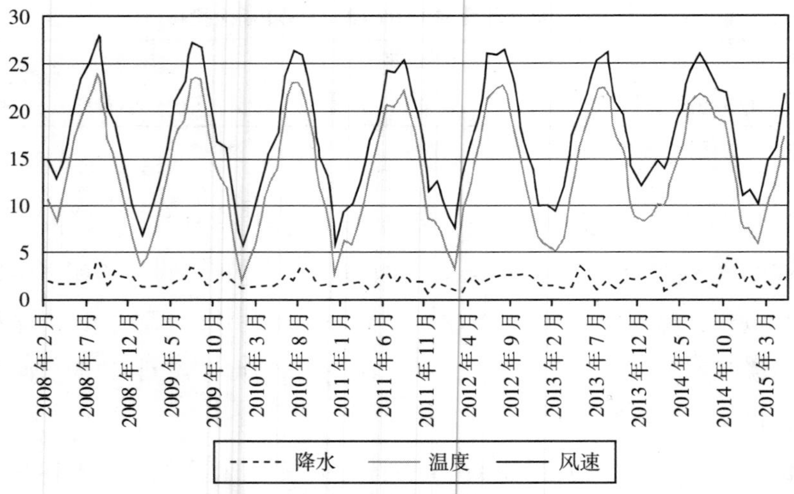

图 6-1　季节性变化三大指数波动示意图

6.3.2　季节性波动检验

对三大指数和 EUA 价格季节分量进行平稳性检验和 Granger 因果检验，其结果如表 6-7、表 6-8 所示。

表 6-7　平稳性检验结果

变量	ADF 统计量	P 值	是否平稳
季节分量	–3.2869	0.0189	是
气温	–9.8075	0.0000	是
降水	–8.1557	0.0000	是
风力	–6.1987	0.0000	是

表 6-8　Granger 因果检验结果

原假设	自由度	F 统计量	P 值
气温不是季节性波动原因 SF	76	3.31317	0.0013
降水不是季节性波动原因 SF	76	2.35913	0.0168
风力不是季节性波动原因 SF	76	1.91489	0.0544

注：在 1%的置信度水平下。

表 6–8 显示：对气温指数和降水指数，拒绝原假设，二者将引起 EUA 价格季节性波动；对风速指数，接受原假设，风速不是引起 EUA 价格季节性波动的原因。由此得出：影响 EUA 现货价格季节性波动的主要原因是气温和降水，风力的影响并不存在。

进一步，将气温、降水与 EUA 季节因子代入 VAR 模型进行 Granger 因果检验。VAR 滞后期取 4 阶，其结果如表 6–9 所示。

表 6–9　气温、降水与 EUA 季节因子的 Granger 因果检验

引入指数	Chi–sq 统计量	P 值	检验结论
气温	40.37769	0.0000	存在因果关系
降水	6.42246	0.1697	不存在因果关系
气温+降水	55.48724	0.0000	存在因果关系

表 6–9 显示：气温与 EUA 价格的季节因子之间存在因果关系；降水指数不能单独引起 EUA 价格的季节性波动；联合引入气温指数和降水指数可使 EUA 价格产生季节性波动。综合 Granger 因果检验结果得到：气温是影响 EUA 现货价格波动的最主要因素；降水并不引起 EUA 现货价格的季节性波动；气温和降水同时作用会影响碳价格的季节性波动。

6.4　本章小结

（1）EUETS 市场第 I 阶段碳价格不存在季节性波动，从第 II 阶段开始，EUA 现货价格存在季节性波动规律。对第 II 、第 III 两个阶段 EUA 现货价格进行稳定季节性检验，移动季节性检验以及非参数的 Kruskal–Wallis 检验，发现 EUA 现货价格存在稳定季节性，不存在移动季节性。其原因可能与第

Ⅰ阶段市场发育不成熟，数据并不能充分反映价格内在机制有关。

（2）第Ⅱ、第Ⅲ两个阶段碳价格的季节波动呈现出夏、秋季节上升，冬、春季节下降的规律。碳价格季节因子在夏季达到高峰，冬季达到最低值，这是EUA现货价格季节波动的一般规律。此外，EUA现货价格在7~8月出现了逆趋势的波动，即这两个月间出现了小幅下降。

（3）Granger因果检验结果表明：引起碳价格季节性波动形成的主要原因是气温，气温与碳价格季节因子之间高度正相关，呈同向同步变化；降水对EUA现货价格的影响通常需要一定的气温条件。当然，这些影响因素对EUA价格的影响都必须通过能源或可替代能源途径实现。

第7章
碳价格波动规律（Ⅱ）：碳排放权价格周期性波动规律

EUETS市场自运营以来，价格波动十分频繁，波动幅度大，持续时间长，整个市场量价齐跌，价格波动形成机制十分复杂。从波动形式上看，EU ETS市场价格波动具有一定的随机性和不规则性，这似乎意味着碳交易市场价格并不存在有规律的周期性波动。然而，鉴于碳资产是能源衍生品的基本属性，能源价格周期性波动也意味着其衍生品也应该存在周期性波动，只是它需要我们去探索和证明。

对碳价格周期性变化研究的现有文献主要包括：杨星、廖瀚峰（2018）研究了欧盟碳排放权价格的周期性变化，得出欧盟碳交易市场价格存在明显的周期性波动，其中最长周期为33个月，最短的周期为5.7个月的结论。朱智洺、方培（2015）通过构建包含能源价格波动的动态随机一般均衡模型，检验了碳排放的波动性，表明碳排放波动有明显的顺周期性。刘静（2015）使用重积方差V/S分析法，认为EUA期货价格在第Ⅱ阶段存在225天的平均循环周期。Hammoudeh（2014）、Aatola（2013）使用BSVAR模型和CVAR发现，石油、煤炭、天然气和电力的价格变化可以解释二氧化碳排放权价格的短期波动。朱帮助（2012）采用EMD算法将2005年至2011年9月的EUETS的碳期货价格数据分解成7个IMF和一个残差项，并利用各个序列波峰和波谷的个数计算各个序列的平均周期，认为高频分量的平均周期为8天，而低频分量的平均周期为96天。Sartor（2012）通过HP滤波发现

EUA 价格存在周期波动。Naccache（2011）采用小波分析方法识别石油价格变动周期，发现石油价格变动的周期为 20~40 年。

本章将采用 Bry-Boschan 周期判定法、最大熵谱法和小波方差法三种方法来探寻碳排放权价格的周期性变化规律。包括：第一，碳价格的波动是否存在典型的周期性变化，这种周期是严格周期还是概率周期？第二，如果存在周期，它的周期到底有多长，短周期和长周期间关联性如何？第三，引起碳市场价格周期性波动的有哪些因素，其主要因素是什么？

7.1 研究方法简介

7.1.1 Bry-Boschan 周期判定法的基本原理

Bry-Boschan 法是由美国经济学家 Gerhard Bry 和 Charlotte Boschan 1971 年开发出的一种通过时间序列拐点确定周期的方法（Bry-Boschan Method，B-B 法）[①]。B-B 法的基本原理是：对原序列进行适当平滑，在平滑后的序列上识别波峰和波谷；将峰、谷出现时间作为初始转折点，继而确定波动周期。初始转折点的确定必须具备两个约束条件：①谷到峰或峰到谷的持续时间在 6 个月以上；②一个波动周期的持续时间至少为 15 个月。此外，当多个峰（谷）连续出现时，还需要剔除其中相对较低（高）的峰（谷），以保证峰谷交替的要求。

利用 Bry-Boschan 进行周期研究的关键是寻找拐点。拐点确认的基础是分离趋势成分和周期成分。常用的分离方法包括阶段平衡趋势法和 HP 滤波

① 该方法由 Bry G 和 Boschan C 于 1971 年率先提出。

法。本书将采用 HP 滤波法分离趋势成分和周期成分。

HP 滤波法（Hodrick 和 Prescott）是一种时间序列的谱分析法，与传统的周期趋势分离方法相比，HP 滤波能放大经济周期频率，使得振动减弱，并且不要求周期中必须有波峰和波谷。HP 滤波可以看作是一个近似的高通滤波器，能分离出频率较高的成分，去掉频率较低的成分（即长期趋势项）。这些优势使得 HP 法成为一种研究周期性波动的优良工具。

设在时间序列 $Y=(Y_1, Y_2, \cdots, Y_n)$中，存在趋势波动 $Y^T=(Y_1^T, Y_2^T, \cdots, Y_n^T)$ 和周期波动 $Y^C=(Y_1^C, Y_2^C, \cdots, Y_n^C)$，则有 $Y=Y^T+Y^C$。

分离趋势成分，最小化问题的解为：

$$\min\sum_{i=1}^{n}\{(Y_i-Y_1^T)^2+\lambda[C(L)Y_i^T]^2\} \tag{7-1}$$

式中，L 是滞后算子，则有 C(L)：

$$C(L)=(L^{-1}-1)-(1-L) \tag{7-2}$$

将式（7-2）代入式（7-1），则有：

$$\min\left\{\sum_{i=1}^{n}(Y_i-Y_i^T)^2+\lambda\sum_{i=2}^{n-1}[(Y_{i+1}^T-Y_i^T)-(Y_i^T-Y_{i-1}^T)]^2\right\} \tag{7-3}$$

对式（7-3）中的 Y_i^T 求一阶导，得到趋势分量最优解：

$$Y_i^T=\frac{Y_i}{[\lambda L^{-2}(1-L)^4+1]} \tag{7-4}$$

和周期分量最优解：

$$Y_i^C=\frac{\lambda L^{-2}(1-L)^4Y_i}{[\lambda L^{-2}(1-L)^4+1]} \tag{7-5}$$

已知 $[C(L)Y_i^T]^2$ 的变化取决于 λ 的变化。当 $\lambda=0$，$Y_i^T=Y$；当 λ 增大时，Y_i^T 成为平滑曲线；当 $\lambda\to\infty$ 时，Y_i^T 近似为一个线性函数。故 λ 的选择是 HP 滤波能否得到最优解的关键。在实际应用中，若序列分别为年度数据、季度数据和月度数据，则 λ 的取值分别为 $\lambda=100$、$\lambda=1600$ 和 $\lambda=14400$。

7.1.2 最大熵谱法的基本原理

最大熵谱估计（Maximum Entropy Spectral Estimation）又称为时序谱分析方法（J P Berg，1967）[①]，是一种自相关函数外推的方法，具有高分辨率的优势，尤其适用于短数据序列的谱估计。它将信息熵的理念纳入信号处理中，在已知有限延迟点上的自相关函数值保持不变的情况下，按最大熵准则将未知延迟点的自相关函数进行外推来估计功率谱密度。最大熵谱法可将时域序列转为频域从而发现波动周期，周期长为趋势，周期短为震荡。震荡信号可以用模型过滤掉。鉴于最大熵谱法在分辨率和及短序列上具有的优势，取最大熵法对去除趋势后的序列进行周期性检验，其数学表达式为：

$$S_f=\frac{P(k_0)}{\left|1-\sum_{k=1}^{k_0}B(k_0,\ k)e^{-2\pi ikf}\right|^2} \tag{7-6}$$

式中，f 为普通频率，$f=\frac{1}{T}$；T 为周期；i 为虚数；$P(k_0)$ 是截止于 k_0 的残差方差，B（k_0，k）为 k_0 阶的反射系数并通过 Burg 算法求得。确定最佳阶数的方法包括 FPE、AIC、BIC 准则，本章选取最大熵更为常用的 FPE 准则，（使得 FPE 值最小的阶数为最佳）。FPE 计算公式为：

$$FPE(k)=\frac{N+k+1}{N-k-1}p(k) \tag{7-7}$$

红噪声标准谱用于最大熵结果的检验。原理是构造 χ_v^2 统计量：

$$W(f)=\frac{vS(f)}{S_R(f)}\sim\chi_v^2 \tag{7-8}$$

式中，v 是谱估计的自由度，$v=\frac{2n-2/3m}{m}$，$S_R(f)=\overline{S(f)}\frac{1-r^2}{1+r^2-2r\cos(2\pi f)}$，

① 最大熵（MEM）谱估计将谱估计由传统谱发展为时序谱，是信号处理领域中一大进步。

其中 n 是序列的长度，m 是谱估计的最大时滞，$\overline{S(f)}$ 为熵谱估计的平均值，r 是原序列滞后一阶的自相关系数，f 是对应的频率，给定显著性水平如 $\alpha=0.05$，若 $W(f)>\chi_v^2(1-\alpha)$，相应的周期通过检验。

7.1.3 小波方差法的基本原理

小波分析（Wavelet Analysis，WA）（J Molet，1984）又称小波变换，是一种新的时频局部化分析方法，主要用于解决一些多尺度、多层次、多分辨率的问题，其基本原理是：通过某一基本小波的伸缩和平移得到一组相似的小波［这个基本小波即母小波 Ψ（t）］信号，这些信号能清晰地揭示序列隐藏的周期变化动态以及周期变化动态的时间格局。母小波 Ψ(t)可以表示为：

$$\left\{\Psi_{a,\tau}(t)=\frac{1}{\sqrt{a}}\Psi\left(\frac{t-\tau}{a}\right)\middle| a>0,\ \tau\in R\right\} \tag{7-9}$$

式中，a 称为尺度因子，τ 称为平移因子。当 a 和 τ 是连续变化的量时，$\Psi_{a,\tau}$ 称作连续小波基函数。正确选取母小波对小波分析至关重要。选取 Morlet 复值小波作为小波基，原因是 Morlet 复值小波可以得到时间序列振幅和相位两方面的信息。其复值部分可以解释局部相位：

$$\Psi_0(t)=\pi^{-1/4}e^{i\omega_0 t}e^{-t^2/2} \tag{7-10}$$

在 t 时间时，当无量纲频率 $\omega_0=6$，尺度因子 a 约等于 Fourier 周期（$\lambda=1.03a$），所以可利用小波变换中的尺度项近似代替周期。

表示函数 f(t)的连续小波变换如下：

$$W_f(a,\ \tau)=\frac{1}{\sqrt{a}}\int_{-\infty}^{+\infty}f(t)\,\overline{\Psi}\left(\frac{t-\tau}{a}\right)dt,\ a>0 \tag{7-11}$$

式中，$W_f(a,\ \tau)$ 也被称为变换系数，$\overline{\Psi}\left(\frac{t-\tau}{a}\right)$ 是 $\Psi\left(\frac{t-\tau}{a}\right)$ 的共轭复函数。

将所有小波变换系数的绝对值平方在整个时间域上进行积分，得到：

$$Var(a)=\int_{-\infty}^{+\infty}|W_f(a, \tau)|^2 d\tau \tag{7-12}$$

利用红噪声对小波方差的显著性进行检验。红噪声的理论值为：

$$P=\frac{\delta^2 P_a \chi_v^2}{v} \tag{7-13}$$

其中，χ_v^2 是自由度为 v 的 χ^2，σ^2 为原序列的方差，P_a 为不同尺度 a 下的红噪声值。

$$P_a=\frac{1-r^2}{1+r^2-2r\cos\left(\frac{2\pi\delta t}{1.033a}\right)} \tag{7-14}$$

式中，r 为原序列滞后一阶的自相关系数，δt为时间间隔。

7.2 周期性波动实证研究

7.2.1 数据来源与说明

数据来源：Bluenext 交易所和欧洲气候交易所（ECX）现货配额（EUA）日收盘价格。样本时间：第Ⅰ阶段，2006 年 6 月 27 日~2007 年 12 月 28 日，共 380 个交易日收盘价；第Ⅱ阶段，2008 年 2 月 26 日~2012 年 12 月 5 日，共 1186 个数据；第Ⅲ阶段，2012 年 12 月 7 日~2018 年 11 月 30 日，共 966 个数据。考虑到第Ⅰ阶段市场配额全部免费发放，不具备研究意义，因此剔除第Ⅰ阶段数据，选择第Ⅱ阶段至第Ⅲ阶段交易价格数据，将日价格算数平均获得月度价格数据，又由于 2008 年 2 月的交易天数较少，故剔除当月，数据范围是 2008 年 3~11 月，共 129 个月度数据。实证分析通过 MAT-

LAB7.0 软件实现。

7.2.2 Bry–Boschan 法的周期性检测

第一步，利用 HP 滤波得到周期分量和趋势分量。趋势分量从 2008 开始下滑至 2016 年回升：周期分量走势与原始序列走势基本一致，表明 EUA 现货价格有明显的周期性波动。其结果如图 7–1 所示。

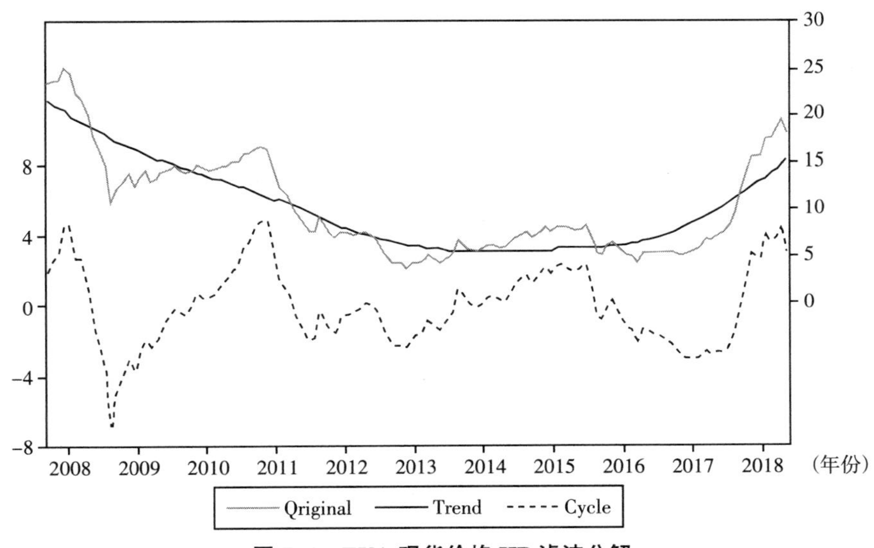

图 7–1　EUA 现货价格 HP 滤波分解

第二步，利用 Bry–Boschan 周期判定法，识别周期拐点以划分周期。图 7–1 显示：2008 年 2 月~2015 年 5 月间，出现了三个波动周期，第四个波动周期始于 2016 年，但目前尚未出现拐点。具体如表 7–1 所示。

表 7–1 显示：

（1）从波动周期长度看，三个完整波动周期的平均周期长度为 34，约 3 年出现一个波动周期，属于短周期波动。其中，第一个周期的平均周期最长，第二、第三个周期的长度依次缩短，说明周期性波动日趋频繁。

表 7-1 EUA 现货价格波动周期表

时间	周期长度（月）	扩张长度（月）	收缩长度（月）	波动高度	波动深度	波动幅度
2008 年 6 月~2011 年 4 月	35	27	8	4.81	-7.10	11.91
2011 年 5 月~2014 年 2 月	34	25	9	1.15	-2.04	3.91
2014 年 3 月~2016 年 11 月	33	18	15	2.46	-2.20	4.66
2016 年 11 月~2018 年 12 月	—	—	—	—	—	—
平均	34	23.33	10.67	2.80	-3.78	6.93

（2）从波动高度和波动深度看，三个波动周期的波动高度和波动深度均表现为先降后升，但下跌的强度远远大于上涨的强度。

（3）波动幅度显示：第Ⅰ阶段的波动幅度最剧烈，达 11.91，第Ⅱ、第Ⅲ两个阶段的波动幅度较平和，分别为 3.91 和 4.66，平均波动幅度达 6.93。

（4）周期内的收缩长度要小于扩张长度，反映碳价格下跌速度快于回升速度，与波动高度、波动深度反映出的规律一致。

7.2.3 最大熵谱法的周期性识别

最大熵谱法的周期性识别分三步进行：首先，对时间序列进行平稳性检验；其次，确定最优阶数；最后，确定最大熵谱图与周期。

（1）平稳性检验。平稳性检验结果显示：周期分量的 ADF 值为-3.88，通过 5%的显著性检验，证明周期序列是平稳的，可以直接用最大熵谱法进行周期分析。

表 7-2 ADF 平稳性检验

ADF 统计量	5%临界值	P 值	结论
-3.884478	-2.886509	0.0030	平稳

（2）最优阶数的确定。取最大熵谱中最为常用的 FPE 准则，在 50 阶以内检验具体的 FPE 效果（FPE 最小的阶数为最佳）。利用式（7–7）进行计算，其结果如图 7–2 所示。

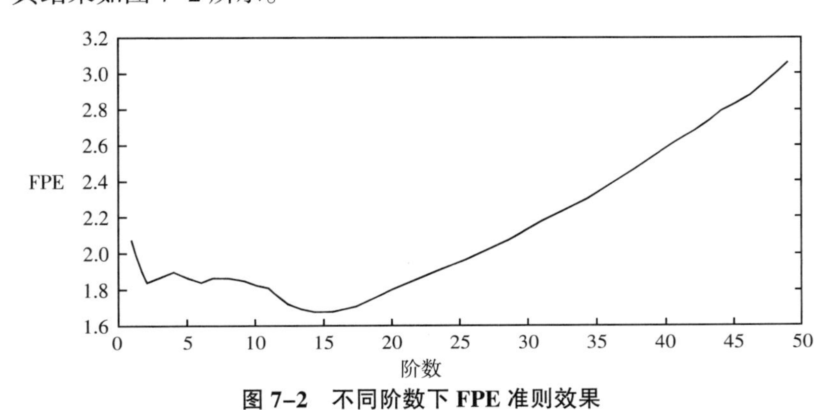

图 7–2　不同阶数下 FPE 准则效果

图 7–2 显示，随着阶数的增大，FPE 总体呈现先下降再上升的趋势，在第 15 阶 FPE 值最小，故取最大熵谱的阶数为 15。

（3）最大熵谱图与周期的确定。利用 burg 算法，在最优滞后阶数 15 情况下，利用式（7–6）求解最大熵谱。将纵坐标取对数，以极大值点对应的频率倒数为对应的周期。最大熵谱及价格周期如图 7–3 所示。

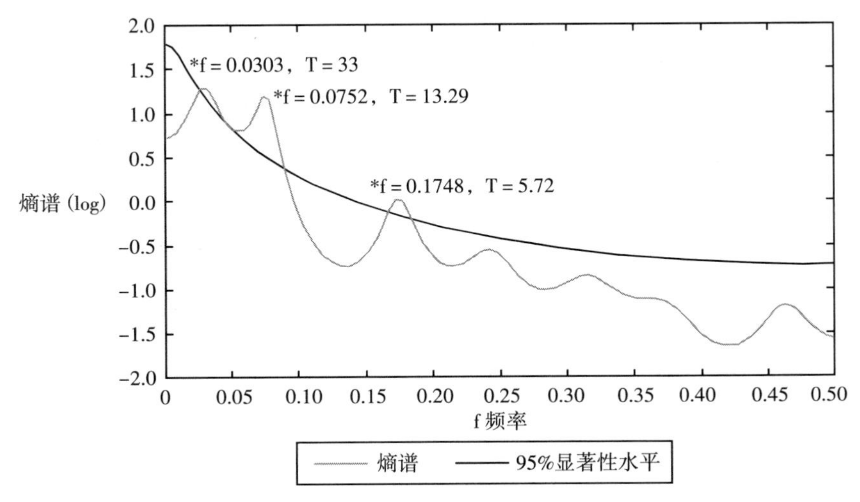

图 7–3　最大熵谱及价格周期

图 7-3 熵谱中存在多个极大值点，但在红噪声 95%的置信水平下，通过检验的只有 3 个极值，相应的频率通过 $T=\frac{1}{f}$ 转换成周期，对应 33 个月、13.29 个月和 5.72 个月，其中，33 个月对应的是长周期，13.29 个月对应的是中周期，5.72 个月对应的是短周期。

7.2.4 小波分析的周期性识别

小波分析的周期性识别具体步骤为：首先，选择合适的基小波函数；其次，计算小波变换系数并绘制小波系数图（实部、模）；最后，绘制小波方差图。

（1）选择合适的基小波函数。本书选取 Morlet 复小波作为小波基。

（2）计算小波变换系数并绘制小波系数图。利用式（7-11）计算小波变换系数，连续小波变换处理之后，得到 29 × 117 个小波系数。绘制小波系数实部和模等值图如图 7-4 所示。

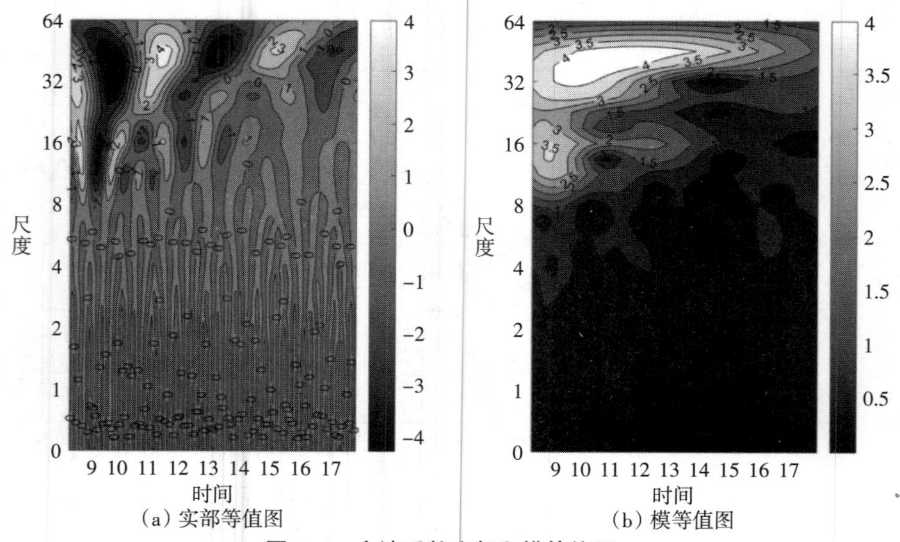

图 7-4 小波系数实部和模等值图

图 7-4 小波系数实部等值图显示，在尺度大于 8 时，存在明显的振荡，具体表现在尺度为 10、16 及 50 左右，表明在这些尺度下，价格序列存在周期。图 7-4 小波系数模等值图反映了不同时间尺度变化周期所对应的能量密度在时间域中的分布，从图中可以发现，在尺度大于 8 时，能量较为集中，尺度在 8~16 时，能量集中在 2014 年之前，表明在此之前周期性较强，尺度在 32~64 时，在各个时间域都有较大的能量，最集中域在 2010~2013 年。

（3）绘制小波方差图。将所有小波变换的系数的绝对值平方在整个时间域上进行积分，得到小波方差图如图 7-5 所示。

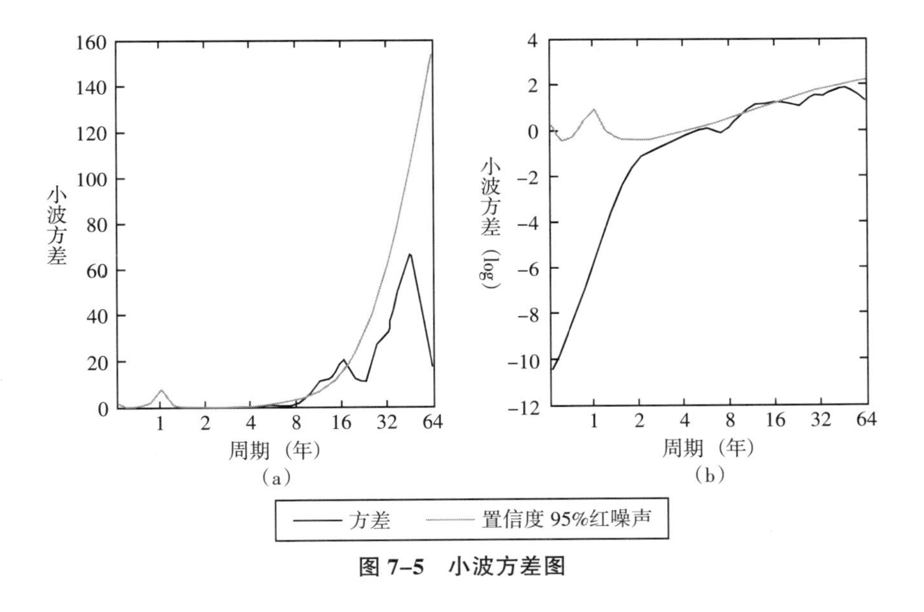

图 7-5　小波方差图

图 7-5（a）是原始的小波方差图，图 7-5（b）是对纵坐标取对数来弥补左图小尺度数值偏小的情况。通过取对数发现，通过显著性检验的只有 10 和 16 两个极值，代表了序列的两个周期，其中，16 个月是第一主周期，10 个月是第二主周期。

7.3 三种研究方法实证结果比较

对 Bry-Boschan 法、最大熵谱法和小波方差法的实证结果进行比较，其结果如表 7-3 所示。

表 7-3 EUA 现货价格波动周期比较表

测量方法	起止时间	周期长度（月）
Bry-Boschan 法	2008 年 6 月~2011 年 4 月	35
	2011 年 5 月~2014 年 2 月	34
	2014 年 3 月~2016 年 11 月	33
	2016 年 11 月~2018 年 12 月	—
最大熵谱法	2008 年 6 月~2011 年 5 月	35
	2011 年 5 月~2014 年 2 月	33
	2014 年 2 月~2016 年 11 月	32
	2016 年 11 月~2018 年 12 月	—
小波方差法	2011 年 5 月~2012 年 10 月	17
	2012 年 10 月~2014 年 2 月	16
	2015 年 12 月~2016 年 11 月	11
	2016 年 11 月~2018 年 12 月	—

表 7-3 显示：

（1）Bry-Boschan 法检测出 2008 年 6 月~2016 年 11 月碳价格序列出现 3 个波动周期，分别是 35 个月、34 个月和 33 个月，平均周期为 34 个月，周期长度在 40 个月以内，说明 EUETS 市场价格的周期性波动总体上属于概率周期。

（2）最大熵谱法检测出 2008 年 6 月~2016 年 11 月的碳价格序列与 Bry-Boschan 法检测出的周期相接近，同样有 3 个波动周期，分别是 35 个月、33

个月和 32 个月。平均周期为 33.3 个月，这一平均周期长度同样属于短周期。

（3）小波方差测算出的碳价格波动周期与前两种方法检验出来的结果差异很大，2008 年 6 月~2016 年 11 月也经历了 3 个波动周期，但分别是 17 个月、16 个月和 11 个月，正好是前两种方法检测出来的周期的约一半，可以认为是子周期。但比较而言，利用小波方差测算出的碳价格波动周期与原始序列价格波动更接近。

7.4　碳价格周期性波动影响因素分析

对碳排放权价格波动直接影响来源于能源价格的变化，尤其是化石能源和清洁能源的相对价格。当清洁能源（如天然气）与化石能源（如煤炭）相对价格上升时，企业会选择价格低的煤炭作为燃、原料，碳配额价格上升，反之，则相反；间接影响来源于经济周期变化的影响。当经济上行时，企业的生产活动增加，所需要的能源增加，碳排放量由此而增加，企业对配额的需求将增加，配额价格相应上涨。反之，在经济下滑期，企业的生产活动减少，排放量减少，因此企业对配额的需求降低，碳排放权价格将降低。

7.4.1　指标选取

（1）能源价格指标。为了更好地反映欧洲的能源价格水平，选择以下四个能源价格指标：①煤炭价格（COAL）。选择欧洲三港 ARA 动力煤交易价格数据，它能代表欧洲的煤炭价格水平，使用单位为美元/吨。②天然气价格（GAS）。选取比利时欧洲天然气交易价格作为欧洲天然气价格，该价格是代表欧洲天然气的重要价格之一，单位为欧元/百万英热。③石油价格（OIL）。石油价格选择布伦特原油价格，因为布伦特原油期货合约交易价格被看作欧洲原油的基准价格。④电力价格（POWER）。因为德国电力价格在欧洲具有代表性，所以选择欧洲能源交易所的德国电力基本负荷日交易价格数据，单位为欧元/兆瓦时。

按照 1 欧元/兆瓦时=8.1414 欧元/吨，1 欧元/兆瓦时 =（1/0.2931）欧元/百万英热，将煤炭和天然气换算成相同单位。

（2）经济变动指标。经济变动对碳价格的影响可以利用一个综合性指标度量，选取反映经济周期变化的五大经济指标，采用主成分法提取代表经济周期综合指示指数（ECOI）。①欧洲经济景气指标（Economic Sentiment Index，ESI）。ESI 是预测未来经济发展变化的先行指标。②欧洲工业生产指数（Industrial Production Index，IPI）。IPI 是衡量制造业、采掘业、公用电力和天然气工业企业每月产品物量的综合指标。其中，2/3 反映的是生产周期性很强的企业设备、耐用消费品和建筑材料的产出以及钢材、纺织品及其他工业原料的产出。③欧元区制造业采购经理指数（Purchasing Manager's Index，PMI）。PMI 是一个综合指数，它由 5 个扩散指数加权而成。④消费者信心指数（Consumer Confidence Index，CCI）。⑤居民消费价格指数（Consumer Price Index，CPI）。CPI 是一个相对指标，反映居民家庭购买的消费品和服务项目价格水平变动。

对以上五大经济指标用主成分法降维提取影响碳排放权价格波动的经济周期综合指示指数。分析结果如表 7–4 所示。

表 7–4　主成分降维提取结果

	第一主成分	第二主成分	第三主成分	第四主成分	第五主成分
特征值	3.4290	0.857	0.567	0.126	0.021
贡献率（%）	68.580	17.135	11.344	2.529	0.412
累计贡献率（%）	68.580	85.715	97.059	99.588	100.000

表 7–4 显示：第一主成分的贡献率占 68.580%，说明第一主成分能反映这五个指标的总体变动情况。而且特征值从第二个开始迅速变小，因此提取

第一主成分作为反映总体经济变动的指标，记为 ECOI。以上数据均为月度数据，时间为 2008 年 3 月~2017 年 11 月。为消除数据的异方差现象，对数据进行自然对数变换。

7.4.2　平稳性检验

对各项指标进行 ADF 检验平稳性检验，其结果如表 7–5 所示。

表 7–5　ADF 平稳性检验

变量	原序列 ADF 值	原序列 P 值	一阶差分 ADF 值	一阶差分 P 值	结论
LnEUA	−2.283201	0.1792	−8.186274	0.0000	I（1）
LnECOI	−2.248668	0.1906	−4.697101	0.0002	I（1）
LnCOAL	−2.256970	0.1878	−5.989244	0.0000	I（1）
LnGAS	−2.753237	0.0683	−10.00783	0.0000	I（1）
LnOIL	−1.415176	0.5726	−7.671850	0.0000	I（1）
LnPOWER	−2.831189	0.0570	−12.92583	0.0000	I（1）

表 7–5 显示：各序列为一阶单整 I(1) 平稳序列。

7.4.3　变量间长期均衡关系检验

采用 Johansen 协整检验法判断变量间是否存在长期均衡关系。由于 Johansen 检验的最优滞后阶数为 VAR 模型最优滞后阶数减 1，故首先用 VAR 模型确定其最优滞后阶数，研究中利用极大似然值（LR），最终预测误差（FPE）准则、赤池（AIC）准则以及施瓦茨（SI）来确定，由于各准则对应的滞后阶数不一致，故由 FPE 统计量确定为二阶（见表 7–6），建立 VAR（2）模型，VAR 模型所有单位根均小于 1，说明构建的模型稳定。Johansen 检验结果如表 7–6 所示。

表 7–6　VAR 模型不同滞后阶数比较

滞后阶数	LR	FPE	AIC	SC
0	NA	1.20E–08	–1.20923	–1.06109
1	1207.46	1.68E–13	–12.3865	11.34949*
2	67.08294	1.63E–13*	–12.4248	–10.4988
3	56.2904	1.71E–13	–12.3897	–9.57485
4	52.22125	1.83E–13	–12.3508	–8.6471
5	48.55642	1.99E–13	–12.3128	–7.72018
6	44.06606	2.25E–13	–12.2642	–6.78277
7	57.60296*	2.02E–13	–12.47645*	–6.10611
8	36.03544	2.47E–13	–12.4165	–5.15726

表 7–7　Johansen 协整检验结果

原假设	特征根	迹统计量	5%临界值	P 值
无 *	0.353496	105.8613	95.75366	0.0084
最多有一组	0.180593	55.70104	69.81889	0.3901
最多有两组	0.128690	32.79603	47.85613	0.5681
最多有三组	0.069335	16.95391	29.79707	0.6435
最多有四组	0.052287	8.690517	15.49471	0.3948
最多有五组	0.021629	2.514615	3.841466	0.1128

表 7–7 表明，协整检验在 5%的显著性水平下拒绝了没有协整关系的原假设，其迹统计量和 P 值为 105.8613 和 0.0084；而最多有一组协整关系假设下的迹统计量和 P 值为 55.70104 和 0.3901，不能拒绝原假设，这说明变量间有且只有一个协整向量，它们之间的标准化协整方程式为：

$$\begin{aligned} LnEUA = &-3.384180LnECOI - 9.282753LnCOAL + 1.183183LnGAS + \\ &1.455523LnOIL + 10.95446LnPOWER + 28.90384 \end{aligned} \tag{7-15}$$

式（7–15）显示：碳价格与经济发展水平综合指数（ECOI）及煤炭价格（COAL）呈负相关关系，而与天然气价格（GAS）、石油价格（OIL）及电力价格（POWER）呈正相关关系。电力价格变动 1%，碳排放权价格同向变动

10.95%。电力价格升高，发电企业将增加生产，使得碳排放权需求增加，价格上升；煤炭价格变动 1%，碳价格反向变动 9.28%；与天然气价格和石油价格呈正相关关系，天然气价格变动 1%，碳价格同向变动 1.18%，石油价格变动 1%，碳价格同向变动 1.46%；经济发展水平指标变动 1%，碳价格反向变动 3.38%。

通过 VAR 模型，得到了各变量间长期均衡关系，但并不能反映变量间短期动态关系及长短期偏离程度。为此，通过构建向量误差修正模型 VEC 解决这一问题。VEC 模型具体形式如下：

$$\begin{bmatrix} \Delta LnEUA_t \\ \Delta LnECOI_t \\ \Delta LnCOAL_t \\ \Delta LnGAS_t \\ \Delta LnOIL_t \\ \Delta LnPOWER_t \end{bmatrix} =$$

$$\begin{bmatrix} 0.187442 & 0.048973 & 0.095414 & -0.066945 & -0.012337 & -0.006375 \\ 0.179259 & -0.311175 & 0.061325 & -0.113242 & -0.014379 & 0.083229 \\ -0.002644 & 0.294368 & 0.394343 & 0.290139 & 0.294787 & -0.340687 \\ 0.013857 & -0.014737 & 0.010442 & 0.043701 & -0.029295 & -0.009917 \\ 0.068816 & 0.161684 & 0.271744 & 0.029528 & 0.238109 & 0.113644 \\ -0.057214 & -0.05943 & -0.138817 & 0.015562 & -0.147525 & -0.011283 \end{bmatrix}$$

$$\begin{bmatrix} \Delta LnEUA_{t-1} \\ \Delta LnECOI_{t-1} \\ \Delta LnCOAL_{t-1} \\ \Delta LnGAS_{t-1} \\ \Delta LnOIL_{t-1} \\ \Delta LnPOWER_{t-1} \end{bmatrix} + \begin{bmatrix} 0.016067 \\ -0.00656 \\ -0.004988 \\ 0.022758 \\ 0.003222 \\ 0.40474 \end{bmatrix} ECM_{t-1} + \begin{bmatrix} -0.009189 \\ 0.010872 \\ -0.001089 \\ -0.009255 \\ -0.003809 \\ -0.006383 \end{bmatrix}$$

$$ECM_{t-1} = LnEUA + 3.384180LnECOI + 9.282753LnCOAL - 1.183183LnGAS - 1.455523LnOIL - 10.95446LnPOWER - 28.90384 \quad (7-16)$$

式（7–16）显示：各个误差修正项参数基本显著，该模型在反映变量之间的短期动态波动关系时误差修正项系数整体小于零，表明其在长期有收敛趋势。

反映长、短期波动协整关系如图 7–6 所示。

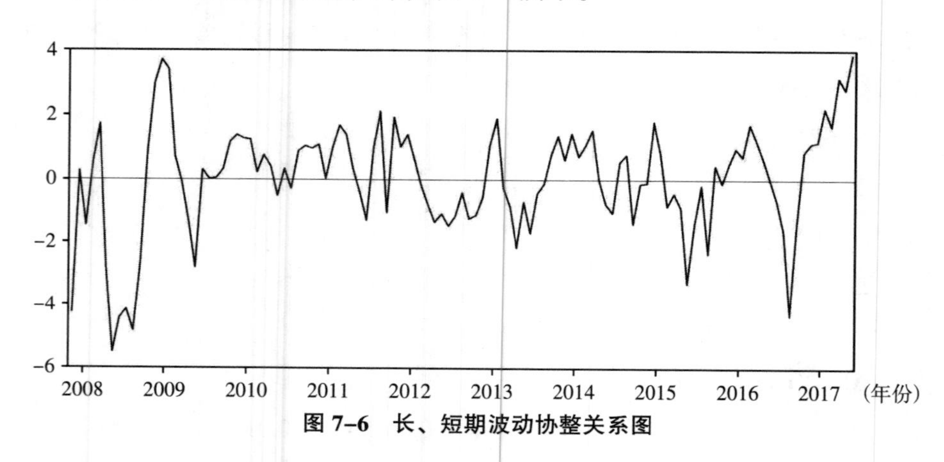

图 7–6　长、短期波动协整关系图

图 7–6 表明：在 2009 年之前，短期波动偏离长期均衡零值均线较大，最高达到 4 欧元附近，最低达–6 欧元附近。在 2009 年之后，短期波动变缓，最高值在 2 欧元附近，最低值在–3 欧元附近。但在 2016 年末，短期波动增加，2017 年初最低点已低至–4 欧元，2017 年底超过了前期高点，并有持续上升的迹象，表明最近价格波动加剧。

7.4.4　变量间的因果关系检验

用格兰杰因果检验变量间的因果关系如表 7–8 所示。

表 7–8 表明：在 10%显著性水平下，电力价格、煤炭价格和碳排放权价格存在双向的格兰杰因果关系；而碳排放权价格与经济变动指标和石油价格则存在单向格兰杰因果关系：经济变动指标和石油价格是碳排放权价格的格

表 7-8　Granger 因果检验结果

原假设	F 统计量	P 值	结论
LnECOI 不是 LnEUA 的 Granger 成因	2.77897	0.0447	拒绝
LnEUA 不是 LnECOI 的 Granger 成因	1.36903	0.2562	接受
LnCOAL 不是 LnEUA 的 Granger 成因	3.81336	0.0122	拒绝
LnEUA 不是 LnCOAL 的 Granger 成因	2.62783	0.0540	拒绝
LnGAS 不是 LnEUA 的 Granger 成因	0.36646	0.7774	接受
LnEUA 不是 LnGAS 的 Granger 成因	1.96996	0.1229	接受
LnOIL 不是 LnEUA 的 Granger 成因	3.39520	0.0206	拒绝
LnEUA 不是 LnOIL 的 Granger 成因	0.48566	0.6930	接受
LnPOWER 不是 LnEUA 的 Granger 成因	2.34285	0.0772	拒绝
LnEUA 不是 LnPOWER 的 Granger 成因	3.39597	0.0206	拒绝

兰杰原因，但碳排放权价格不是两者的格兰杰原因；此外，格兰杰检验表明天然气价格和碳排放权价格之间不存在格兰杰因果关系。

7.4.5　各个变量对碳价格波动的贡献率

各个变量对碳价格的贡献率采用方差分解进行，选取的滞后长度为 30 期，利用 Eviews8 得到的各变量对碳排放权价格影响的程度如图 7-7 所示。

图 7-7 显示：电力价格对碳排放权价格的方差贡献率最大，其对碳排放权价格的影响一开始呈上升趋势，在滞后第 10 期贡献率达到 13%，之后保持稳定；煤炭价格对碳排放权价格的方差贡献率从 0 期开始上升，在滞后 10 期贡献率达到 6%左右，之后保持稳定；天然气价格对碳排放权价格的方差贡献率在滞后 6 期仍为零，之后逐渐增加，滞后 30 期达到 5%；石油价格对碳排放权价格的方差贡献率在滞后 9 期仍为零，之后逐渐增加，滞后 30 期达到 7%；经济变动指标对碳排放权价格的方差贡献率在各个滞后期较为稳定且较小，约为 1%。

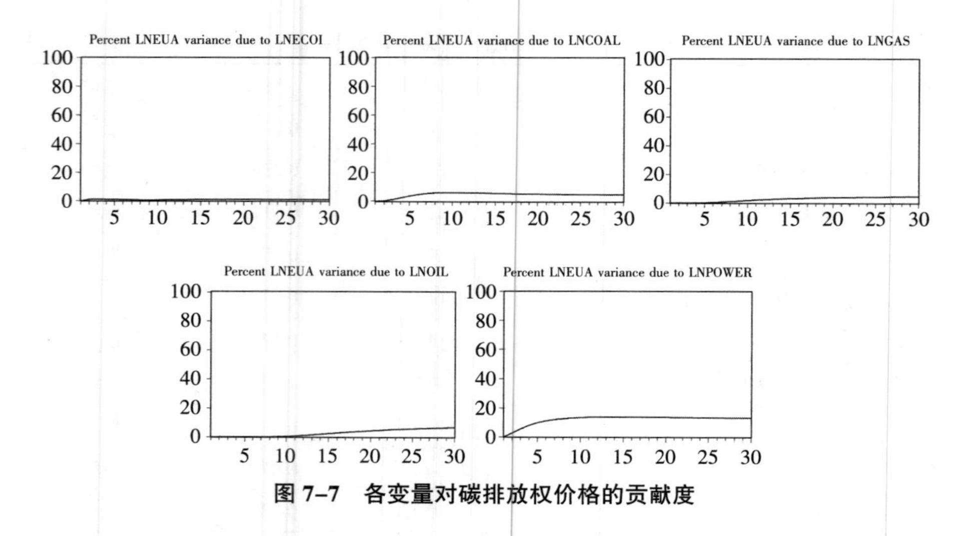

图 7-7　各变量对碳排放权价格的贡献度

7.5　本章小结

(1) 碳价格序列周期性波动总体上属于短周期波动。利用 Bry-Boschan 法和最大熵谱法检测出的周期最长 35 个月，最短 32 个月，在基钦周期范围之内；利用小波方差检测出的周期最长 17 个月，最短 11 个月。比较而言，利用小波方差测算出的碳价格波动周期与原始序列价格波动更接近。初步判断：小波方差法要优于前两种方法。可能的原因是：Bry-Boschan 法仅从时间的角度进行周期划分，最大熵谱法仅从频率角度判断周期，但小波方差法则同时从时—频两个方面检测周期。

(2) 碳排放权价格及其各影响因素间长、短期均衡关系如下：长期而言，电力价格和煤炭价格对碳排放权价格的影响最大。电力价格每变动 1%，碳排放权价格同方向变动 10.95%；煤炭价格每变动 1%，碳排放权价格反方向变动 9.28%。

(3) 各因素对碳排放权价格波动的贡献率显示：电力价格对碳排放权

价格的贡献最大，电力价格在滞后30期后对碳排放权价格的影响仍为13%；煤炭、石油及天然气三种能源的贡献率在滞后30期较为接近，分别为6%、7%及5%；而经济变动指标贡献率相对较小，在各个滞后期约为1%。

第8章 碳价格波动规律（Ⅲ）：外部冲击与碳价格波动规律

在碳排放权价格波动规律研究中，一个重要的内容是外部冲击对碳排放权价格的影响。从已经完成的两个履约阶段的碳价格波动情况看，特别大的价格异常波动与重要公告和重大事件冲击息息相关，例如，2006年4月底核证减排数据泄露事件使碳价格断崖式暴跌、2008年11月的金融危机、2011年8月欧洲主权债务危机、2013年9月德国绿党呼吁的碳排放价格最低限价、2015年12月《巴黎协定》通过以及2016年6月英国公投退出欧盟等都引起了碳价格的激烈波动。外部冲击对碳价格影响是不可忽略的重要因素。

重大事件对碳排放权价格波动的影响文献主要包括：贾君君等（2018）在传统AR-GARCH模型的均值方程和波动方程中加入双边修正虚拟变量，对欧盟碳市场国家配额分配计划（NAP）公告和核证排放量公告（VEA）对碳价格的潜在影响进行了分析。Ying Fan等（2017）运用事件研究法分析了50个政策事件对碳交易价格的影响，表明外部冲击将严重影响碳排放权价格。Hitzemann等（2015）和Christian Conrad（2012）研究了相关政策的公布对高频碳价的影响，证明重大事件将影响碳价格。杜莉等（2015）利用ARCH族模型对外部冲击风险进行检验，结果发现，由于碳交易所市场价格长期记忆性存在差异，外部事件冲击的衰减速度、波动程度和最大损失也会存在差异。齐绍洲等（2015）基于EEMD模型探讨了中国碳市场价格的形成机制，发现重大事件如新交易制度的颁布、配额拍卖等对绝大部分碳市场都会产生影响。潘慧峰等（2012）运用事件分析法研究了重大事件冲击对石油市场的影响，并认为会间接传导到碳交易市场，使碳交易价格发生波动。

本章将利用小波变换与信号识别检测技术探讨外部事件冲击对碳排放权价格的影响。研究思路：第一，检验原碳价格收益率时间序列是否包含噪声，若含有噪声，则进行去噪处理；第二，对去噪后的碳价格时间序列进行连续小波变换的奇异点检测；第三，利用事件分析法，对奇异点产生的原因进行分析。

8.1 研究方法简介

8.1.1 小波阈值收缩去噪法

对原序列去噪采用小波阈值收缩去噪法。小波阈值去噪的核心问题是小波基、阈值以及阈值函数的选择。实际应用中通常选取具有紧致的小波或者是根据信号的特征选取较为合适的小波；阈值的选择有多种方法，自适应的Stein无偏风险估计阈值、平均阈值法以及极大极小阈值法等；阈值函数的选择用以修正小波系数的规则，目前常用的阀值函数分为三类，分别是硬阈值函数、软阈值函数以及介于二者之间的Garrote函数。

对于去噪效果的评价，通常采用信号的信噪比（SNR）、平滑度以及估计信号同原始信号的均方根误差（RMSE）来判断。

8.1.2 基于连续小波变换的奇异点检测

奇异性检测采用连续小波模态参数识别方法。连续小波变换可以在所有可能的集上缩放和平移，并且包含了信号的所有信息。

由于连续变换系数和 Lipschitz α 之间存在下列关系，因而可以利用李普西兹指数（Lipschitz）来判断信号的奇异性。

$$|Wf(s, x)| \leq A(S^{\alpha} + |x - x_0|^{\alpha}) \tag{8-1}$$

令 $\alpha < n$ 且 $\alpha \notin Z$，$f(x)$ 在点 x_0 的局部 Lipschitz 指数为 α，则下列条件成立：

（1）存在 $\varepsilon > 0$ 和某个 A 对各个尺度 s，x_0 附近的点 x 满足式：

$$|Wf(u, s)| \leq As^{\alpha} \tag{8-2}$$

（2）存在常数 B 对各个尺度 s，x_0 附近的点 x 满足式：

$$|Wf(\mu, s)| \leq B\left(S^{\alpha} + \frac{|x - x_0|^{\alpha}}{|\log(|x - x_0|)|}\right) \tag{8-3}$$

通过式（8-2）和式（8-3）可以估计某一函数的局部奇异性。

对于 Lipschitz α，设有非负整数 n（$n \leq \alpha \leq n+1$），如果有两个常数 $C > 0$ 和 $X_0 > 0$ 与一个 n 阶多项式 $p_n(x)$，对于 $x \in (x_n - \delta, x_n + \delta)$ 使式（8-4）成立：

$$|f(x_0 + x) - p_n(x)| \leq C|x|^{\alpha} \tag{8-4}$$

若有一个常数 C 与一个 n 阶多项式 P_n 使得对于任意 $x_0 < x$，式（8-4）都成立，则函数 f 在点 x_0 处有李普西兹指数；若点 x_0 上的 Lipschitz 指数 α 小于 1，则 x_0 为奇异点。

8.1.3　事件分析法

事件分析法[①] 的基本原理是：将研究事件锁定在一个时间段内，建立估计窗和事件窗。其中，估计窗考察正常价格波动情况，事件窗反映异常价格波动情况。将估计窗的平均收益率设定为事件没有发生时的正常收益率，其

---

① 事件分析法是一种优良的实证研究方法，运用于金融领域主要解决某一特定事件对公司价值的影响。

数学式为：

$$AR_{i,t}=\frac{1}{N}\sum_{T_0}^{T_1}R_{i,t} \tag{8-5}$$

式中，i 和 t 表示第 i 个事件的 t 时；T_0 表示估计窗起始日期，T_1 表示事件窗起始日期。事件窗发生瞬间异常收益率为：

$$RB_{i,t}=R_{i,t}-AR_{i,t} \tag{8-6}$$

最后，对事件发生期高频分量和低频分量的异常收益变动情况分别进行单一样本 T 统计检验，得到外部事件发生前后的收益率变动是否显著以及影响程度的大小。

8.2 原始碳价格序列波动与去噪

8.2.1 数据来源与预处理

数据来源：Bluenext 交易所和欧洲气候交易所（ECX）三个阶段 EUA 现货每个交易日结算价格。样本时间，第Ⅰ阶段：2005 年 6 月 24 日~2007 年 12 月 28 日，共 628 个数据；第Ⅱ阶段：2008 年 2 月 26 日~2012 年 12 月 31 日，共 1241 个数据；第Ⅲ阶段：2013 年 1 月 2 日~2016 年 4 月 20 日，共 852 个数据。由于第Ⅰ阶段的碳配额不能跨期交易，因此第Ⅰ阶段为独立一组，后两阶段合并为一组进行研究。所用软件为 MATLAB 2013a。

收益率采用三个阶段的现货交易对数收益率，它是价格取对数进行一阶差分后的结果，记为：

$$Ri=\ln(P_t)-\ln(P_{t-1}) \tag{8-7}$$

式中，i=1，2，3，分别表示三个阶段的收益率。

8.2.2　原碳价格收益率时间序列波动情况

三个阶段收益率原时间序列波动情况如图 8-1、图 8-2 所示。图中显示：第Ⅰ阶段和第Ⅲ阶段价格波动较为剧烈，而第Ⅱ阶段较为平稳。价格序列中含有较大的噪声。

1.5
1.0
0.5
0.0
−0.5
−1.0
−1.5
Jan/2005
Jan/2006
Jan/2007
Jan/2008

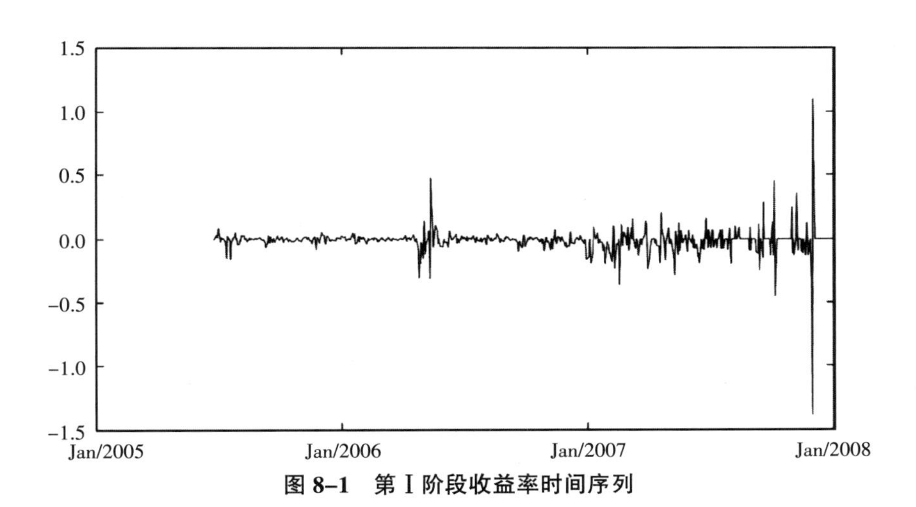

图 8-1　第Ⅰ阶段收益率时间序列

0.3
0.2
0.1
0
−0.1
−0.2
−0.3
−0.4
−0.5
Jan/2008
Jan/2010
Jan/2012
Jan/2014
Jan/2016
Jan/2018

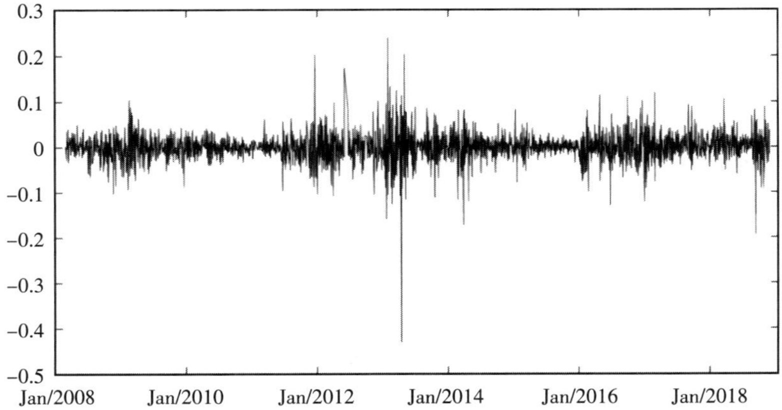

图 8-2　第Ⅱ、第Ⅲ阶段收益率时间序列

8.2.3 原始碳价格收益率时间序列去噪

选择小波默认阈值去噪法对原收益率序列进行去噪。选择默认阈值去噪法，使用 db4 小波基，4 层分解。小波去噪之后的收益率曲线如图 8-3 和图 8-4 所示。

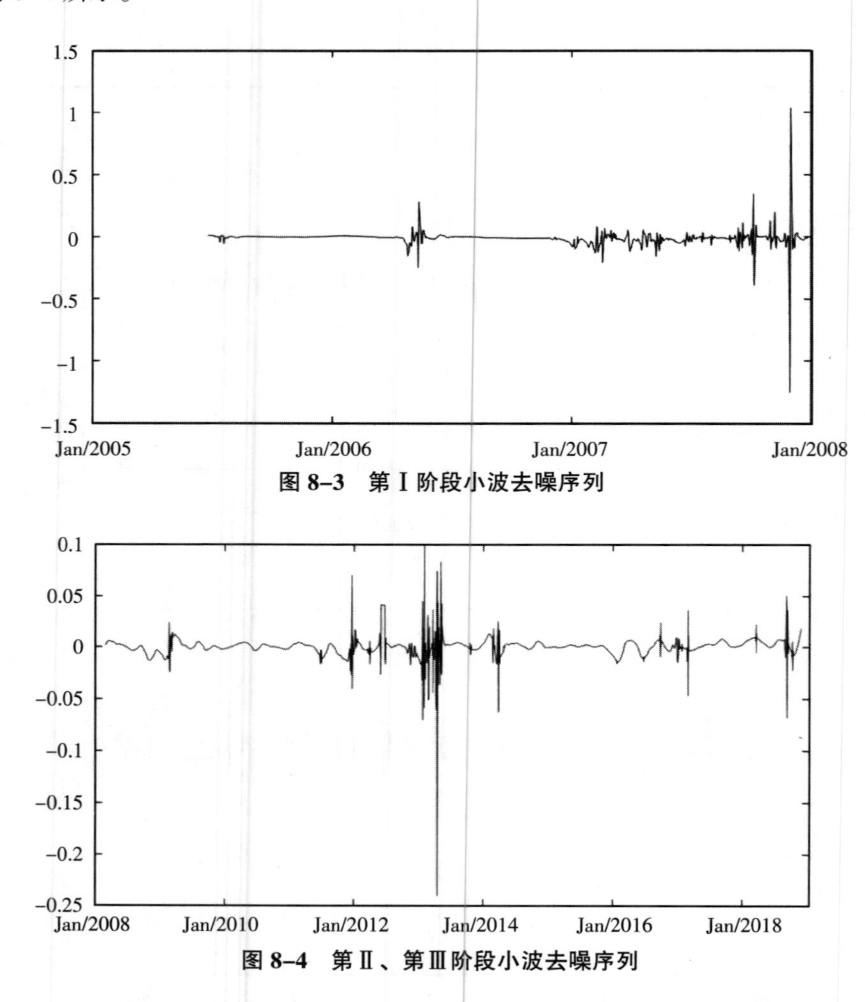

图 8-3 第Ⅰ阶段小波去噪序列

图 8-4 第Ⅱ、第Ⅲ阶段小波去噪序列

图 8-3 和图 8-4 显示：经过默认阈值去噪之后的信号消除了高频噪声的

干扰，比原信号更为平滑，且保留了重要的信息部分，其波动形态能够很好地反映重大外部事件对价格产生的影响，因此小波去噪是有效的。

8.3　基于连续小波变换的奇异点检测

选取连续小波变换（CWT）对去噪之后的序列进行奇异点检测。图 8-5、图 8-6 是连续小波变换在不同尺度的系数图，使用的是 sym2 小波基，尺度范围是 1~120。

图 8-5 显示：在尺度较小时，系数在 2006 年 5 月左右和 2007 年一年间存在较为剧烈的波动。图 8-6 也显示：在小尺度情况下有几个地方有明显的突变，尤其是在 2012 年底到 2013 年初这段时间波动更为剧烈。尺度越大，信号越平滑，极大值点比之前更少，但也过滤掉了很多干扰信号。因此，选择大尺度的小波系数模极大值图来找到奇点。在绘制模极大值图中，将目标值外的数据替换成零，便于在图中寻找突出的奇异点。结果如图 8-7 和图 8-8 所示。

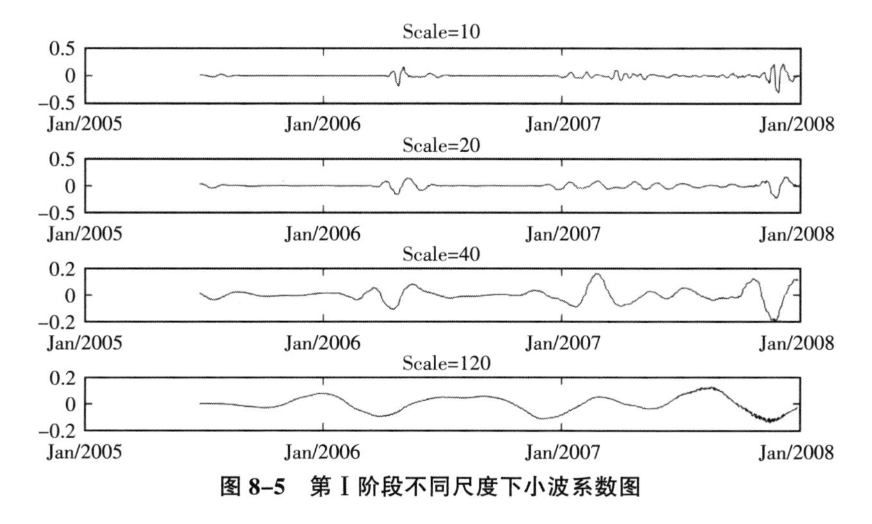

图 8-5　第Ⅰ阶段不同尺度下小波系数图

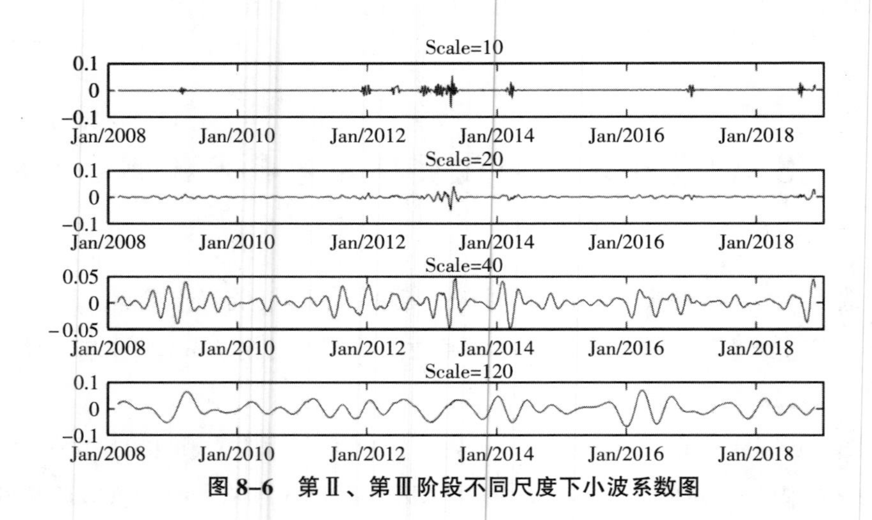

图 8-6　第Ⅱ、第Ⅲ阶段不同尺度下小波系数图

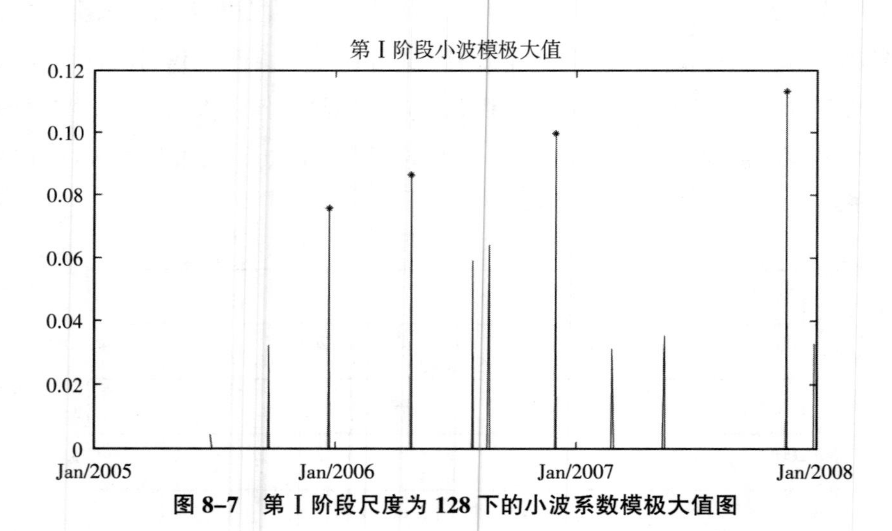

图 8-7　第Ⅰ阶段尺度为 128 下的小波系数模极大值图

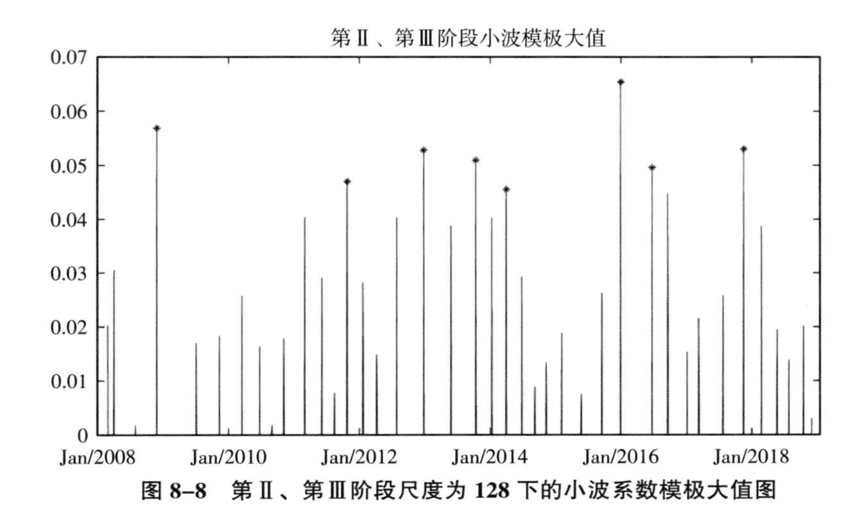

图 8-8　第Ⅱ、第Ⅲ阶段尺度为 128 下的小波系数模极大值图

从图 8-7 和图 8-8 即尺度为 128 下的小波系数模极大值图可以看出，模极大值点数量较多，尤其是在后两个阶段。选取几个较为突出的奇异点，价格波动奇异点对应事件如表 8-1 所示。

表 8-1　EUETS 碳价格异常波动时间及冲击事件

	时间	事件
第Ⅰ阶段	2005 年 12 月	修改国家分配计划，减少第Ⅱ阶段配额
	2006 年 5 月	第一次核证减排数据泄露
	2006 年 11 月	修改 2003/87/EC 指令，纳入航空业
	2007 年 12 月	第Ⅰ阶段结束
第Ⅱ、第Ⅲ阶段	2008 年 9 月	全球金融危机爆发
	2011 年 12 月	欧洲债务危机
	2012 年 12 月	欧盟碳市场迈入第Ⅲ阶段
	2013 年 11 月	推迟发放 9 亿吨 CO_2 排放许可
	2014 年 4 月	乌克兰内战
	2015 年 12 月	《巴黎协定》通过
	2016 年 6 月	英国公投退出欧盟
	2017 年 12 月	欧盟碳市场就第Ⅳ阶段改革达成一致

表 8–1 显示，造成碳价格异常波动的外部冲击事件分为两类：一类是重要政策性公告的发布，如欧盟碳市场进入第Ⅲ阶段、《巴黎协定》通过以及对第Ⅳ阶段改革达成一致；另一类是重大外部性事件的冲击，如全球金融危机、欧债危机、乌克兰内战以及英国公投退出欧盟，这类事件主要是通过对宏观经济形势的影响直接或间接传导到碳金融市场，造成碳价格巨幅波动。

8.4 外部事件冲击影响分析

运用事件分析法的基本思想，根据奇异点所在的位置，选择前后各 10 天作为事件窗，共 21 个数据。选用事件窗前 70 日作为估计窗共 70 个数据。对事件发生期间超额收益率的变动情况分别进行单一样本 t 统计检验，结果如表 8–2 所示。

表 8–2　重大事件超额收益率变动检验结果

	事件	高频		低频	
		t 值	P 值	t 值	P 值
第Ⅰ阶段	修改国家分配计划	0.2079	0.8374	−7.1809***	0.0000
	第一次核证减排数据泄露	0.5795	0.5687	29.2612***	0.0000
	修改 2003/87/EC 指令	−1.0451	0.3084	9.0648***	0.0000
	第Ⅰ阶段结束	0.6443	0.5267	−2.9041***	0.0088
第Ⅱ、第Ⅲ阶段	全球金融危机爆发	−6.7940***	0.0000	34.3523***	0.0000
	欧债危机	−6.9630***	0.0000	−33.3882***	0.0000
	欧盟碳市场迈入第Ⅲ阶段	0.6272	0.5376	22.8344***	0.0000
	推迟发放 9 亿吨 CO_2 排放许可	0.7964	0.4351	80.7422***	0.0000
	乌克兰内战	−4.3330***	0.0000	−26.8578***	0.0000
	《巴黎协定》通过	−1.4336	0.1671	−46.2973***	0.0000
	英国公投退出欧盟	−8.7128***	0.0000	6.0358***	0.0000
	第Ⅳ阶段改革达成一致	−0.2011	0.8427	41.9010***	0.0000

注：*、**、*** 分别表示在 10%、5%、1%的水平下显著。

表 8-2 显示：除欧盟碳市场进入第Ⅲ阶段对低频序列有显著影响，高频部分的影响并没有通过显著性检验外，其他事件对碳价格的低频和高频序列都有显著的影响。具体分析为：

修改国家分配计划事件仅对低频序列有影响，对高频的影响并不显著。2005 年 12 月，在经过半年交易之后，为更好地发挥碳市场的减排功能，欧盟委员会对第Ⅱ阶段的国家分配计划进行了修改。将原来的配额总量下调了 6.5%，避免了配额的过度发放。

第一次核证减排数据泄露事件仅对低频序列有影响。2006 年 5 月，第一次核证减排数据被提前泄露，导致市场投资者预期混乱，企业将手中大量多余的配额抛售，碳价格出现剧烈波动。

修改 2003/87/EC 指令事件仅对低频序列有影响。2006 年 11 月，欧盟提议修改 2003/87/EC 指令，将航空业纳入减排领域，包括对飞经欧洲的其他国家飞机征收碳税。欧盟 25 国的航班排放的 CO_2 在过去 16 年间的年均增长率为 4.3%，到 2015 年，其排放量将增加 150%，这将严重阻碍《京都议定书》的执行，此举对碳市场的长期发展十分有利，但遭到全球航空业的抵制，碳排放权价格也因此而受到震荡。

EUETS 第Ⅰ阶段结束对低频序列有影响。2007 年 12 月，EUETS 第Ⅰ阶段结束，但不允许企业将剩余的配额带入第Ⅱ阶段使用，由于第Ⅰ阶段免费配额分配过多，企业手中有大量多余配额，出现供给严重过剩，造成了价格下跌并长期在零附近震荡。

全球金融危机对碳价格高频和低频部分的影响都通过了显著性检验。2008 年 9 月，全球金融危机全面爆发，欧盟主要成员国德国、法国和英国都因为投资美国次贷债券而蒙受巨大损失，仅德国工业银行就出现了 82 亿欧元的亏损。为挽救欧洲经济，欧洲央行 2008 年 8 月 9 日单日注资 690 亿欧元救市，碳价格出现明显跳水。2009 年初，碳价格从近 35 欧元下跌到了 10 欧元以下。2009 年 5 月，碳价格经历了近两年的震荡过程，碳价格一直在 10~20 欧元间不断波动反映奇异点的极大值高达 0.078。

欧债危机对碳价格高频和低频部分的影响都很显著。2011 年 12 月的欧债危机始于希腊，2010 年 3 月蔓延至欧元区主要国家，整个欧元区国家经济遭受重创。碳价格出现剧烈波动。2011 年末，碳价格下跌到了历史最低点，一直在 0~10 欧元间震荡波动。

欧盟碳市场进入第Ⅲ阶段对低频序列有显著影响，在高频部分的影响并没有通过显著性检验。这意味着阶段转换并未对短期价格造成严重的波动。2013 年 1 月，欧盟碳市场正式进入第Ⅲ阶段，拍卖被规定为第Ⅲ阶段配额分配的主要方法，50%的排放配额将以拍卖方式进行，并建立“双平台”拍卖制度[①]，此项制度性改革有效解决了供过于求的问题，使碳价格得以复苏。

推迟发放 9 亿吨二氧化碳排放许可对低频序列产生影响。2013 年 11 月，碳配额价格在 4 欧元左右徘徊，为了阻止碳价格的下跌，欧盟成员国在理事会上投票通过推迟发放 9 亿吨二氧化碳实施“折量拍卖”方案。推迟发放的 9 亿吨二氧化碳排放许可将于 2019~2020 年发放市场。该方案在一定程度上缓解了配额剩余过多的压力，导致市场回暖。

2013 年以来的乌克兰美国内冲突，加剧了地区的不稳定。俄罗斯作为欧盟最大的天然气出口国，欧盟约 1/3 的天然气来自俄罗斯，俄罗斯通往欧盟的七条天然气管道中有三条经过乌克兰，乌克兰冲突使得欧洲局势变得更为复杂，碳市场自然也遭受影响。

2015 年 12 月，《巴黎协定》的达成对碳价格的影响在高频和低频部分都很显著。《巴黎协定》明确规定：在 21 世纪下半叶将全球平均气温升高控制在 2℃之内，温室气体净零排放。与这一重大事件相对应的奇异点极大值达到 0.82 左右，创历史新高。

2016 年 6 月 18 日，英国公投退出欧盟，对碳价格高频和低频序列都产生了显著的影响。2016 年 6 月 23 日，碳价格下跌幅度达到 17%。长期以

① “双拍卖”制度指欧盟成员国既可以在欧盟碳交易平台拍卖，也可以在本国拍卖平台进行拍卖。

来，英国一直是碳排放交易的领先者和积极支持者。早在2002年3月，英国就建立了碳排放交易体系（UKETS），它的建立为EUETS的设计和安排提供了宝贵经验。位于伦敦的洲际交易所（ICE Futures Exchange）是欧盟最主要的碳衍生品和碳配额拍卖的交易平台，ICE-ECX占据了全球碳交易一级与二级市场92.9%的份额。可以想象，脱欧后的英国在欧盟碳交易体系的影响力将大大下降，并削弱EUETS在全球碳交易市场的地位，使全球统一碳交易市场的建设出现倒退。这一重大事件使碳价格发生剧烈波动。

EUETS第Ⅳ阶段改革达成一致对碳价格高频和低频序列都产生了显著的影响。2017年2月28日，欧盟（EU）理事会代表欧盟成员国就欧盟碳排放权交易体系（EUETS）第Ⅳ阶段改革事宜与欧洲议会达成共识：第Ⅳ阶段将于2021年开始，其内容包括在欧洲碳市场重新建立稀缺性的额外措施、拍卖配额比例、EUETS拍卖收益资助的气候基金，以及碳泄漏、市场稳定储备（Market Stability Reserve，MSR）运行机制的修改建议等。尤其是MSR，将有助于市场稳定储备加速化解配额过剩的问题。2017年11月9日，欧洲议会和欧盟理事会就欧盟碳市场（EUETS）第Ⅳ阶段改革正式达成一致：从2021年起，EUETS配额总量的线性递减系数（Linear Reduction Factor，LRF）由目前的1.74%提高到2.2%，同时，EUETS将加快处理市场中过剩的碳配额，2019~2022年，将MSR从市场中撤回配额的比率由12%加倍至24%，以应对配额过剩问题。此项改革极大地提升了交易者对市场的信心，碳价格出现两位数上扬。

8.5　本章小结

本章利用小波默认阈值去噪法对碳价格原始收益率时间序列进行去噪处理；运用连续小波变换技术检测了碳价格变动的奇异点，并分析了奇异点产生的原因。研究表明：

（1）外部冲击会对碳市场价格造成剧烈影响。外部冲击事件定义为两类：一类是重要政策公告的发布，例如碳交易市场进入第Ⅲ阶段、《巴黎协定》通过以及第Ⅳ阶段改革的通过；另一类是全球性的突发事件冲击，例如全球金融危机、欧债危机、乌克兰战争以及英国公投退出欧盟等。

（2）不同类型的外部冲击对碳价格波动造成的影响持续时间不同。其中，政策性事件对碳价格的影响是中长期的，外部突发事件对碳市场价格的冲击短期内有重大影响，并且发酵至中长期价格波动。

（3）重要的政策公告等政策性事件通过影响投资者的市场预期而影响价格波动。对碳价格的影响除造成短时间内的波动外，其影响波及时间较长；价格波动表现形式为双向波动，利好的政策公告使碳价格上扬，不利于市场的公告使价格下跌。

（4）全球性的突发事件冲击会造成的碳价格突发性的剧烈波动，在短期内迅速影响市场投机参与者并造成短期的暴涨暴跌。其影响力一般会持续2~3年，影响力度超过了重要公告公布所带来的影响。它通过对宏观经济的影响直接或间接传导到碳金融市场。碳价格通常表现为单向变化，一般表现为价格下跌。

第Ⅳ篇

碳价格均值回归存在性、回归周期振幅及碳排放权定价

在碳排放权定价研究中必须首先解决两个问题：第一，碳排放权市场价格是否存在均值回归？如果存在，均值回归的时间间隔（周期）和振动波幅（频率）如何。第二，如果上述条件均成立，那么，中枢价值（碳排放权理论价格）用什么方法确定？

分别用价格序列和收益率系列对碳排放权均值回归存在性检验结果表明，在 EUETS 三个阶段的发展进程中，价格序列和收益率序列均值回归特征在同一阶段检验结果有差异：对价格序列，第Ⅰ阶段 EUA 变动服从均值回避过程，第Ⅱ、第Ⅲ阶段 EUA 价格均具有非对称均值回复特征；对收益率序列，第Ⅰ、第Ⅱ阶段 EUA 具有持续性非对称均值回归特征，第Ⅲ阶段 EUA 收益具有均值回避特征；但在第Ⅱ阶段，无论是价格序列还是收益率序列，均具有非对称均值回归特征。

关于均值回归的时间间隔（周期）和振动波幅（频率）及其与主要影响因素的耦合周期的研究表明：EUA 现货价格具有显著的均值回归周期振荡特征，周期为 3~15.5 个月；振幅为–2.298~4.823；EUA 现货价格均值回归与原

油价格指数 WTI 的耦合周期为 3~12 个月，耦合振幅为 0.1958~0.8843，与欧元区制造业采购经理指数 PMI 耦合周期分别为 4~11 个月，耦合振幅为 0.1652~2.134。

关于碳排放权定价的研究表明：金融孤子可以作为碳资产，乃至其他金融资产定价的优良工具。碳排放权价格序列波动具备了传播不弥散和碰撞稳定性的孤子特征，这一特征与金融市场上均值回归现象十分相似。随着时间尺度的增加，碳价格沿着同一个方向位置尺度上的平移并不改变其运动的波形和速度；利用双线性方法构造的非线性演化方程得到了单孤子、双孤子和三孤子的精确解，其中，单孤子解正是我们寻求的碳排放权中枢价值（碳理论价格），它的理论价格为 13 欧元/吨 CO_2e，约合人民币 100.7825 元/吨 CO_2e（2018 年 4 月 4 日汇价）。

第9章
碳排放权价格均值回归存在性检验

尽管关于金融资产价格均值回归的存在性至今仍存有争议，但均值回归理论是预测理论的一个突破性进展却是毋庸置疑的，它对传统随机漫步理论（Karl Pearson，1905）提出了一个重大挑战，由于它的出现，金融资产价格的可预测性将成为可能。在均值回归理论中，金融市场的价格运动并不遵循“随机游走”规律，而是不断地向某一“价值中枢”运动，当市场价格严重偏离价值中枢时，它会在下一时刻以更高的概率向价值中枢聚集。这一定论被不同的研究证实，典型的如 Valeriy Zakamulin（2016）研究了标准普尔综合指数 1871~2011 年的收益率数据，采用自相关和方差比检验结果表明，该收益率序列具有明显的长周期性均值回归特征，同时基于该特征构建的均值回归模型可以对未来 15~17 年的收益率进行预测，精度明显高于历史均值模型。Juan Wanga 等（2015）通过 LM 傅里叶单位根检验研究了亚洲 7 个股票交易市场，证明了在 1990 年 9 月~2013 年 4 月的时间段内，这 7 个股票市场的价格指数服从均值回归过程。宋玉臣、王宇洋（2015）认为，金融危机的形成缘于资产泡沫累积后快速回归均值的过程，利用 ANST-GARCH 模型研究了世界几个主要股票指数的非对称均值回归特征，并证实利空信息冲击下的负回归速度高于利好信息冲击下的正回归速度。K Mayer 和 TSF Weber（2011）以随机扩散模型为基础，运用蒙特卡罗尔模拟 EEX 电力价格数据，捕捉到不同速度的均值回归过程。

相对于上述领域，碳排放权交易市场均值回归的研究目前可以搜索到的文献并不多见。主要有：Fan Xinghua 等（2016）利用多尺度熵分析了欧洲气候交易所 DEC16 期货价格序列，发现熵对时间尺度的依赖关系，随着时间尺度的变大，熵变小，从而揭示了在较长时间上碳期货价格的均值回归特征。Jeonghyun Kim 和 Byeongseon Seo（2015）采用门限向量误差修正模型研究 EUA 现货和期货价格的非线性均值回归特征，以及交易成本对均值回归过程的影响。Yuan Jian-Hui 等（2013）通过方差比检验方法研究了 DEC10 期货价格，得出了 DEC10 期货价格在较长时间上并不存在均值回归特征的结论。张跃军、魏一鸣（2011）通过均值回归理论、GED-GARCH 模型和 VaR 方法考察了 DEC07 和 DEC08 期货的价格、收益率、市场波动和市场风险，发现它们的运动具有发散性，不具备均值回归特征。

上述研究极少考虑价格或收益率时间序列中的内在“噪声”。在数据的辨识精度上存在缺陷，同时，由于对时间序列的平稳性检验的缺乏，使得伪回归的问题也十分严重，这是本书中特别关注的问题。

欧盟排放权交易体系（EUETS）是国际社会为应对全球气候变化而引入的经济、金融性措施，作为全球规模最大、交易最为活跃的碳交易市场，自 2005 年建立以来对全球碳市场的发展起着举足轻重的作用。但 EUETS 市场的交易价格却一直处于大幅度的波动之中，以欧盟排放权配额（EUA）为例，EUA 最高价格是 2005 年 9 月 11 日收盘价 28.93 欧元/吨，最低价格是 2008 年 4 月 21 日和 25 日收盘价 0.01 欧元/吨。价格的剧烈无序波动使投资者，尤其是长期投资者因无法得知中枢价值而出现投资误判，这在一定程度上制约了碳交易市场的发展，并将碳排放权中枢价值的决定，即均值回归问题呈现在我们面前。作为一个准金融市场，碳排放权价格的均值回归至少有三个问题需要我们去探讨：第一，碳资产的价格运动是否存在均值回归？如果存在，这个均值（中枢价值）是一个点或者是一条曲线；第二，如何解释均值回归现象，造成均值回归的原因到底是什么；第三，如果价格（或收益率）的变化最终会向均值逼近，但是正逼近和负逼近的回归速度和振幅到底如何？本书的研究将集中回答前两个问题，以为后续的碳资产定价及价格预测提供研究基础和依据。

9.1 研究思路与数据说明

9.1.1 研究思路

首先，利用离散小波变换（Discrete Wavelet Transform，DWT）所特有的多分辨率性、去相关性和选基灵活性特点，对原始价格序列进行去噪，并将去噪后的信号进行重构，形成新的价格序列。

其次，利用增广迪克—福迪（Augmented Dickey-Fuller，ADF）检验法对去噪后的时间序列进行平稳性检验①，以确保时间序列中没有随机（或确定）趋势，避免产生“伪回归”② 问题。

最后，利用非对称非线性平滑转换（ANST-GARCH）算法对平稳性检验后的价格序列进行均值回归检验。它包括：①检验非对称均值回归的存在性；②检验风险调整对时间序列变量的影响及风险补偿的对称性；③检验时变理性预期假设和过度反应假设对均值回归存在性的影响。

9.1.2 数据说明

数据来源：Bluenext 交易所和欧洲气候交易所（ECX）EUA 现货日收盘价格。样本期间：第Ⅰ阶段：2006 年 6 月 27 日~2007 年 12 月 28 日，共 380

① 平稳时间序列的重要特征是时间轨迹围绕固定均值上下波动，且波动不具有持久性。
② 伪回归会使数据中的趋势项、季节项等无法消除，导致残差分析中出现误差。

个数据；第Ⅱ阶段：2008 年 2 月 26 日~2012 年 12 月 5 日，共 1186 个数据；第Ⅲ阶段：数据覆盖 2012 年 12 月 7 日~2016 年 1 月 13 日，共 798 个交易日收盘价。所用软件为 MATLAB7.0。

9.2 原始碳价格时间序列的去噪与重构

选取离散小波变换对碳价格时间序列进行去噪。去噪分三步进行：①离散小波分解。选择 sym 函数或 db 函数作为小波基，将原始信号分解成不同的频率信号，以最小均方误差确定分解层数，得到各层小波的分解系数。②奇异值检测与处理。对不同频率分解层次的间断或某阶导数不连续的信号进行处理，去除误差信号，保留真实信号。③对强制去噪、默认阈值去噪、极值阈值去噪以及小波包去噪四种方法进行比较，选择去噪效果最好的极值阈值去噪法消去奇异值，并进行重构。

9.2.1 离散小波分解

在小波分解中，首先要选择小波函数（小波基）和分解层数，我们比较了 Daubechies（db）小波系和 Symlet（sym）小波系综合评价指标期望，证明 sym 小波系的去噪明显效果优于 db 小波系，故选择 sym 小波函数，又由于对小波基选择时，一般要考虑对称性，故选择具有近似对称性的 sym4。在分解层数的选择上，比较了分解层数为 5、6、7、8、9 层的去噪效果，得到在分解层数为 7 层时，综合评价的期望值最大，效果最优。

基于 sym4 小波 7 层分解得到细节系数结果如图 9-1~图 9-3 所示。

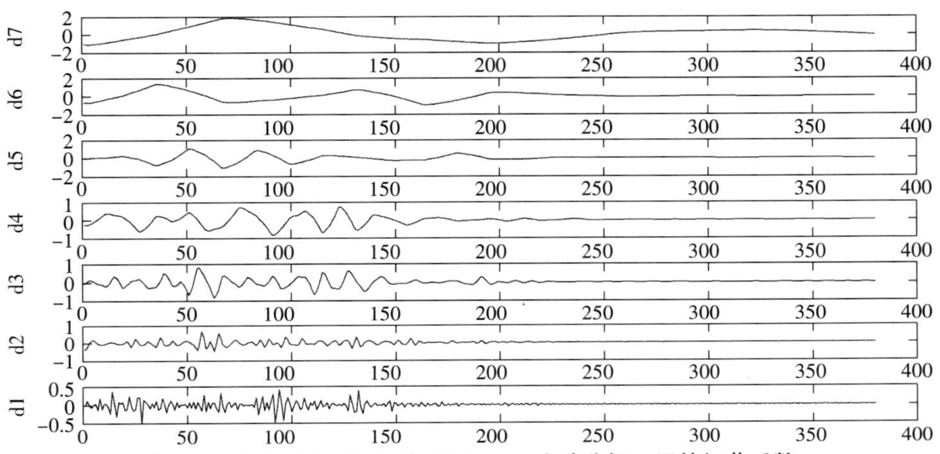

图 9-1　第Ⅰ阶段原始价格序列 sym4 小波分解 7 层的细节系数

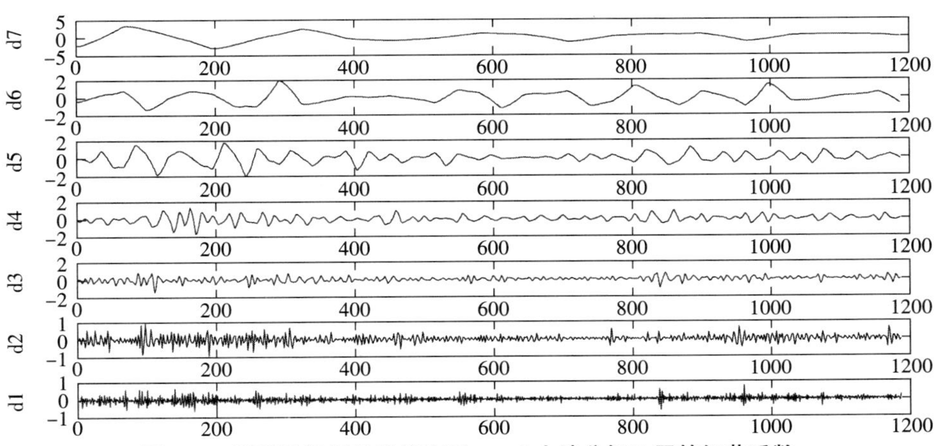

图 9-2　第Ⅱ阶段原始价格序列 sym4 小波分解 7 层的细节系数

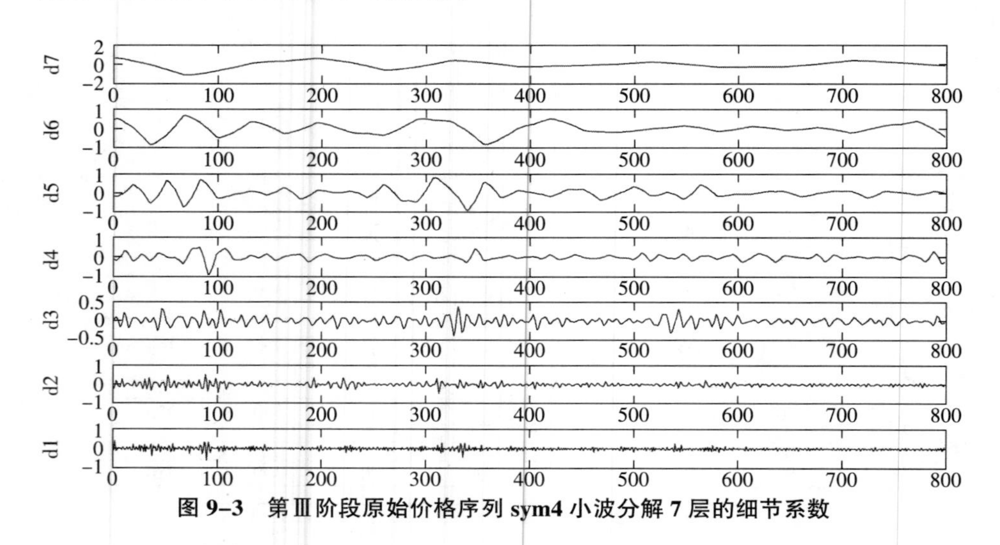

图 9-3　第Ⅲ阶段原始价格序列 sym4 小波分解 7 层的细节系数

9.2.2　奇异点检测

奇异点检测采用突变点的小波检测方法，一般用函数的正则性来判断。若信号在某点（或区间）可微，则信号在该点（或该区域）正则；若函数在某处间断（或导数不连续），则函数在该处奇异。奇异点通常分为两类：峰值点和过零点。前者指某一时刻峰值发生突变，引起信号非连续；后者指信号外观光滑，幅值无突变（但一阶微分有突变且不连续）。两类奇异点均可在小波变换中体现：在小波变换的一阶导数 $\frac{dWf}{dt}=0$ 的点，是 Wf(t) 的峰值点；对应小波变换的二阶导数 $\frac{d^2Wf}{dt^2}=0$ 的点，是 Wf(t) 的过零点。借助于小波变换模型的过零点和局部极值点，就可以检测到突变点的位置、类型以及变化幅度。

奇异点通常出现在细节系数 d1 最底部。图 9-1~图 9-3 显示：第Ⅰ阶段价格序列奇异点位于 t=28（2006 年 8 月 4 日）、t=92（2006 年 11 月 7 日）附近；第Ⅱ阶段价格序列奇异点位于 t=200（2008 年 12 月 5 日）附近；第Ⅲ阶段价格序列尚未见到奇异点。

9.2.3 离散小波变换去噪

对三个阶段的碳价格序列进行去噪处理，消除噪声分别使用强制去噪法、默认阈值去噪法、极值阈值去噪法以及小波包去噪法。其中，前两者采用 db4 小波基，4 层分解；后两者采用 sym4 小波基，同样为 4 层分解。

图 9–4~图 9–6 显示，不同去噪方法下第Ⅰ、第Ⅱ、第Ⅲ阶段价格序列去噪结果。强制去噪后，滤去所有高频系数，然后进行小波重构得到的数据更加平滑，但损失一部分有效信息，精确性显著弱于其他去噪法；阈值去噪相对其他两种方法，保留了更多的有效信息，信号基本不存在奇异点。因此，采取阈值去噪，更有效保留信息精确度，可信度高。

为了判断小波去噪的效果，本书利用均方根误差[①] 和信噪比[②] 进行评价，判断标准为：均方根误差值越小，小波去噪效果越好，去噪后的信号越真实；信噪比的值越高，小波去噪效果越好。其结果如表 9–1 所示。

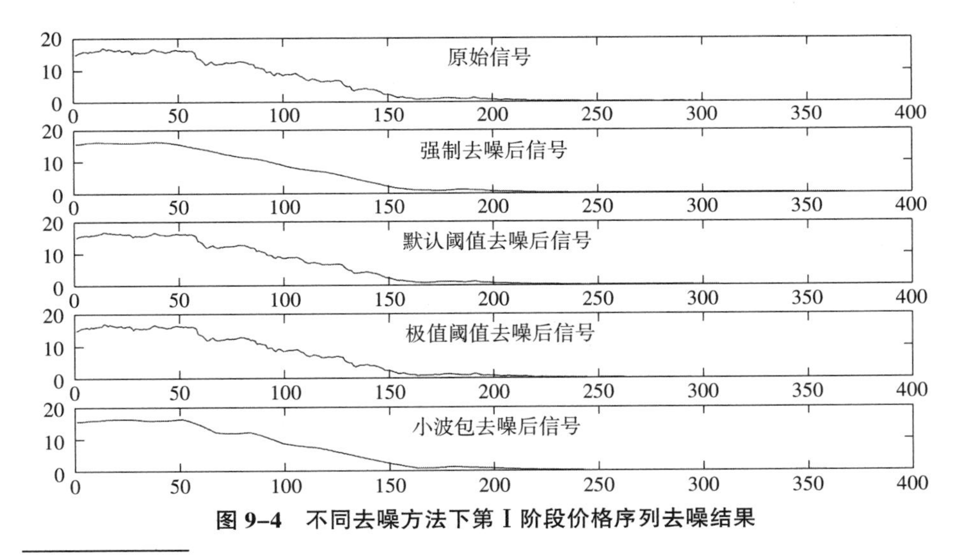

图 9–4　不同去噪方法下第Ⅰ阶段价格序列去噪结果

---

① 此处的均方根误差指经小波去噪后的信号与原始信号之间的误差。

② 信噪比是原始信号与噪声之间的比值。

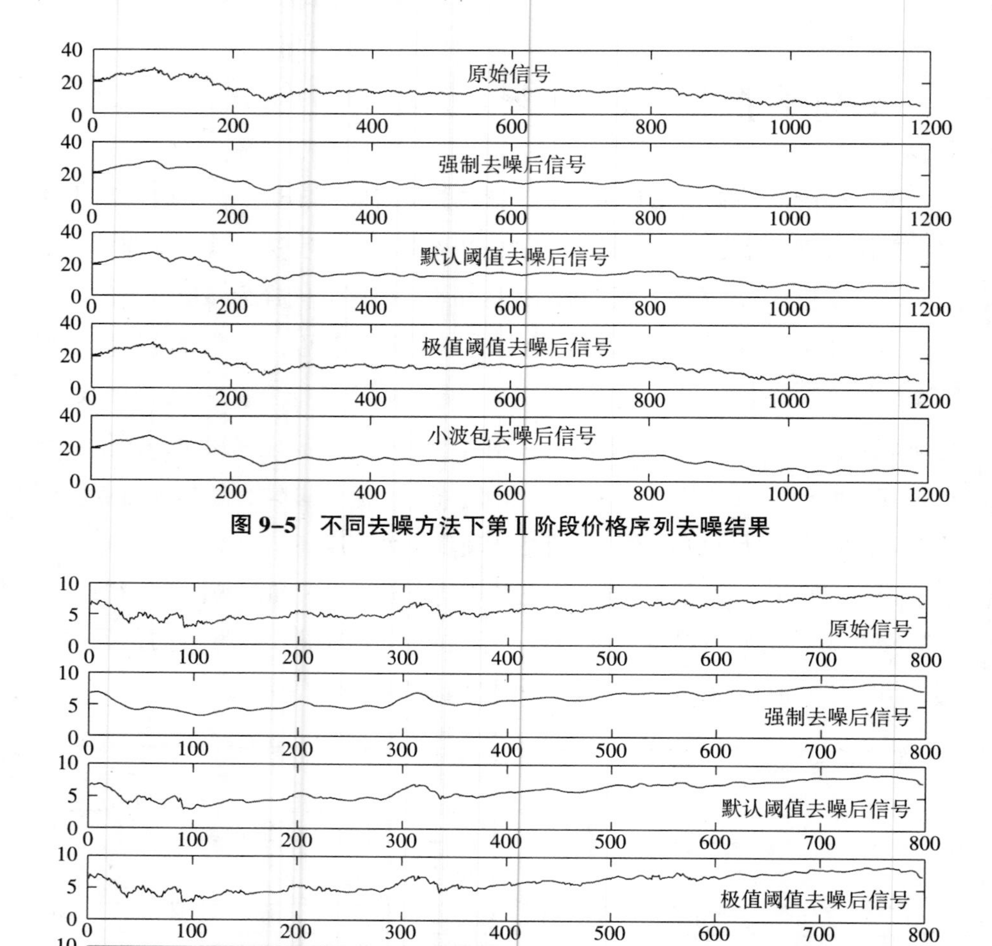

图 9-5　不同去噪方法下第Ⅱ阶段价格序列去噪结果

图 9-6　不同去噪方法下第Ⅲ阶段价格序列去噪结果

表 9-1　四种方法对三个阶段碳价格序列去噪效果比较

序列	强制去噪		默认阈值去噪		极值阈值去噪		小波包去噪	
	均方误差	信噪比	均方误差	信噪比	均方误差	信噪比	均方误差	信噪比
Ⅰ	0.4125	25.4036	0.0641	41.5765	0.0111	56.7866	0.3317	27.2974
Ⅱ	0.4512	30.3745	0.3091	33.6602	0.1358	40.8049	0.4347	30.6976
Ⅲ	0.2538	27.8110	0.1275	33.7907	0.0646	39.6915	0.2047	29.6790

比较表 9–1 中信号的均方根误差和信噪比可以看出：极值阈值去噪三个阶段的均方误差最小，信噪比最高，效果最好。故实际检验中取极值阈值去噪。

9.3　碳排放权价格序列平稳性检验

对去噪后的价格序列进行平稳性检验利用增广迪克—福迪（ADF）检验法进行，平稳性检验的目的是确保时间序列中没有随机（或确定）趋势，以免产生“伪回归”问题。ADF 的数学表达式如下：

$$Y_t = \alpha + \eta Y_{t-1} + \beta_1 \Delta Y_{t-1} + \beta_2 \Delta Y_{t-2} + \cdots + \beta_p \Delta Y_{t-p} + \varepsilon_t \tag{9-1}$$

式中，Y_t 表示时间序列变量值，Y_{t-1}，Y_{t-2}，…，Y_{t-p} 分别表示滞后 1 期、2 期至 p 期一阶差分后的序列变量，ε_t 表示随机项。

ADF 检验的原假设 H_0 为：$\beta_i = 0$；备择假设为：$\beta_i < 0$。检验前，需要通过 AIC 准则确定时间序列模型的合理滞后阶数。若检验时拒绝原假设，则时间序列不存在单位根，为平稳序列；否则接受原假设，该序列是非平稳的，对其差分后进一步检验，直至拒绝原假设，以此确定序列的单整阶数。检验结果如表 9–2 所示。

表 9–2　三阶段价格序列 ADF 检验结果

	第Ⅰ阶段	第Ⅱ阶段	第Ⅲ阶段
ADF 统计量	–2.044956	–1.064953	–1.550100
临界值	–2.869029	–2.863772	–2.864970
Prob（T 统计量）	0.2676	0.7313	0.5077

注：临界值为 5%显著性水平下的 ADF 值。

表 9–2 显示：去噪后价格序列的 ADF 值均大于 5%显著水平下临界值，无法通过平稳性检验。接受原假设，价格序列为非平稳序列。进一步，对三

个阶段去噪后的价格序列一阶差分，然后进行 ADF 检验，检验结果如表 9-3 所示。

表 9-3 一阶差分价格序列 ADF 检验结果

	第Ⅰ阶段	第Ⅱ阶段	第Ⅲ阶段
ADF 统计量	-7.120475	-29.00740	-13.11128
临界值	-2.869029	-2.863772	-2.864970
Prob（T 统计量）	0.0000	0.0000	0.0000

注：临界值为 5%显著性水平下的 ADF 值。

表 9-3 显示：ADF 统计量均小于临界水平，拒绝原假设，不存在单位根，说明一阶差分后价格序列为平稳序列。由此，ANST-GARCH 检验中使用去噪后的一阶差分的价格序列。

9.4 碳排放权价格序列均值回归存在性检验

均值回归检验采取 ANST-GARCH 模型进行，ANST-GARCH 模型因增加的非对称项不同而分为：ANST-GARCH；ANST-GARCH-M；ANST-GARCH-φ。ANST-GARCH 主要用于检验均值回归的存在性及其非对称性特征；ANST-GARCH-M 在原模型中加入了风险补偿项 M，以判断均值回归是否存在非对称的时变风险补偿；ANST-GARCH-φ 在原模型中加入了过度反应假设项，用于检验非对称均值回归是否与过度反应假设有关。

假设：均值回归取决于信息冲击的力度（价格波动的程度）以及投资者对信息的反应程度（过度反应或反应不足）。如果 t 期的收益与 t-1 期的收益负自相关，则意味着价格严重偏离中枢价值，价格最终会向中枢价值回归，即负自相关关系决定了均值回归的存在。与此同时，如果正、负信息冲击的速度和幅度不同步或不同向，或者说利空信息的冲击大于了利好信息的冲击

(又或者相反)，则导致了均值回归的非对称性。

9.4.1　均值回归的存在性与非对称性特征检验

对风险中性的均值回归检验采用的条件均值方程和方差方程如下：

$$Y_t=w_1+[\beta_1+\beta_2F(\varepsilon_{t-1})]Y_{t-1}+\varepsilon_t \tag{9-2}$$

$$\sigma_t=\alpha_0+\alpha_1\varepsilon_{t-1}^2+a_2\sigma_{t-1}+[b_0+b_1\varepsilon_{t-1}^2+b_2\sigma_{t-1}]F(\varepsilon_{t-1}) \tag{9-3}$$

式中，$F(\varepsilon_{t-1})=1/[1+e^{-\gamma(\varepsilon_{t-1})}]$，表示内生区制转移函数，取值区间为(0，1)；$\varepsilon_{t-1}$表示上期冲击的大小和方向，$\varepsilon_{t-1}>0$表示上一期信息对价格产生利好冲击，转移函数F值趋近于1；$\varepsilon_{t-1}<0$表示上一期信息对价格产生利空冲击，转移函数F值趋近于0。γ为未知的内生区制转移控制参数。σ_t为条件方差，w_1为常数，β_1、β_2、α_0、α_1、α_2、b_0、b_1、b_2为待估参数。

判断均值回归存在的标准为非对称项前系数β_1和β_2的取值和正负性。若β_1、β_2取值均小于0，Y_t与Y_{t-1}呈负相关，在信息冲击下（无论是利好消息还是利空消息的冲击），变量存在反转趋势，即反持续性，反持续性特征就是均值回归特征。若β_1、β_2取值均大于0，意味着在信息的冲击下，变量保持一定的持续性变动，当期变量与前置一期变量具有正相关关系，即均值回避。若$\beta_1<0$，$\beta_2>0$，且$\beta_1+\beta_2>0$，那么利空消息带来变量序列收敛反转，利好消息带来变量持续变动，这说明投资者对利空消息存在着过度反应。

非对称性判断标准为β_2、β_2是影响Y_t变动趋势的非对称系数，若$\beta_2\neq0$且显著，均值回归为非对称性；用b_1+b_2判断条件波动是否具有非对称性，若$b_1+b_2\neq0$且显著，则条件波动具有非对称性。

选取去噪处理后平稳的一阶差分价格序列，并进行第一步检验：非对称均值回归检验，拟合结果如表9-4所示。

表 9–4　平稳的一阶差分价格序列对方程（9–2）、方程（9–3）拟合结果

参数	第Ⅰ阶段	第Ⅱ阶段	第Ⅲ阶段
w_1	0.9198（0.0000）	–0.0117（0.0000）	–0.0004（0.0000）
β_1	0.1314（0.0000）	–0.2386（0.0000）	–0.1984（0.0000）
β_2	0.9859（0.0000）	–0.3036（0.0000）	–0.0997（0.0000）
γ	62.8980（0.0000）	50.0017（0.0000）	75.0477（0.0000）
α_0	–0.0568（0.0000）	0.0058（0.0000）	–0.2788（0.0000）
α_1	0.6749（0.0000）	–0.0000（0.1797）	–0.2975（0.0000）
α_2	0.9873（0.0000）	0.7919（0.0000）	0.7039（0.0000）
b_0	0.1217（0.0000）	–0.0091（0.0000）	–0.3160（0.0000）
b_1	0.0097（0.0000）	–0.0000（0.3204）	–0.2975（0.0000）
b_2	0.0209（0.0000）	0.3956（0.0000）	0.5971（0.0000）

注：括号内注明显著性概率。

表 9–4 显示：第Ⅰ阶段 β_1、β_2 均大于 0，价格变动同步同向，并具有可持续性，不存在均值回归现象；第Ⅱ阶段 $\beta_1<0$，$\beta_2<0$，且 $\beta_1+\beta_2<0$，表明去噪后价格对利好和利空信息反应相同，二者均引起价格反转变动，说明第Ⅱ阶段价格呈现持续性非对称均值回归；第Ⅲ阶段 $\beta_1<0$，$\beta_2<0$，且 $\beta_1+\beta_2<0$，与第Ⅱ阶段相同，第Ⅲ阶段价格序列存在非对称均值回归特征。比较 $|\beta_1|$、$|\beta_1+\beta_2|$ 可知，第Ⅱ阶段均值回归速度和幅度均大于第Ⅲ阶段。

三个阶段的 $\beta_2\neq0$ 且显著，表明均值回归具有非对称性；$b_1+b_2\neq0$ 且显著，说明条件波动具有非对称性。

9.4.2　风险调整对均值回归的影响：时变理性预期检验

在均值方程中加入风险项 $\delta_1\sqrt{\sigma_t}$，检验时变理性预期[①] 对均值回归的

① 在时变理性预期假设中，投资者可以根据自身在不同时期所能承担的风险强度调整其预期收益率。

影响：

$$Y_t = w_1 + [\beta_1 + \beta_2 F(\varepsilon_{t-1})] Y_{t-1} + \delta_1 \sqrt{\sigma_1} + \varepsilon_t \tag{9-4}$$

$$\sigma_1 = \alpha_0 + \alpha_1 \varepsilon_{t-1}^2 + \alpha_2 \sigma_{t-1} + [b_0 + b_1 \varepsilon_{t-1}^2 + b_2 \sigma_{t-1}] F(\varepsilon_{t-1}) \tag{9-5}$$

参数 δ_1 描述风险对价格的影响，$\delta_1>0$，则说明风险增加会带来价格上涨；$\delta_1<0$，风险上升将带来价格下跌。根据时变理性预期假设：高风险会带来更大的风险补偿。因此，$\delta_1>0$，则时变理性预期假设成立，否则拒绝该假设。

表 9-5　平稳的一阶差分价格序列对方程（9-4）、方程（9-5）拟合结果

参数	第Ⅰ阶段	第Ⅱ阶段	第Ⅲ阶段
w_1	0.9340（0.0000）	0.0937（0.0000）	0.0287（0.0000）
β_1	0.3896（0.0000）	−0.2243（0.0000）	−0.1353（0.0000）
β_2	0.6065（0.0000）	−0.2874（0.0000）	−0.0681（0.0000）
γ	80.0190（0.0000）	80.0029（0.0000）	97.8803（0.0000）
δ_1	0.8593（0.0000）	−0.2937（0.0000）	−0.1309（0.0000）
α_0	−0.1377（0.0000）	0.0238（0.0000）	0.3093（0.0000）
α_1	−0.0335（0.0000）	−0.0000（0.0102）	−0.2934（0.0000）
α_2	0.8285（0.0000）	0.7502（0.0000）	0.6494（0.0000）
b_0	0.3565（0.0000）	−0.0442（0.0000）	0.2628（0.0000）
b_1	−0.0318（0.0000）	−0.0000（0.1157）	−0.2912（0.0000）
b_2	0.3761（0.0000）	0.4738（0.0000）	0.5280（0.0000）

注：括号内注明显著性概率。

表 9-5 显示：对去噪后一阶差分价格序列的均值方程加入风险因素，拟合结果为：在第Ⅰ阶段中$\delta_1>0$，表明风险上升导致价格上涨，接受时变理性预期假设对均值回归的影响；在第Ⅱ、第Ⅲ阶段中 $\delta_1<0$，说明风险与价格序列存在负相关关系，风险补偿具有非常规性，拒绝时变理性预期导致均值回归的原假设。

对于风险补偿对称性有：

$$Y_t = w_1 + w_2 F(\varepsilon_{t-1}) + [\delta_1 + \delta_2 F(\varepsilon_{t-1})]\sqrt{\sigma_t} + \varepsilon_t \tag{9-6}$$

$$\sigma_t = \alpha_0 + \alpha_1 \varepsilon_{t-1}^2 + \alpha_2 \sigma_{t-1} + [b_0 + b_1 \varepsilon_{t-1}^2 + b_2 \sigma_{t-1}] F(\varepsilon_{t-1}) \tag{9-7}$$

当参数 δ_2 显著且非零，则风险补偿具有非对称性。以 δ_1 表示价格下跌时风险对收益的影响程度；$\delta_1+\delta_2$ 为价格上涨时风险对收益的影响。当 $\delta_2>0$ 时，表明价格上涨的风险补偿大于价格下行的风险补偿；当 $\delta_2<0$ 时，则正好相反。

表 9-6　平稳的一阶差分价格序列对方程（9-6）、方程（9-7）拟合结果

参数	第Ⅰ阶段价格序列	第Ⅱ阶段价格序列	第Ⅲ阶段价格序列
w_1	1.0000（0.0000）	0.0623（0.0000）	0.0255（0.0000）
w_2	1.0000（0.0000）	0.0064（0.0000）	0.0012（0.0000）
γ	40.0221（0.0000）	38.6001（0.0000）	41.8350（0.0000）
δ_1	1.0000（0.0000）	−0.1654（0.0000）	−0.1009（0.0000）
δ_2	1.0000（0.0000）	−0.0906（0.0000）	−0.0545（0.0000）
α_0	0.0054（0.0000）	2.3999（0.0000）	0.1360（0.0000）
α_1	−0.0004（0.0000）	−2.3999（0.0000）	0.1319（0.0000）
α_2	0.7947（0.0000）	2.3999（0.0000）	0.4592（0.0000）
b_0	0.0005（0.0000）	2.3999（0.0000）	0.1448（0.0000）
b_1	−0.0004（0.0000）	−2.3999（0.0000）	0.1319（0.0000）
b_2	0.4030（0.0000）	2.3999（0.0000）	0.2115（0.0000）

表 9-6 显示：均值方程中加入风险因子后，三个阶段的 $\delta_2 \neq 0$ 且显著，说明风险调整对收益率 Y_t 的影响均具有非对称性。

9.4.3　过度反应假设对均值回归的影响

在均值方程（9-6）中加入转换概率项 $[\eta_1 + \eta_2 F(\varepsilon_{t-1})]Y_t$，检验过度反

应假设[①]对均值回归的影响，如果 t-1 期正的收益变化在 t 期发生反转，即产生过度反应，那么过度反应影响均值回归；反之，如果 t-1 期正的收益变化在 t 期持续，则说明过度反应不影响均值回归。参数 η 的取值范围为 (0，1)，其中，η_1、η_2 在 0~0.5 为过度反应，η_1、η_2 在 0.5~1 为反应不足。

$$Y_t=w_1+w_2F(\varepsilon_{t-1})+[\eta_1+\eta_2F(\varepsilon_{t-1})]Y_{t-1}+[\delta_1+\delta_2F(\varepsilon_{t-1})]\sqrt{\sigma_t}+\varepsilon_t \quad (9\text{–}8)$$

$$\sigma_t=\alpha_0+\alpha_1\varepsilon_{t-1}^2+\alpha_2\sigma_{t-1}+[b_0+b_1\varepsilon_{t-1}^2+b_2\sigma_{t-1}]F(\varepsilon_{t-1}) \quad (9\text{–}9)$$

当 η_1、η_2 在 0~0.5，说明在信息冲击下（无论是利好消息还是利空消息的冲击），价格序列均存在均值回归；当 η_1、η_2 在 0.5~1，说明在信息的冲击下，价格系列存在均值回避，不存在均值回归。

如果 $b_1+b_2<0$，表示利空消息带来价格序列收敛反转，投资者对利空信息存在过度反应[②]；反之，如果 $b_1+b_2>0$，则表示利好消息带来价格序列收敛反转，投资者对利好消息反应过度。

检验过度反应假设是否成立，拟合结果如表 9–7 所示。

表 9–7　平稳的一阶差分价格序列对方程（9–8）、方程（9–9）拟合结果

参数	第Ⅰ阶段收益率序列	第Ⅱ阶段收益率序列	第Ⅲ阶段收益率序列
w_1	–0.4082（0.0000）	0.0563（0.0000）	0.0397（0.0000）
w_2	–0.4974（0.0000）	–0.0030（0.0000）	–0.0234（0.0000）
η_1	0.9254（0.0000）	0.1660（0.0000）	0.1296（0.0000）
η_2	0.8154（0.0000）	0.0076（0.0000）	–0.0596（0.0000）
γ	109.9742（0.0000）	110.0000（0.0000）	110.0000（0.0000）
δ_1	–0.4680（0.0000）	–0.1328（0.0000）	–0.0964（0.0000）
δ_2	–0.5220（0.0000）	–0.0784（0.0000）	–0.0634（0.0000）
α_0	–0.0059（0.0000）	0.0512（0.0000）	–0.0348（0.0000）
α_1	–0.1282（0.0000）	0.0000（0.1268）	0.0000（0.3027）
α_2	1.0258（0.0000）	0.9867（0.0000）	1.0000（0.0000）

① 在过度反应假设中，投资者对市场信息的过度乐观或过度悲观，将导致价格波动非随机和市场非有效。

② 这是 BSV（Barberis，Shleifer & Vishny，1998）模型（投资者情感模型）的判定标准。

续表

参数	第Ⅰ阶段收益率序列	第Ⅱ阶段收益率序列	第Ⅲ阶段收益率序列
b_0	0.0690（0.0000）	0.0505（0.0000）	0.1157（0.0000）
b_1	−0.9897（0.0000）	−1.0000（0.0000）	−1.0000（0.0000）
b_2	−0.9742（0.0000）	−1.0000（0.0000）	−1.0000（0.0000）

注：括号内注明显著性概率。

表 9–7 显示：在三个阶段的价格一阶差分价格系列的变动中，在第Ⅰ阶段，η_1、η_2 均大于 0.5，小于 1，说明均值回归与过度反应无关；在第Ⅱ、第Ⅲ阶段，η_1、η_2 均小于 0.5，说明过度反应是均值回归产生的原因之一。与此同时，三个阶段的 $b_1<b_2$，$b_1+b_2<0$，说明相对于利好消息，利空信息对价格的冲击更大并使投资者产生过度反应。

9.5 本章小结

（1）碳价格均值回归检验结果表明：除第Ⅰ阶段外，EUETS 市场的第Ⅱ、第Ⅲ阶段价格变动均存在非对称性均值回归，且均值回归速度和幅度在第Ⅱ阶段要大于第Ⅲ阶段。

（2）风险调整后的 EUA 价格序列仍服从非对称性均值回归，正的均值回归速度和振幅比负的均值回归速度和幅度要小得多。三个阶段的风险补偿都具有非对称性。

（3）对时变理性假设的检验表明：第Ⅰ阶段，接受时变理性预期假设，第Ⅱ、第Ⅲ阶段风险与价格序列存在负相关关系，拒绝时变理性预期假设。说明时变理性假设无法解释非对称性均值回归。

（4）对过度反应假设的检验表明：在 EUA 价格序列的变动中，第Ⅱ、第Ⅲ阶段存在投资者的过度反应。并且投资者对利空信息的过度反应大于对利好消息的过度反应，可以接受过度反应是均值回归形成的原因。

第 10 章
碳排放权价格均值回归的周期、振幅及其耦合关系

均值回归理论是金融资产收益预测理论的重大突破，但到目前为止，均值回归理论仍然无法解决均值回归周期和振幅问题。一是不同的金融市场回归周期不同，即使是同一类市场每次回归的周期也有差异；二是回归的幅度和速度不一样，正的收益与负的收益回归的幅度和速度差异很大。但是，均值回归的时间间隔（周期）和上下振动波幅（振幅）是精确预测未来价格走势和定价的关键。原因是回归周期的“随机漫步”和振幅的大小强弱都直接影响预测精度。因此，仅仅证实碳市场存在均值回归只是问题的第一步，更重要的是，需要找到均值回归的时间周期分布、振幅大小，以及其与影响因素的耦合关系。

对欧盟碳排放权价格均值回归周期和振幅的研究可以借鉴和参考的文献主要集中在对大宗商品和金融资产的研究之中。典型的如：AnjaRossen（2014）基于 BP 法分析了过去 100 年时间内金属价格波动周期与长期趋势，测算出经济繁荣期与经济衰退期的最大、最小振幅，并反映出五个超级周期。Vitor Castro（2013）在 1989~2012 年葡萄牙股票市场周期测度研究中应用马可夫转换模型，证明 13 年间存在六次熊市和牛市的更替转换。Heng-Hsing Hsieh（2012）等构建赢家和输家股票投资组合，提出 1999~2009 年全球股市回报率均值回归的时间和强度与投资者情绪、经济发展前景相关，动荡期均值回归强度增加，均值回归周期缩短。Théo Naccache（2011）采用小

波分析方法识别石油价格变动周期，发现石油价格变动的周期为20~40年，符合库兹涅茨基础设施建设周期。Monika Piazzesi等（2009）在递归效用模型和自适应学习算法基础上研究2年期和10年期债券的溢价和周期趋势，证明债券溢价部分低频序列周期大于8年，高频序列周期为1.5~8年。Cmb-Nobre（2009）运用惯性矩、小波熵以及交叉谱获取生物动态散斑在不同频率下的振幅和谐波偏移。而关于均值回归耦合周期的研究则集中在：E Blanter（2016）运用Kuramoto模型分析两组非线性关联信号的耦合周期，测度结果显示太阳黑子活动准周期长度为10~11年，以及受aa地磁指数影响存在2年耦合振荡周期。N P Klingaman（2014）基于KPP框架考察印度洋、西太平洋等不同地区海气耦合周期信号及耦合度的强弱，证明在耦合关系灵敏度实验中，海洋性大陆区域和西太平洋海气耦合强度较大。

上述研究都在一定程度上肯定了资产价格均值回归特征的共性，即：一致性的短期内价格尖峰，非对称的均值回归，衰退期周期长度大于繁荣期周期长度的波动趋势等。但具体到碳交易市场价格均值回归的振幅和周期，却没有任何文献给予现成的答案。

本章的结构安排如下：除第一部分外，第二部分介绍了研究方法，包括揭示时间窗口（滞后期）$L>30$的强周期性波动规律的功率谱技术，嵌入维数$M\leqslant 30$的弱周期性规律的奇异谱技术，以及研究耦合周期与耦合振幅的奇异交叉谱技术；第三部分选取欧盟碳排放交易第Ⅱ、第Ⅲ阶段[①] EUA现货月度均价、WTI原油现货价格指数和欧元区制造业采购经理指数（PMI）月样本数据进行了均值回归周期、振幅以及耦合周期的实证研究；第四部分讨论了研究结论的正确或误判。

---

① 由于已证实第Ⅰ阶段并不存在均值回归，故未选用第Ⅰ阶段数据。

10.1　功率谱、奇异谱与奇异交叉谱的应用原理

10.1.1　功率谱估计

本章的研究采用经典谱估计中的自相关法，它可由维纳—辛钦公式经自相关函数[①]进行傅里叶变换间接获得，本质上是对自相关法进行插值，信号方差较大，分辨率较高。

设 $x(t)$ 是稳定的功率信号，T 是有限值，截断信号 $x_T(t)$ 经过傅里叶变换得到函数 $F(x_T(t))$，ω 表示频率，则有：

$$F(x_T(t))=F_T(\omega) \tag{10-1}$$

用 E_T 表示时间信号的归一化能量函数，$|F_T(\omega)|^2$ 为能量谱密度，则有：

$$E_T=\int_{-\infty}^{\infty}x_T^2(t)\,dt=\frac{1}{2\pi}\int_{-\infty}^{\infty}|F_T(\omega)|^2\,d\omega \tag{10-2}$$

若 $S(\omega)$ 表示信号 $x(t)$ 的功率谱密度，P 为平均功率，那么当 $T\to\infty$，$\frac{|F_T(\omega)|^2}{T}$ 趋近于极限值 $S(\omega)$。信号的能量谱密度或功率谱密度沿整个频率轴的积分等于信号的能量或功率。

$$P=\lim_{T\to\infty}\frac{1}{2T}\int_{-T}^{T}x^2(t)\,dt=\frac{1}{2\pi}\lim_{T\to\infty}\frac{|F_T(\omega)|^2}{2T}d\omega \tag{10-3}$$

$$S(\omega)=\lim_{T\to\infty}\frac{|F_T(\omega)|^2}{2T} \tag{10-4}$$

---

① 该方法利用有限长度数据估计自相关函数，再对该自相关函数求傅里叶变换，从而得到谱的估计。

$$P=\frac{1}{2\pi}\int_{-\infty}^{\infty}S(\omega)\,d\omega \tag{10-5}$$

根据维纳—辛钦定理，自相关函数与功率谱密度互为傅里叶变换。信号的自相关函数为 $R(\tau)$，其计算方法为：

$$R(\tau)=\int_{-\infty}^{\infty}S(\omega)\cos(\omega\tau)\,d\omega \tag{10-6}$$

$$S(\omega)=\frac{1}{\pi}\left(1+2\sum_{k=1}^{m}R_k\cos(\omega k)\right) \tag{10-7}$$

取最大落后步长 $\tau=L$，自相关系数可表示为：

$$\rho(\tau)=\frac{1}{n-\tau}\sum_{t=1}^{n-\tau}\left(\frac{x_t-\bar{x}}{\sigma_x}\right)\left(\frac{x_{t+\tau}-\bar{x}}{\sigma_y}\right) \tag{10-8}$$

通过周期的显著性检验，可分辨可能存在的“隐周期问题”。原假设为信号谱是某一非周期性的随机过程谱。样本中某一频率对应谱估计值与假设过程的平均谱估计值之比服从卡方分布，自由度为 $\frac{2n-L/2}{L}$。如果信号的首个落后时刻的自相关系数接近 0 或者小于 0，那么该信号谱为白噪声谱；如果序列的首个落后时刻的自相关系数大于 0，则为红噪声谱。

$$\chi^2=\frac{S_k}{\bar{S}}\times\frac{2n-L/2}{L} \tag{10-9}$$

式中，S_k 和 $\bar{S}$ 分别表示所检验谱峰对应谱估计值和样本平均谱估计值。

白噪声谱的平均谱估计值计算公式为：

$$\bar{S}=\frac{1}{2L}(S_0+S_L)+\frac{1}{L}\sum_{i=1}^{L-1}S_i \tag{10-10}$$

红噪声谱的平均谱估计值计算公式为：

$$\bar{S}=\left[\frac{1}{2L}(S_0+S_L)+\frac{1}{L}\sum_{i=1}^{L-1}S_i\right]\left[\frac{1-R^2(1)}{1+R^2(1)-2R(1)\cos\left(\frac{\pi k}{L}\right)}\right] \tag{10-11}$$

检验不同周期的显著性需要计算卡方分布 95%置信度的上限阈值。如果

S_k 大于上限阈值 $\bar{S}\times\frac{\frac{\chi_\alpha^2}{2n-L/2}}{L}$，那么拒绝原假设，该信号存在显著性周期。

10.1.2　奇异谱估计

由于功率谱估计无法识别弱势周期，因此，本书采用奇异谱估计[①]分析识别短期的、弱势周期。分析识别短期的、弱势周期是奇异谱最主要的优势，且不需要求信号具有正弦特征。这正好弥补了功率谱无法兼顾高频和低频估计的缺陷。此外，奇异谱分析还可强化优势周期，去除伪周期值，抑制干扰性频率。

奇异谱估计过程可分为三步，具体过程如下：

10.1.2.1　确定最优嵌入维数

嵌入窗口长度对奇异谱估计结果影响十分重要，选择最优嵌入维数可以避免伪谱峰误导周期特征的辨识。本书选取改进的 Cao 算法确定最优嵌入维数，该算法在测度过程中可避免主观判断或试错导致的嵌入维数误差，能提升测度的有效性、稳定性和准确性。

改进的 Cao 算法基于相空间重构理论，适用于求解混沌系统的嵌入维数。该算法中包括 E_1 和 E_2 两个变量，a(i，M) 为相空间中的点在各嵌入维数条件下的最近邻点的距离变化值，表达式如下：

$$a(i,M)=\frac{\|X_i(M+1)-X_{n(i,M)}(M+1)\|}{\|X_i(M)-X_{n(i,M)}(M)\|} \tag{10-12}$$

$$E(M)=\frac{1}{N-M\tau}\sum_{i=1}^{N-M\tau}a(i,M) \tag{10-13}$$

$$E_1(M)=\frac{E(M+1)}{E(M)} \tag{10-14}$$

① 奇异谱分析（SSA）方法最早由 colebrook 于 1978 年提出，并在海洋学研究中加以应用。

$$E_2(M)=\frac{E^{\tau}(M+1)}{E^{\tau}(M)} \tag{10-15}$$

$$E^{\tau}(M)=\frac{1}{N-M\tau}\sum_{i=1}^{N-M\tau}\|X_{i+M\tau}(M)-X_{n(i,M)}(M)\| \tag{10-16}$$

式中，τ 表示延迟时间，对离散数据通常取 1。$E(M)$ 表示相空间各点在嵌入维数为 M 的最近邻点距离变化率的平均值，$E^{\tau}(M)$ 表示相空间各点在嵌入维数为 M、延时为 τ 的最近邻点距离变化的平均值。$X_t(M)$ 和 $X_{n(i,M)}(M)$ 分别表示嵌入维数为 M 的第 i 个重构空间向量和最邻近向量。

E_1 的变动受维数和延迟时间影响，若 E_1 趋于稳定，停止变化，且不随着维数增加而变动，说明该维数为最佳嵌入维数，且该信号为混沌序列；若 E_1 随着嵌入维数的增加而逐步增大，那么该序列为随机序列。实际操作中，判断 E_1 稳定值对应的维数，过于主观，误差较大。对于变量 E_2，如果 E_2 恒等于 1，那么该序列为随机序列；否则，E_2 在 1 上下振荡，那么该序列具有混沌序列特征。一般而言，通过 E_2 可以判断序列的随机性或混沌特征，通过 E_1 可确定最佳嵌入维数。与传统 Cao 算法不同，在改进的 Cao 算法中，E_1 振荡波动比较常见，设定波动程度的上限阈值 e，可高效率确定嵌入维数 d_i。

$$d_i=|E_1(i)-E_1(i+1)| \tag{10-17}$$

首先初步设定阈值 e，寻找第一个 $d_i<e$ 对应的下标 u，计算 $d_k=\max(d_i)$；$u\leqslant i\leqslant N-1$。重新设置阈值 $e=\frac{1}{N-j}\sum_{i=j}^{i=N-1}d_i$。如果 $d_i>d_{i+1}>d_{i+2}$，$j\leqslant i\leqslant N-2$，$d_{i+1}<e$，那么最优嵌入维数等于 $i+1$。

对于一维时间序列 X，嵌入得到如下时滞轨迹矩阵 $[X_1, X_2, \cdots, X_{N-M+1}]$，其中 $X_i=(x_i, \cdots, x_{i+M-1})'$。嵌入维数为固定值，通常 $2\leqslant M\leqslant\frac{N}{3}$。

$$X=(x_{ij})_{i,j=1}^{M,N-M+1}=\begin{pmatrix} x_1 & x_2 & \cdots & x_{N-M+1} \\ x_2 & x_3 & \cdots & x_{N-M+2} \\ \cdots & \cdots & \cdots & \cdots \\ x_M & x_{M+1} & \cdots & x_N \end{pmatrix} \tag{10-18}$$

矩阵 X 的滞后协方差是 T_x，那么该矩阵为对称的非负 Toepliz 矩阵，其特征值为 $\lambda_1 \geqslant \lambda_2 \geqslant \cdots \geqslant \lambda_n \geqslant 0$。

10.1.2.2　SVD 分解，获取特征值

计算 XX^T 特征值 $\lambda_1 \geqslant \lambda_2 \geqslant \cdots \geqslant \lambda_n \geqslant 0$。

$$X = X_i + X_2 + \cdots + X_d \tag{10-19}$$

$$V_i = X^T E_i / \sqrt{\lambda_i} \tag{10-20}$$

$$X_i = \sqrt{\lambda_i}\, E_i V'_i \tag{10-21}$$

$$x_{i+j} = \sum_{k=1}^{M} a_i^k E_j^k,\ i \leqslant j \leqslant M \tag{10-22}$$

$$d = \max(i,\ \lambda_i > 0) \tag{10-23}$$

其中，$\sqrt{\lambda_i}$ 为奇异值。特征向量 E_i 为经验正交函数 T-EOF；V_i 为主成分；原序列在第 k 个正交函数 E_k 上的投影系数为 d^k_i，即为时间主分量 T-PC；($\sqrt{\lambda_i}$，U_i，V_i)表示特征向量。方差最大的坐标对应第一个奇异向量，方差次大的坐标对应第二个奇异向量。较大的特征值 λ_i 对应信号特征成分，较小的特征值对应信号中的噪声成分。此外，数值接近的特征值成对出现，表示该序列存在显著的周期成分。由此可进行特征向量重构判断相应的周期振荡现象。

10.1.2.3　分组与重构

（1）分组：根据特征值的大小，将 X_i 分成不同小组，并将组内矩阵相加得到 X_U，且 $X_U = X_{i_1} + X_{i_2} + \cdots + X_{i_U}$，$X = X_{U_1} + X_{U_2} + \cdots + X_{U_M}$。其中，根据特征值占比判断矩阵 X_U 的贡献率，计算得到 $\sum_{i \in U} \lambda_i / \sum_{i=1}^{d} \lambda_i$。

（2）重构序列 RC。分组后的序列 X_U 反映原始信号的波动特征，重构本质上是用 RC 序列代替 PC 序列，将数据点恢复为 N 个，精确同步原序列的活动特征，实现降噪过滤功能。第 k 个 T-EOF 和 T-PC 重构得到 k 阶成分 RC，重构过程表达式如下：

$$(RC)_i=\frac{1}{i}\sum_{j=1}^{i}a_{i-j+1}^{k}E_j^k,\ 1\leqslant i\leqslant M-1 \tag{10-24}$$

$$(RC)_i=\frac{1}{M}\sum_{j=1}^{M}a_{i-j+1}^{k}E_j^k,\ M\leqslant i\leqslant N-M+1 \tag{10-25}$$

$$(RC)_i=\frac{1}{N-i+1}\sum_{j=i-n+M}^{M}a_{i-j+1}^{k}E_j^k,\ N-M+2\leqslant i\leqslant N \tag{10-26}$$

式中，E_j^k 表示 X 矩阵经过 SVD 分解得到第 k 阶成分第 j 个重构分量 T-EOF，a_i^k 表示原序列 X_{i+j} 在正交函数 E_j^k 上的第 k 阶投影系数 T-PC。可截取其中贡献率较高的成分近似原始信号。

10.1.3 奇异交叉谱

奇异交叉谱（SCSA）[①] 是分析信号周期波动影响因素和一致性过程的有效工具，可通过分解和重构周期成分分量，确定不同信号振荡的耦合关系和方差贡献率。相比经典交叉谱仅限于从频域测度两个信号周期耦合程度与传导关系，奇异交叉谱可从频域和时域同时测度两个不同信号的变动情况。不仅如此，与奇异谱估计不同，奇异交叉谱估计过程对嵌入维数 M 敏感程度减弱，准确性和稳定性更高。

奇异交叉谱分两步完成，具体过程如下：

第一步，对平稳时间序列 $\{x_t\}$，$(t=1,\ 2,\ \cdots,\ N_x)$ 和 $\{y_t\}$，$(t=1,\ 2,\ \cdots,\ N_y)$ 求解交叉协方差矩阵，并进行奇异值分解（SVD），得到组合序列。对序列 $\{x_t\}$、$\{y_t\}$ 排列为矩阵 $X_{m\times N}$ 和 $Y_{n\times N}$，如下所示：

① 丁裕国于 1999 年在《奇异交叉谱分析及其在气候诊断中的应用》中提出了奇异交叉谱分析方法。

$$X_{m\times N}=\begin{pmatrix} x_1 & x_2 & \cdots & x_N \\ x_2 & x_3 & \cdots & x_{N+1} \\ \cdots & \cdots & \cdots & \cdots \\ x_m & x_{m+1} & \cdots & x_{N_x} \end{pmatrix} \tag{10-27}$$

$$Y_{n\times N}=\begin{pmatrix} y_1 & y_2 & \cdots & y_N \\ y_2 & y_3 & \cdots & y_{N+1} \\ \cdots & \cdots & \cdots & \cdots \\ y_n & y_{n+1} & \cdots & y_{N_y} \end{pmatrix} \tag{10-28}$$

求解交叉协方差矩阵 $\sum_{xy}$，并对交叉协方差矩阵进行奇异值分解，则存在正交向量 $L=(l_1, l_2, \cdots, l_m)$ 和 $G=(g_1, g_2, \cdots, g_n)$ 构建序列 A_t、B_t，满足如下方程：

$$A_t=L'X,\ B_t=G'Y \tag{10-29}$$

$$L'\sum_{xy}G=\begin{pmatrix} \Lambda & 0 \\ 0 & 0 \end{pmatrix} \tag{10-30}$$

式中，正交条件为：

$$LL'=I,\ GG'=I \tag{10-31}$$

A_t 和 B_t 之间协方差最大化，可得到：

$$Cov(A_t, B_t)=L'\sum_{xy}G=\max \tag{10-32}$$

式中，$A_t=[a_1(t'), a_2(t'), \cdots, a_q(t')]'$，$t=1, 2, \cdots, N$；$B_t=[b_1(t'), b_2(t'), \cdots, b_q(t')]'$，$q\leqslant \min(m, n)$；$\Lambda=diag(\sigma_1, \sigma_2, \cdots, \sigma_q)$，且奇异值满足 $\sigma_1\geqslant\sigma_2\geqslant\cdots\geqslant\sigma_p$。第 i 对奇异向量所表示的协方差部分占总协方差的百分率为 $P=\sigma_i^2/\sum_{i=1}^{r}\sigma_i^2$。

第二步，重构耦合振荡分量序列，获取耦合周期和振幅。重构过程如下：

$$x_t^{(k)}(1\leqslant k\leqslant q)=\begin{cases}\frac{1}{m}\sum_{i=1}^{m}l_{ki}a_{k,t-i+1}, & m\leqslant t\leqslant N-m+1\\ \frac{1}{t}\sum_{i=1}^{t}l_{ki}a_{k,t-i+1}, & 1\leqslant t\leqslant m-1\\ \frac{1}{N-t+1}\sum_{i=t-N+m}^{m}l_{ki}a_{k}, & N-m+2\leqslant t\leqslant N\end{cases} \tag{10-33}$$

$$y_t^{(k)}(1\leqslant k\leqslant q)=\begin{cases}\frac{1}{m}\sum_{i=1}^{m}g_{ki}b_{k,t-i+1}, & m\leqslant t\leqslant N-m+1\\ \frac{1}{t}\sum_{i=1}^{t}g_{ki}b_{k,t-i+1}, & 1\leqslant t\leqslant m-1\\ \frac{1}{N-t+1}\sum_{i=t-N+m}^{m}g_{ki}b_{k}, & N-m+2\leqslant t\leqslant N\end{cases} \tag{10-34}$$

由前 h 个显著耦合振荡分量可重构原序列，满足如下方程：

$$\begin{cases}x_t=\sum_{k=1}^{h}x_t^{(k)}\\ y_t=\sum_{k=1}^{h}y_t^{(k)}\end{cases} \tag{10-35}$$

10.2 均值回归的长短周期与振幅差异

10.2.1 数据来源

数据来源于 Bloomberg 数据库：EUETS 欧洲气候交易所（ECX）第Ⅱ、第Ⅲ阶段 EUA 现货均价，样本区间为：第Ⅱ阶段子样本为 EUA（2008~2012），时间为 2008 年 3 月~2012 年 12 月；第Ⅲ阶段子样本为 EUA（2013~

2020)，时间为 2013 年 1 月~2017 年 1 月；共 97 个月观察值。耦合关系研究选取 EUA 现货月度均价、原油现货价格指数（WTI）和欧元区制造业采购经理指数（PMI）。分析软件为 MATLAB7.0 和 Eviews6.0。

10.2.2 平稳性检验（Stationary Test）

功率谱估计的前提要求信号序列是平稳性序列，由此对第Ⅱ、第Ⅲ阶段 EUA 月度均价、欧元区制造业采购经理指数（PMI）和 WTI 现货价格指数进行平稳性检验，检验结果如表 10-1 所示。

表 10-1　第 II、第 III 阶段 EUA 平稳性检验结果

序列	ADF 值	P 值	KPSS 值
第Ⅱ、第Ⅲ阶段 EUA 月度均价	−2.796472	0.0626	1.027688
第Ⅱ、第Ⅲ阶段 EUA 月度均价一阶差分	−6.688933	0.0000	0.081400
欧元区制造业采购经理指数（PMI）	−2.416828	0.1399	0.206896
欧元区制造业采购经理指数（PMI）一阶差分	−5.370839	0.0000	0.062201
WTI 原油现货价格指数	−2.557285	0.1056	0.238754
WTI 原油现货价格指数一阶差分	−5.952797	0.0000	0.085400

注：在 5%显著水平下进行。在平稳性检验中，ADF 统计量分别在 5%显著水平下对应的临界值为−2.892536；KPSS 统计量分别在 5%显著水平下对应的临界值为 0.463。

表 10-1 显示：

（1）第Ⅱ、第Ⅲ阶段 EUA 月度均价 ADF 检验的 P 值和 KPSS 值均大于 5%显著水平下临界值，拒绝原假设，原阶序列不平稳。对 EUA 月度均价一阶差分后，ADF 统计量对应 P 值和 KPSS 值均小于 5%显著水平下临界值，因此，一阶差分后 EUA 月度均价是平稳序列。

（2）欧元区制造业采购经理指数（PMI）ADF 检验的 P 值和 KPSS 值均大于临界值 5%，拒绝原假设，原阶序列不平稳。对欧元区制造业采购经理指数（PMI）一阶差分后，ADF 统计量对应 P 值和 KPSS 值均小于 5%显著水平下临界值，因此，一阶差分后欧元区制造业采购经理指数（PMI）是平稳序列。

（3）WTI 原油现货价格指数 ADF 检验的 P 值和 KPSS 值均大于临界值 5%，拒绝原假设，原阶序列不平稳。对 WTI 原油现货价格指数一阶差分后，ADF 统计量对应 P 值和 KPSS 值均小于 5%显著水平下临界值，因此，一阶差分后 WTI 现货价格指数是平稳序列。

据此，选择一阶差分后的第Ⅱ、第Ⅲ阶段 EUA 月度均价、欧元区制造业采购经理指数（PMI）和 WTI 现货价格指数作为样本数据，进行谱估计。

10.2.3 功率谱估计：中长期周期波动与振幅

利用自相关谱估计对第Ⅱ、第Ⅲ阶段 EUA 月度均价一阶差分后进行功率谱分析。尝试设置多个窗口长度（滞后期）L 值，结果显示：只有当 L≥44 时，才出现显著的周期特征。因此，选取 L 值等于 44、49、54，分别估计均值回归的平均中长周期，估计结果的谱密度图如图 10–1~图 10–3 所示。

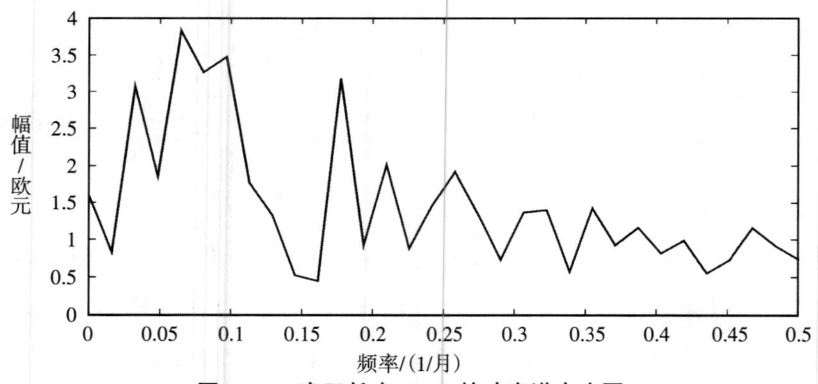

图 10–1　窗口长度 L=44 的功率谱密度图

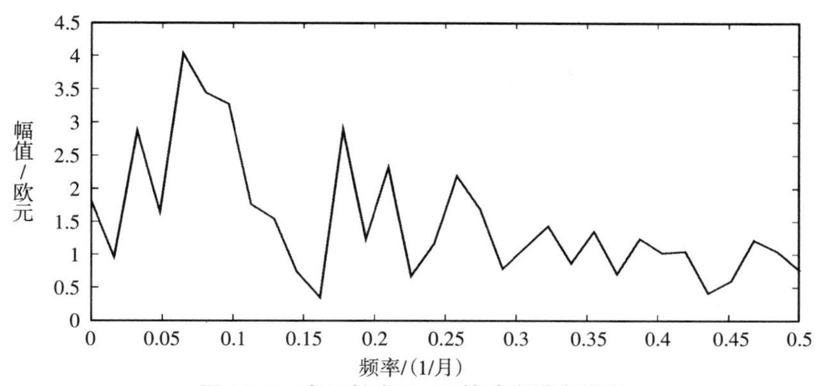

图 10-2　窗口长度 L=49 的功率谱密度图

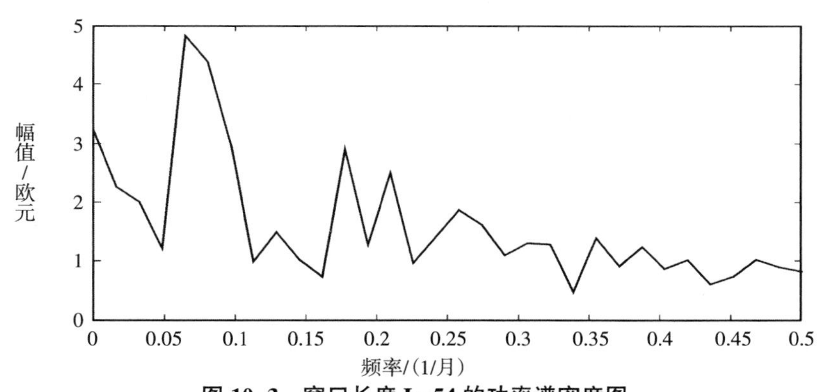

图 10-3　窗口长度 L=54 的功率谱密度图

表 10-2　不同 L 值下周期估计

L 值	第一主峰周期		第二主峰周期		第三主峰周期	
	频率（1/月）	周期	频率（1/月）	周期	频率（1/月）	周期
44	0.06452*	15.4991*	0.09677*	10.3338*	0.1774	5.6370
49	0.06452*	15.4991*	0.1774	5.6370	0.3226	3.0998
54	0.06452*	15.4991*	0.1774	5.6370	0.2097	4.7687

注：谱峰顺序按照频率由低至高排序，* 表示信号周期特征显著。

图 10-1~图 10-3 以及表 10-2 显示：

当 L = 44，在 10%显著水平下，该序列为白噪声过程，上限阈值 S_r 为

3.5776，第一主峰谱估计值 S_k 为 3.838，超过上限阈值，因此拒绝原假设，该信号存在 15.4991 个月的显著周期。第二、第三主峰谱估计值分别为 3.48、3.188，小于上限阈值 3.5776，接受原假设，第三主峰周期特征不显著。谱图中存在三个主峰，主周期峰的振幅依次减弱，且信号的振幅波动范围为[0.4485，3.838]。

当 L=49，该序列为白噪声过程，上限阈值 S_r 为 3.7073，第一、第二、第三主峰谱密度值分别为 3.837、3.508 和 3.188，在 10%的显著水平下，仅第一主峰谱密度值大于上限阈值，拒绝原假设，说明 15.4991 月为该信号振荡周期。其中，存在一个明显尖峰，且振幅均在 4.5db 以上，其他幅值较小的谱峰可能是由于较大的滞后期导致的信号泄露，可能存在“伪峰”，总体信号振幅的范围是［0.4735，4.823］。

综上所述，在不同滞后期 L 下，随着 L 的增加，信号振幅范围逐渐扩大，减小 L 值可以使谱线平滑，但也会降低信号分辨率。本书提取的 EUA 现货均值回归的平均周期约为 15.4991 个月。

10.2.4 奇异谱分析：弱周期波动与振幅

第一，确定最优嵌入维数。通过改进的 Cao 算法测算出最优嵌入维数 M 的取值范围为［1，60］，阈值 e=0.0055。

图 10-4 显示：随着嵌入维数 M 增加，E_2 在 1 附近振荡，且 E_1 和 E_2 收敛于 1。由此判断该信号为混沌信号。当 M=31 时，E_1 趋于稳定且波动率小于阈值，说明 31 为最优嵌入维数。

第二，获取特征值。选取窗口长度 M=31，进行奇异谱估计，得到特征值[①] 分布如图 10-5 所示。

① 特征值分别表示信号不同阶数的主成分，特征值较小的成分反映噪声项。

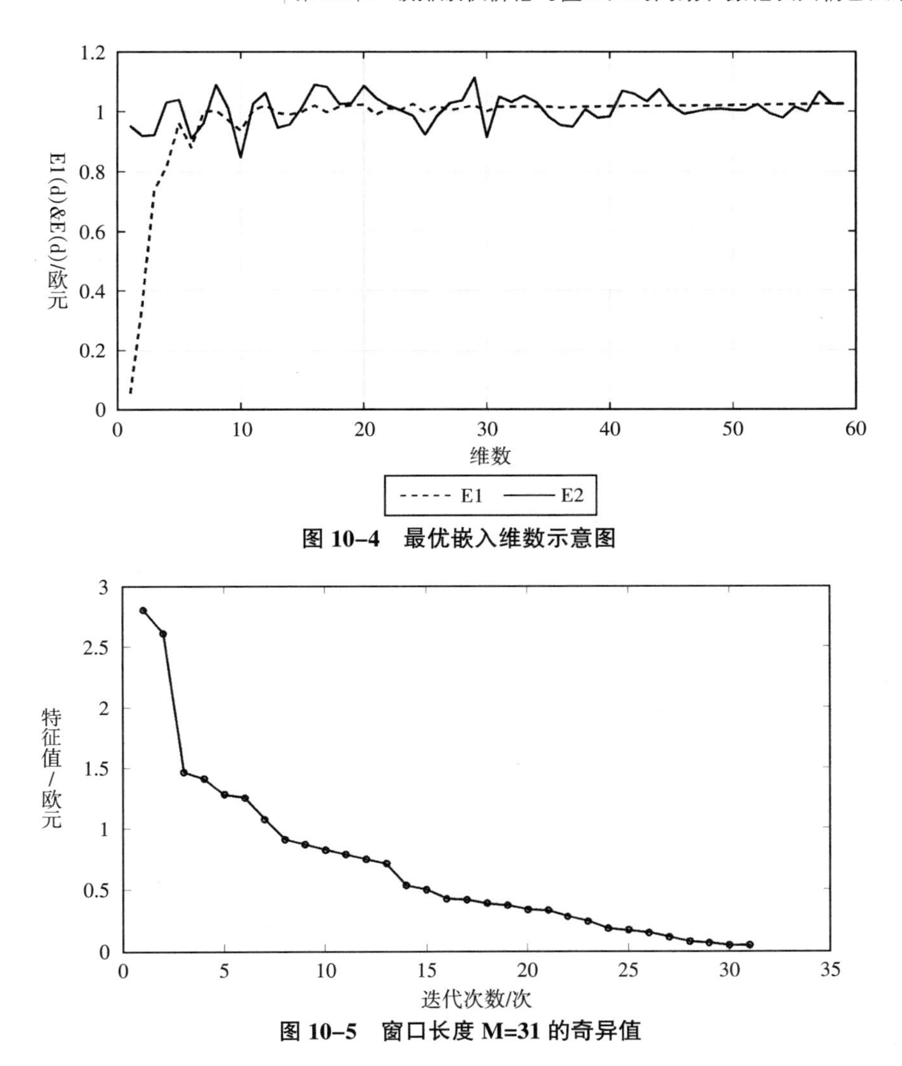

图 10-4　最优嵌入维数示意图

图 10-5　窗口长度 M=31 的奇异值

图 10-5 显示：32 个特征值从左到右下滑，在第 25 个特征值之后趋于平缓，其平缓部分表示噪声趋势，不予考虑。奇异值分解可提取 1~13 个特征向量，累积方差贡献率达到 71.3426%，超过 70%的信号波动特征，由此可反映主要的周期模态，分析结果如表 10-3 所示。

奇异值分解得到信号成分 T-EOF 和 T-PC，成对特征向量变动趋势如图 10-6 及图 10-7 所示。

表 10-3　特征值分析结果

特征向量	特征值	方差贡献率	累积方差贡献率	谐波对	谐波对耦合度
1	2.807068	0.130797	0.130797	1~2	0.3162
2	2.611346	0.121677	0.252474		
3	1.465345	0.068279	0.320753	3~4	0.9431
4	1.411204	0.065756	0.386509		
5	1.283665	0.059813	0.125569	5~6	0.9532
6	1.260092	0.058715	0.505037		
7	1.079946	0.050321	0.555358		
8	0.910374	0.042419	0.597777	8~9	0.7806
9	0.868218	0.040455	0.638233		
10	0.825977	0.038487	0.676719	10~11	0.7920
11	0.787766	0.036706	0.713426		
12	0.748602	0.034882	0.748308	12~13	0.6401
13	0.711507	0.033153	0.781461		

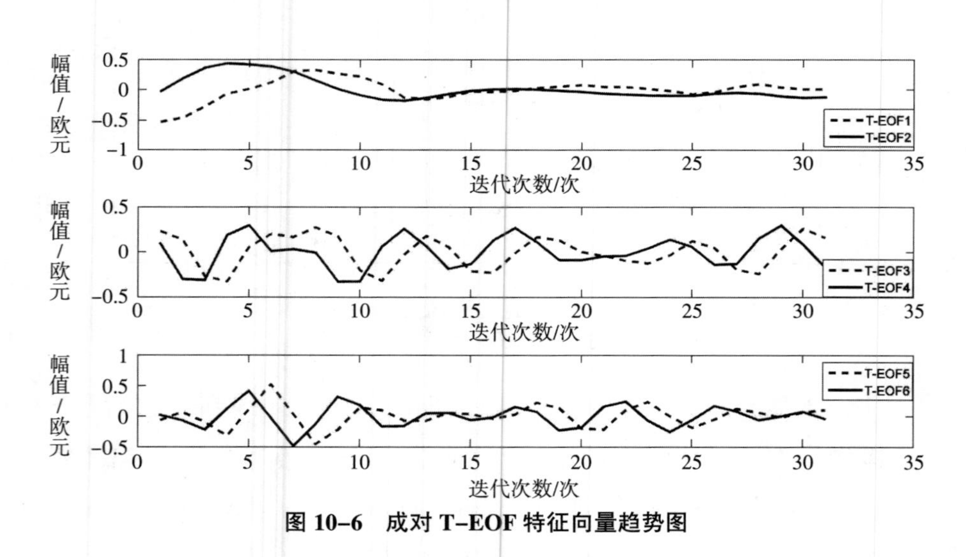

图 10-6　成对 T-EOF 特征向量趋势图

若出现一个显著周期，那么同时对应存在一对数值接近的特征值。第 1~2 特征向量反映序列波动趋势，周期信号不显著，说明价格波动存在弱周

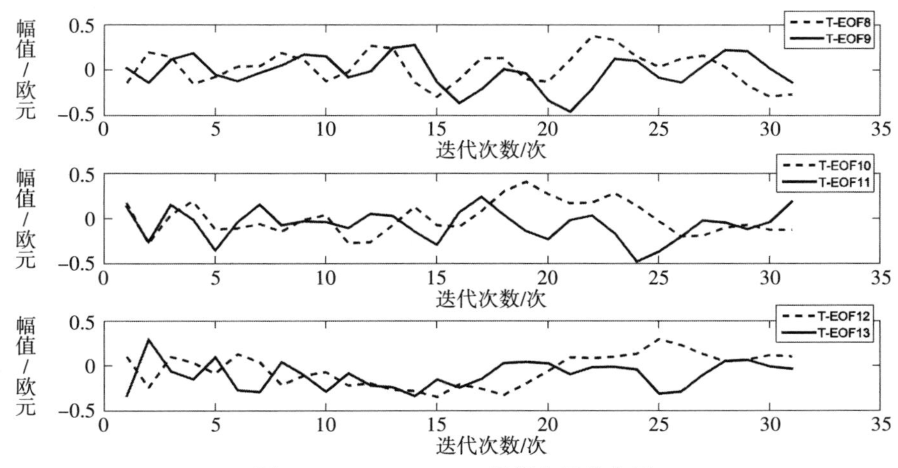

图 10-7　T-EOF1-13 特征向量分布图

期性特征。第 3~4、第 5~6 特征向量形态变化相似度高，谐波对耦合度均大于 90%，振荡剧烈。第 8~9、第 10~11、第 12~13 特征向量耦合度略低，但均在 70%以上。

第三，信号重构，分别将第 1~2、第 3~4、第 5~6、第 8~9、第 10~11、第 12~13 主分量 RC 信号重构得到序列 RC1-2、RC3-4、RC5-6、RC8-9、RC10-11、R12-13，如图 10-8 及图 10-9 所示。

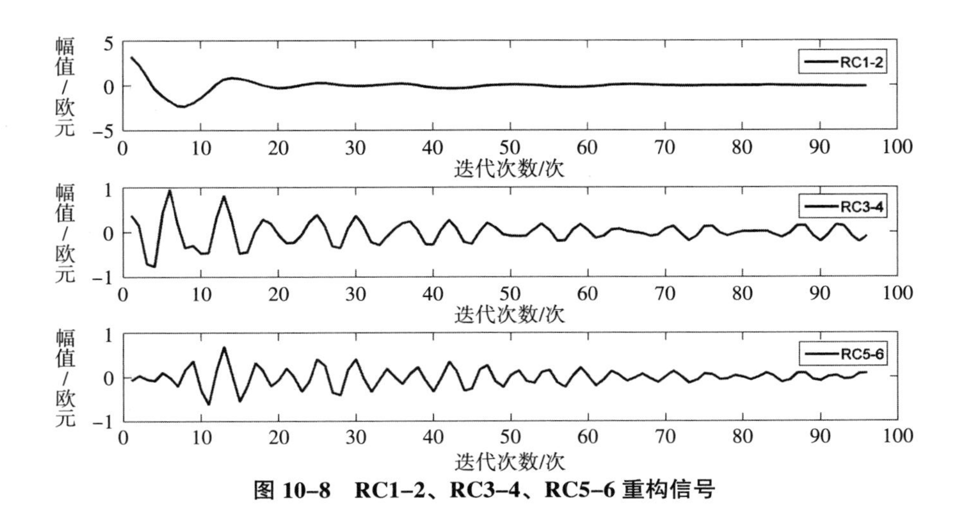

图 10-8　RC1-2、RC3-4、RC5-6 重构信号

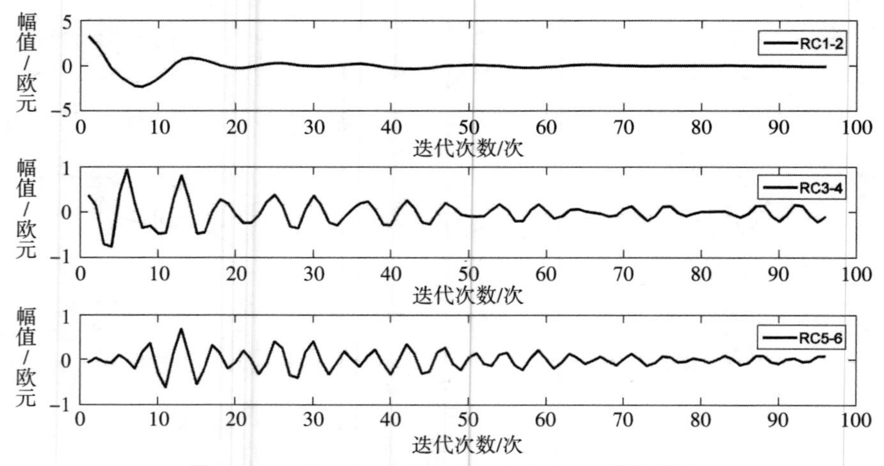

图 10-9　RC8-9、RC10-11、RC11-12 重构信号

表 10-4　奇异谱估计重构序列周期特征分析结果

序号	重构序列	准周期（月）	方差贡献率（%）
1	RC1-2	12	25.2474
2	RC3-4	6.3	13.4035
3	RC5-6	4.1	11.8528
4	RC8-9	4.7	8.2875
5	RC10-11	4.5	7.5193
6	RC12-13	3	6.8035

表 10-4 显示，重构序列表征 EUA 现货月度均价的主要周期振荡模态，总拟合率达到 73.114%。

表 10-5　奇异谱估计重构序列振幅分析结果

周期分量（月）	重构序列	振幅区间	最大值	最小值
12	RC1-2	[-2.296, 3.268]	2008 年 3 月	2008 年 10 月
6.3	RC3-4	[-0.7586, 0.9596]	2008 年 8 月	2008 年 6 月
4.1	RC5-6	[-0.6202, 0.7003]	2009 年 3 月	2009 年 1 月
4.7	RC8-9	[-0.3227, 0.3025]	2012 年 5 月	2011 年 5 月
4.5	RC10-11	[-0.2922, 0.2748]	2008 年 5 月	2011 年 10 月
3	RC12-13	[-0.469, 0.461]	2008 年 5 月	2008 年 4 月

表 10–5 显示：重构序列信号振幅具有显著的年际和年代变化特征。不同周期分量下，振幅的最大值和最小值均出现在 2008~2009 年以及 2011~2012 年，可基本确定为次贷危机和欧债危机的影响。长周期分量下，振幅波动区间越大，振荡越显著。

2008 年 3 月~2009 年 6 月信号振幅较强，2011 年 3 月~2013 年 1 月间存在振幅第二次增强的过程，振幅总体上趋势是逐渐减弱的。从时变特征看出，2008 年 3 月~2009 年 6 月，12 个月周期分量振荡信号相对较强，幅值范围较大，占主导地位；2013 年 2 月~2016 年 3 月，4.7 个月周期分量振荡幅值较大，作用程度较主导；中间阶段，4~6 个月周期分量起主要作用。3 个月周期分量基本只作用于 2008 年 3 月~2009 年 1 月。

10.3　EUA 现货价格与 WTI 及 PMI 耦合周期与耦合振幅

对耦合周期和耦合振幅的研究，本书选取了代表能源市场 WTI 原油价格指数与代表欧盟市场经济走势的 PMI 指数。依据是：在此之前，研究者通过经典交叉谱分析发现 WTI 原油价格指数、PMI 指数是 EUA 月度均价的重要影响因素，二者与 EUA 价格存在显著的周期传导关系。三者的信号相互关系如表 10–6 所示。

表 10–6　EUA 价格、WTI 指数、PMI 指数三者间信号相互关系

指标	EUA 价格—WTI 原油价格指数	EUA 价格—PMI 指数	PMI 指数—WTI 原油价格指数
周期	31.0895	39.3683	36.9165
振幅	4.724	1.208	8.721
凝聚	0.7172	0. 7971	0.8487
相位	–0.5783	–0.552	0.06594
时差（周期 × 相位/2π）	2.8615	3.4586	0.3874

表 10-6 显示：在经典交叉谱估计下，在周期长度为 31.0895、39.3683 和 36.9165 月中，EUA 价格滞后于 WTI 原油价格指数 2.8615 个月，滞后于 PMI 指数 3.4586 个月，WTI 原油价格指数略滞后于 PMI 指数 0.3874 个月，耦合程度均达到 70%以上。故推定 WTI 原油价格指数、PMI 指数均与 EUA 价格波动存在周期传导与周期耦合关系。取嵌入维数 M=30，耦合关系效果最佳。

10.3.1 EUA 现货价格与 WTI 原油价格指数的耦合周期与耦合振幅

EUA 现货价格和 WTI 原油价格指数经过奇异交叉谱分解后，得到前 5 对特征向量，对原始信号总拟合率达到 70%以上。

表 10-7 M=30 识别 EUA 现货价格和 WTI 原油价格指数耦合振荡信号

第 X 对奇异向量	1	2	3	4	5
左右耦合相关系数	0.8443	0.8263	0.8586	0.8289	0.6804
周期（月）	12	4	6	4	3
方差贡献率（%）	30.7266	15.4638	10.9792	8.2031	5.9638
累积方差贡献（%）	71.3665	—	—	—	—

表 10-7 显示：前 5 对特征向量分别代表 5 种耦合周期振荡模态，其中，第 1 对特征向量表示约 12 个月耦合周期振荡模，第 2、第 4 对特征向量表示约 4 个月耦合周期振荡模，第 3 对特征向量表示约 6 个月耦合周期振荡模，第 5 对特征向量表示约 3 个月耦合周期振荡模。相同周期耦合系数均在 60%以上。

为了在不同耦合分量下讨论耦合周期和振幅，对前 5 对特征向量进行序列重构，将第 1 对特征向量合并，重构为 12 个月耦合分量；将第 2、第 4 对特征向量合并，重构为 4 个月耦合分量；将第 3 对特征向量合并，重构为 6

个月耦合分量；将第 5 对特征向量合并，重构为 3 个月耦合分量。

根据周期振荡分量的时间演变特征，SCSA（Singular Cross-Spectrum Analysis）法对弱耦合周期特征分辨能力较强，耦合关系随着时间推移而发生变化，表现出不同耦合分量下相关信号耦合振荡振幅不同，可解读信息量较大，如图 10-10、图 10-11 所示。

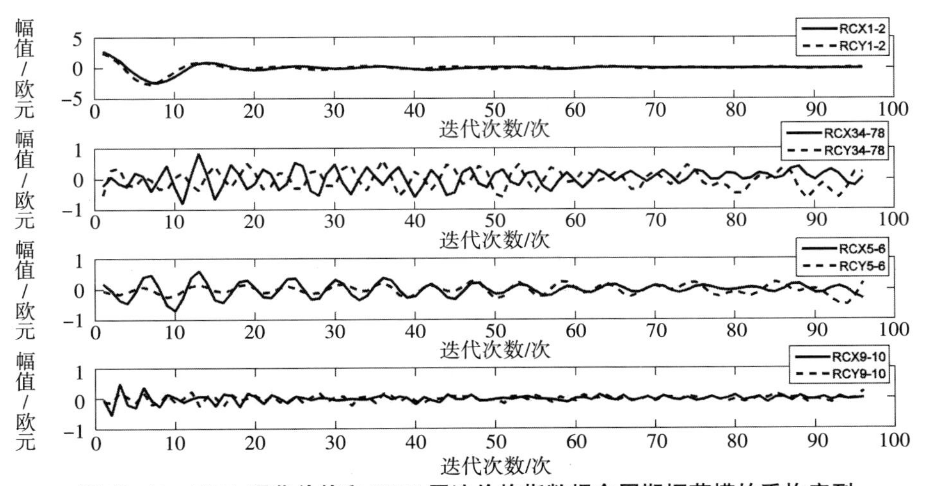

图 10-10　EUA 现货价格和 WTI 原油价格指数耦合周期振荡模的重构序列

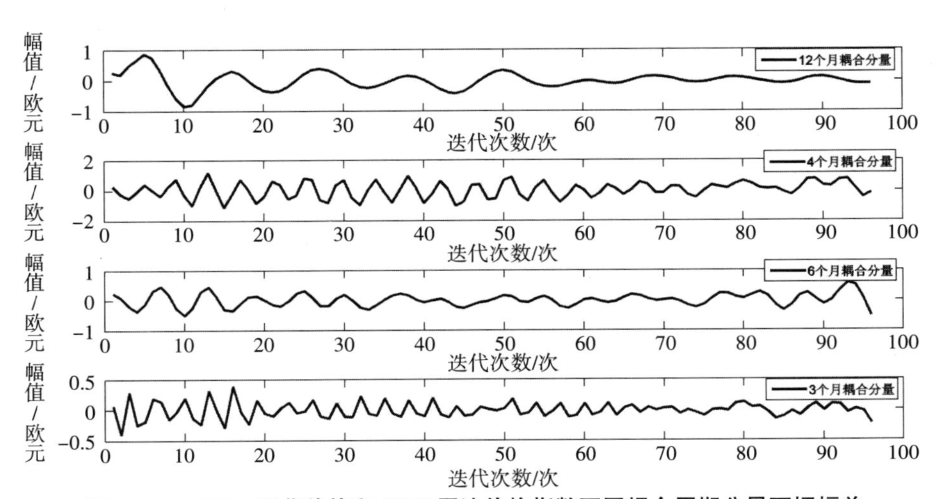

图 10-11　EUA 现货价格和 WTI 原油价格指数不同耦合周期分量下振幅差

2008 年 3 月~2009 年 3 月，12 个月的耦合周期分量下 EUA 现货价格与 WTI 原油价格指数振幅较强，耦合振幅小于 0；2009 年 4 月~2016 年 3 月 EUA 现货价格与 WTI 原油价格指数以 4 个月、6 个月的周期性振荡为主，4 个月周期在耦合作用中振幅略大于 6 个月，3 个月的耦合周期振荡信号最弱，耦合振幅在 0 上下。2011~2012 年，EUA 现货价格和 WTI 指数耦合振幅波动区间明显小于 2008~2009 年。

10.3.2 EUA 现货价格和 PMI 指数耦合周期与耦合振幅

EUA 现货价格和 PMI 指数经过奇异交叉谱分解后，得到前 4 对特征向量，两者相互耦合的主要周期模态如表 10–8 所示。

表 10–8 M=30 识别 EUA 现货价格和 PMI 指数耦合振荡信号

第 X 对奇异向量	1	2	3	4
左右耦合相关系数	0.9136	0.8212	0.7917	0.7478
周期（月）	11	6	6	4
方差贡献率（%）	36.2679	15.9738	10.6007	8.6889
累积方差贡献（%）	71.5313	—	—	—

表 10–8 显示：第 1 对特征向量反映约 11 个月周期振荡模，第 2、第 3 对特征向量表征约 6 个月周期振荡模，第 4 对特征向量表征约 4 个月周期振荡模，方差贡献率依次为 36.2679%、15.9738%、10.6007%、8.6889%。

在 96 个月内，EUA 现货价格和 PMI 指数周期耦合程度较高，且存在时变特征，如图 10–12、图 10–13 所示。

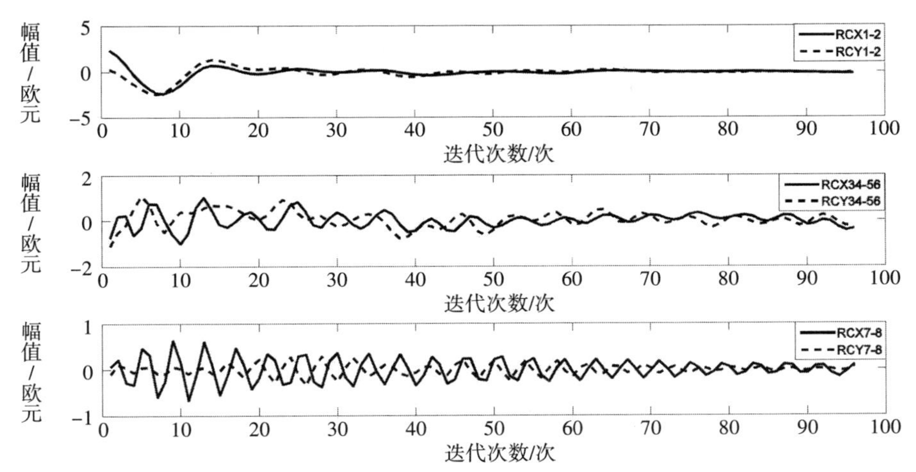

图 10-12　EUA 现货价格和 PMI 指数耦合周期振荡模的重构序列
（RCX：EUA 现货价格重构序列；RCZ：PMI 指数重构序列）

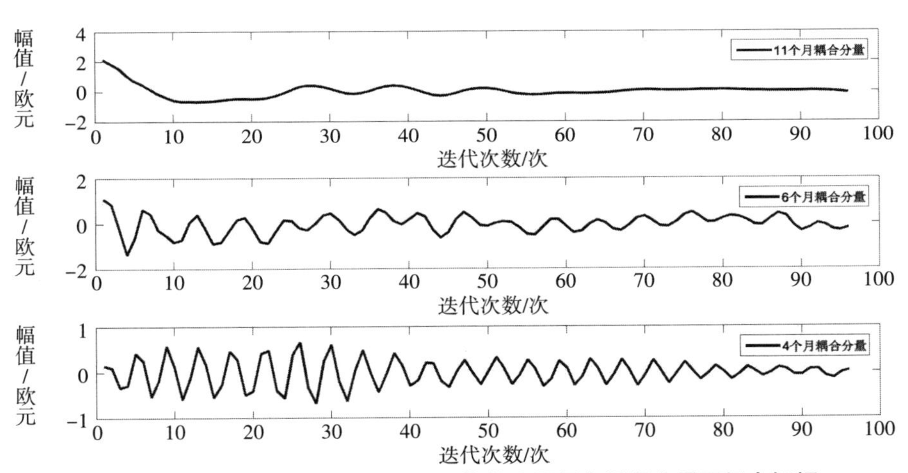

图 10-13　EUA 现货价格和 PMI 指数不同耦合周期分量下耦合振幅

2008年 3 月~2009 年 3 月，11 个月的 EUA 现货价格和 PMI 指数耦合周期分量下两个信号的振幅较大，2009 年 3 月~2016 年 3 月两个信号在4个月、6个月的耦合周期分量下振幅较大。在 11 个月的耦合周期分量下，2008 年3 月~2008 年 9月 EUA 现货价格和 PMI 指数耦合振幅均大于 0，为［0.1958，0.8843］、［0.1652，2.134］；此后出现反转。在 4 个月、6 个月的耦合周期分量下，EUA 现货价格和 PMI 指数耦合振幅在 0 上下振荡，耦合振幅波动区间逐步缩小。2011~2012 年，EUA 现货价格和 PMI 指数耦合振幅波动区间明显小于 2008~2009 年。

10.4 本章小结

（1）采用功率谱估计捕捉到 EUA 现货价格第Ⅱ、第Ⅲ阶段均值回归中长期周期变化。在第Ⅱ、第Ⅲ阶段 EUA 现货价格波动中提取中长周期，为 15.4991 个月。当滞后时间窗口取 44、49 和 54 时，信号的振幅分别为［0.4485，3.838］、［0.3498，4.04］以及［0.4735，4.823］。

（2）采用奇异谱估计 EUA 现货价格均值回归周期，均值回归在第Ⅱ、第Ⅲ阶段呈弱周期变化。在 EUA 现货价格波动中提取到 6 个显著的准周期振荡，依次约为 12 个月、6.3 个月、4.1 个月、4.7 个月、4.5 个月以及 3 个月；信号均值回归振幅极值分别出现在 2008~2009 年和 2011~2012 年。EUA 现货价格均值回归振幅总体呈逐渐减弱趋势，但存在 2008 年 3 月~2009 年 6 月振幅第一次增强，2011 年 3 月~2013 年 1 月间第二次增强的过程，考虑原因可能是受到金融危机和欧债危机的影响。2008 年 3 月~2009 年 6 月，12 个月周期分量振荡信号相对较强，幅值范围较大，占主导地位；2013 年 2 月~2016 年 3 月，4.7 个月周期分量振荡幅值较大，作用程度较主导；2009 年 7 月~2013 年 1 月，4~6 个月周期分量振幅较强。3 个月周期分量基本只作用于 2008 年 3 月~2009 年 1 月。

（3）奇异交叉谱分析得到 EUA 现货价格均值回归周期与 WTI 原油价格指数、PMI 指数耦合周期和耦合振幅为：EUA 现货价格均值回归周期与 WTI 原油价格指数的耦合周期分别为 12 个月、6 个月、4 个月、3 个月，EUA 现货价格与 PMI 指数弱势耦合周期分别为 11 个月、6 个月、4 个月。

在长耦合周期（12 个月和 11 个月）模态下，2008 年 3 月~2008 年 9 月，EUA 现货价格振幅均大于 WTI 指数和 PMI 指数，耦合振幅分别为［0.1958，0.8843］和［0.1652，2.134］；而 2008 年 10 月~2009 年 3 月耦合振幅分别为［–0.8217，–0.1523］和［–0.6462，–0.1205］，EUA 现货价格均值回归振幅小于其他两个信号。这说明 EUA 现货价格在金融危机爆发初期更为敏感，振荡更加剧烈，此后振幅减弱放缓并小于 WTI 指数和 PMI 指数。在所有周期分量下，2011~2012 年，EUA 现货价格和其他两个信号耦合振幅波动区间明显小于 2008~2009 年，这说明欧债危机时期相关信号振荡的一致性强于次贷危机期间。

第11章 基于孤子理论的碳排放权定价

孤子理论是非线性科学三大研究领域[①]中的重要分支，将孤子理论应用于自然科学领域研究已经有了很长历史，但将孤子理论引用到金融领域为碳排放权乃至其他金融资产定价纯属一种开创性的工作，孤子的基本属性使我们有理由来进行这种尝试。

1834年秋，英国造船工程师罗素（J S Russell）在运河河道上看到一个被船所推动的高度为0.3~0.5米，长度约10米的大水包，它以每小时约13千米的速度在水面向前滚动，其大小、形状和速度几乎不变，直到3~4千米后才渐渐消失。根据罗素的经验，该水包既不是水波，也不是激波，于是将其定义为“孤立波”。1895年，荷兰数学家Korteweg和de Vries将J S Russell的理论数学化，建立了“浅水波方程”，但在很长时间内一直没有引起重视。1965年，美国数学家克鲁斯卡尔（M D Kruskal）和扎布斯基（N J Zabusky）对孤立波的KdV方程[②]模拟计算时发现：两个孤立波碰撞后能保持彼此的波形和速度，即孤立波具有非常独特的碰撞稳定性。于是将这种“孤立波”定义为“孤子”。并认为，孤子的形成机制是出于非线性效应和色散效应相互平衡的结果。

在孤立波碰撞的稳定性被证实之后，人们还发现了孤立波的质量特征，

---

① 非线性三大理论是指分形、混沌与孤立子。

② KdV方程是1895年由柯脱维格（Korteweg）和德佛累斯（de Vries）建立的一个非线性偏微分方程。

即遵守动量守恒和能量守恒定律。因此，孤立波就像一个原子或分子。更进一步的研究还表明：孤立子不仅像原子或分子，而且更具备粒子特征，于是研究者将这种具有粒子特征的孤立波定义为孤立子（“孤子”）。这样一来，孤立子就具备了波与粒子的双重属性——“波粒二象性”。此后，孤子理论及应用的研究得到迅速发展，几乎所有的自然科学领域如激光、超导、晶格、位错、等离子体、分子系统、流体动力学、地球科学、生命科学等许多学科都能找到孤子特征。

孤子在金融学中的应用十分缓慢，但一直在断断续续进行。由于孤子兼有波和粒子的双重属性，孤子在经过很长时间碰撞后，除发生小的相位移动外，其振幅和速度并不发生改变，并且能恢复到原有形状。这与金融市场价格波动的均值回归现象十分相似。孤立子的这一非凡特性为我们提供了研究碳排放权定价的依据。但由于非线性微分方程的复杂性，孤立子精确解的求解难度很大。在数学上，孤子属于非线性偏微分方程的一种特殊解。与线性方程不同，非线性方程没有一个统一的求解方法，对线性方程适用的叠加原理并不适合非线性方程。非线性方程通常需要方程中的高阶求解项和非线性项存在一定的平衡关系才能产生孤子解。值得庆幸的是，在孤子理论中蕴藏着一系列构造类方程显示解的方法，这才使我们的研究得以进行，并为孤子理论在金融资产定价中的运用提供了启迪。

关于金融资产的定价已经有相对成熟的理论，经典的主流定价理论如投资组合理论（MPT）、资本资产定价理论（CAPM）、套利定价理论（APT）以及期权定价理论似乎意味着金融资产定价已经很难突破。然而，近年来，以线性范式为主要研究技术的主流定价理论遭遇到前所未有的挑战。在线性范式下，经济系统被解释为由理性人构成的线性的、无摩擦的完美理想系统。完美市场和理性人行为的理论基础是有效市场假说（Efficient Market Hypothesis，EMH），在这一假说条件下，价格是可以实现均衡的。均衡价格通常采用均衡分析（Equilibrium Analysis）的方法让经济系统自行收敛或趋于平衡。应该说，均衡分析法不失为经济理论研究的一种重要方法，它从纷繁芜杂的资产价格形成和变化的诸多影响因素中抽象出一般的价值规律，并形成一个理想状态下的均衡价格。

然而，在线性范式下讨论均衡价格的研究出现了许多与现实完全不符的异象，典型的如：①对价格变化正态性分布的否定，出现了正态性偏离——肥胖的尾部；②对价格行为的非长期记忆性和时间相关性的否定，价格变化之间具有长期记忆性及相关性，因而可以用历史价格记录来预测未来的价格变化；③对标度不变性（自相似性）的认知，物体的局部以某种方式与整体相似，金融市场上资产收益率随时间标度变化呈非线性变化等。

在完美市场、理性人假设、线性范式下的均衡价格研究的缺陷引发了金融界在非线性范式下研究资产定价的探索，典型的如分形和混沌市场理论对经典金融学线性范式的挑战。1994~1996 年，埃德加·E.彼得斯（Edgar E Peters）开创性地证明了资本市场的混沌与分形特征，在分形与混沌市场，价格运动已不再遵循布朗运动而表现为分数布朗运动，即有偏的随机游走；分数布朗运动使得收益率服从分形分布，即尖峰、肥尾和自相似性，并可能存在着无限均值和无限方差；长期记忆性和时间不可逆的存在，预示着基于布朗运动和鞅过程的定价模型的失效；金融资产的标度不变性以及金融收益高阶矩的时变性对解释市场行为模式提出了挑战：人们是否更应该在部分理性、动态均衡的理论体系下搜寻金融资产的中枢价值。这是金融学面临的巨大挑战。

目前，利用孤子理论为金融资产定价还是一片空白。金融孤子的概念的提出是在 2006 年，马金龙和马非特在这方面做出了积极贡献，他们提出了将孤子理论应用于金融研究的思想，并在金融资产价格波动和价格预测上做出了积极的探索，他们的理念和思路具有很好的借鉴意义。但到目前为止，几乎没有人将其应用到金融资产定价。运用孤立子为金融资产定价并非是对传统金融资产定价理论的否定，它只是对经典定价理论所严重依赖的假设条件进行了修正，如果说经典的金融理论对定价的研究是在一个理想化的市场运行特征中进行，那么，用金融物理学的非线性科学方法为金融资产定价就是在一个在现实市场运行特征中进行的研究。

关于碳排放权定价研究最早从一般均衡模型开始，Montgomery（1972）将边际成本引入到碳排放权定价中，认为碳配额的价格可以由边际减排成本决定，边际成本决定了市场的均衡价格；进一步的研究来自 Chao-ning Liao、Hayrional 和 Ming-Hsiang Chen（2009），他们认为消费者的支付意愿和生产者的边际成本共同决定了市场的均衡价格。但目前运用最多的碳定价方法是影子价格法[①] 和期权定价法[②]。影子价格本质上是一种边际价格，通常采用线性规划方法计算在资源得到最优利用时的碳资产价格，它更多考虑的是资产的外部经济因素，对碳排放权的内在价值和定价机制没有要求；期权定价法则认为，任何一种资产的价值都应该是未来现金流价值与选择权的组合，而选择权与碳排放权同属“权利”资产，定价的原理可以一致。但该理论对价格的统计特征和价格涨落的随机过程分析又与碳排放权的价格行为机制格格不入，最大的问题是：两种模型的理论基础都是极度理想化的有效市场假设，这显然不符合碳排放权分形与混沌市场行为特征（杨星、梁敬丽，2017）。由此，针对复杂的、非线性耗散系统的碳排放权市场，研究新的定价技术和方法尤为必要。

本章的研究思路如下：首先，检验碳排放权价格序列的孤子特性以及相互作用的性质，如果能够验证碳价格序列符合孤子运动的规律，就可以依据这一特性，利用孤立子方程为碳排放权定价。其次，构建碳孤子方程。鉴于碳交易市场的混沌与分形特性以及碳价格均值回归的非线性特征，将用非线性方程来描述碳排放权价格的运动规律。再次，对已构建的孤子方程进行 Painleve′ 可积性检验，以确定碳孤子方程是否存在孤子解[③]。最后，求取非线性演化方程的精确解并得出研究结论。

---

① 影子价格由詹恩·丁伯根在 20 世纪 30 年代率先提出，认为：均衡价格是生产要素（产品）内在的真正价值。

② 期权定价模型由费希尔·布莱克（Fisher Black）和迈伦·斯科尔斯（Myron Scholes）共同创立。建模基础是无套利原理，当市场均衡时，收益率等于无风险利率。

③ 如果一个非线性方程不存在可积性，该方程没有精确解。

11.1　碳排放权价格序列的孤子特性

如前所述，孤子波在经过长时间的碰撞、分离、聚合后，其波形和速度最终还会恢复到初始状态，这与碳价格序列均值回归的运动规律极为相似。在金融市场上，金融资产的价格总是围绕某一价值上下波动，我们将这一价值称为中枢价值（或内在价值），无论价格高于或低于这一价值，从长期看它都会向中枢价值回归，这就是我们通常说的价格序列的均值回归现象。作为一种新兴的金融市场，碳交易市场价格自然遵循这一价值运动规律，问题在于我们应该如何去寻求这一价值。

当我们利用金融孤子为碳排放权定价时，首先我们必须证实碳价格序列具有孤子的波形不变性和碰撞的稳定性[①]特征，然后才能使采用非线性发展方程为碳排放权定价成为可能。由于非线性物理尤其是孤立子理论是非常前沿的研究课题，寻找方程的行波解[②]经常会遇到很多困难，有些是非人力所能完成的，因此，本书主要采用符号运算和数值方法等来进行研究。

11.1.1　数据来源与预处理

数据来源：Bloomberg 数据库中 Bluenext 和 ECX 市场中 EUA 现货交易日收盘价；样本时间：第Ⅰ阶段：2005 年 6 月 24 日~2008 年 4 月 25 日，共 708 个数据；第Ⅱ阶段：2008 年 2 月 26 日~2013 年 4 月 30 日，共 1287 个数据；第Ⅲ阶段：2012 年 12 月 7 日~2017 年 1 月 5 日，共 1051 个数据，总样

① 碰撞的稳定性是指：孤立波在经过长时间的碰撞、相聚和分离后其波形和速度不会发生任何改变。即稳定碰撞特性。

② 行波解有很多形式，例如：正则孤波解、奇异孤波解和周期解等。

本量为 3046 个数据。数据处理方法采用 Decimal Scaling。

11.1.2 碳价格序列碰撞稳定性检验

我们采用有限差分法（finite difference method）来验证碳价格序列的波形不变和碰撞稳定性的“孤子”特征。

考虑一个 1+1 维非线性方程：

$$E\ (p,\ t,\ u,\ u_p,\ u_t,\ u_{pt},\ u_{tt}\cdots)=0 \tag{11-1}$$

式中，p，t 分别表示标度化碳排放权的价格和时间，u 是 p，t 的函数，E 是关于未知函数 u 及其导数的适当函数。

取 KdV 方程（Korteweg-de Vries，1895）：

$$u_t+6uu_p+u_{ppp}=0 \tag{11-2}$$

式（11-2）包含了非线性效应和色散效应。非线性效应反映波形陡峭程度（如式中的 uu_p），色散效应反映波包的弥散程度（如式中的 u_{ppp}）。

将式（11-2）转化为微分方程形式：

$$\frac{\partial u}{\partial t}+6u\frac{\partial u}{\partial p}+\frac{\partial^3 u}{\partial p^3}=0 \tag{11-3}$$

考虑 u（p，t）的数值解，观察碳价格的运动过程，以检验其波形不变和碰撞分离的稳定性。用差分法描述微分方程（11-3），定义一个矩阵 u（i，j）表示在价格 p(i) 和时间 t(j) 处的 u 值，如果给定初值，再让 i，j 在某一区间运行，求出 u（i，j），就可以得到孤子在这一区间的运动情况。

假定 $p\in(0,\ p_m)$，$t\in(0,\ t_m)$，Δp 和 Δt 分别表示价格和时间的步长，在（p(i)，t(j)）处，用中心差分代替的一阶导数为：

$$\begin{cases}\dfrac{\partial u}{\partial t}\approx(u(i,\ j+1)-u(i,\ j-1))/(2\Delta t)\\[2ex]\dfrac{\partial u}{\partial p}\approx(u(i+1,\ j)-u(i-1,\ j))/(2\Delta p)\end{cases} \tag{11-4}$$

三阶导数用多项式插值法求出，在 x(i)，t(j) 处有：

$$\frac{\partial^3 u}{\partial p^3} \approx \frac{(-u(i-2,\ j)/2+u(i-1,\ j)-u(i+1,\ j)+u(i+2,\ j)/2)}{2(\Delta p)^3} \quad (11\text{-}5)$$

由式（11-4）、式（11-5）得到的离散显格式为：

$$u(i,\ j+1)=u(i,\ j-1)$$

$$-2\Delta t\left(\frac{u(i,\ j)(u(i+1,\ j)-u(i-1,\ j))}{2\Delta p}+\frac{-u(i-2,\ j)/2+u(i-1,\ j)-u(i+1,\ j)+u(i+2,\ j)/2}{\Delta p^3}\right)$$

$$i=0,\ 1,\ 2,\ \cdots,\ M,\ j=0,\ 1,\ 2,\ \cdots,\ N \quad (11\text{-}6)$$

基于式（11-6）求方程（11-3）的数值解，首先，确定初始条件：根据 Runge-Kutta 迭代法，给定初始条件为 $u(p_1,\ 0)=3v\ \mathrm{sech}^2\left(\frac{\sqrt{v}}{2}p_1\right)$。对于 $p=0$ 和 $p=p_m$ 的边值条件，由周期性延展确定。其次，选取价格步长 Δp 和时间步长 Δt，最后用离散格式递推计算 u（i，j）。

根据碳排放权价格的基本运行规律，取 $\Delta p=0.7$，$\Delta t=0.1$，$v=0.3$，随着时间 t 的增加，单孤子波形保持不变，而且波包在 $t_m=600$ 的时间内大约运动了 174 个长度单位，与程序中设定 $v=0.3$ 吻合得很好。由此验证了单孤子运动具有稳定性，如图 11-1 所示。分时演化情况如图 11-2 所示，表明在单孤子时间演化过程中，碳价格序列运动的相位发生移动，但形态并没有发生改变，具有不弥散和碰撞稳定性特征。

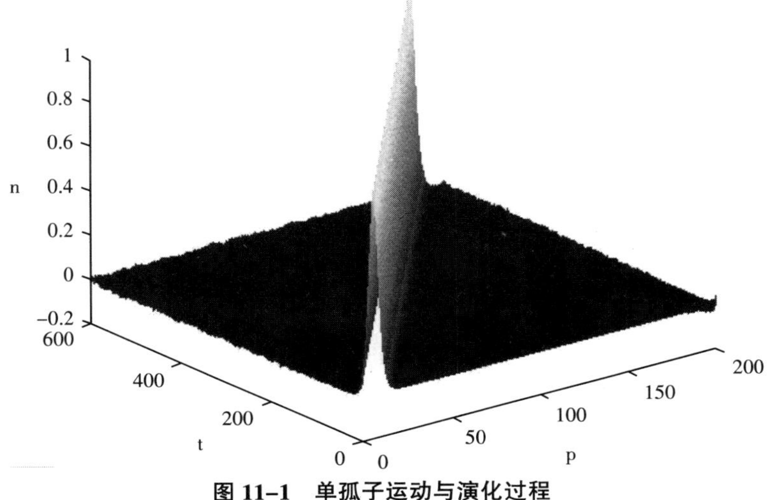

图 11-1　单孤子运动与演化过程

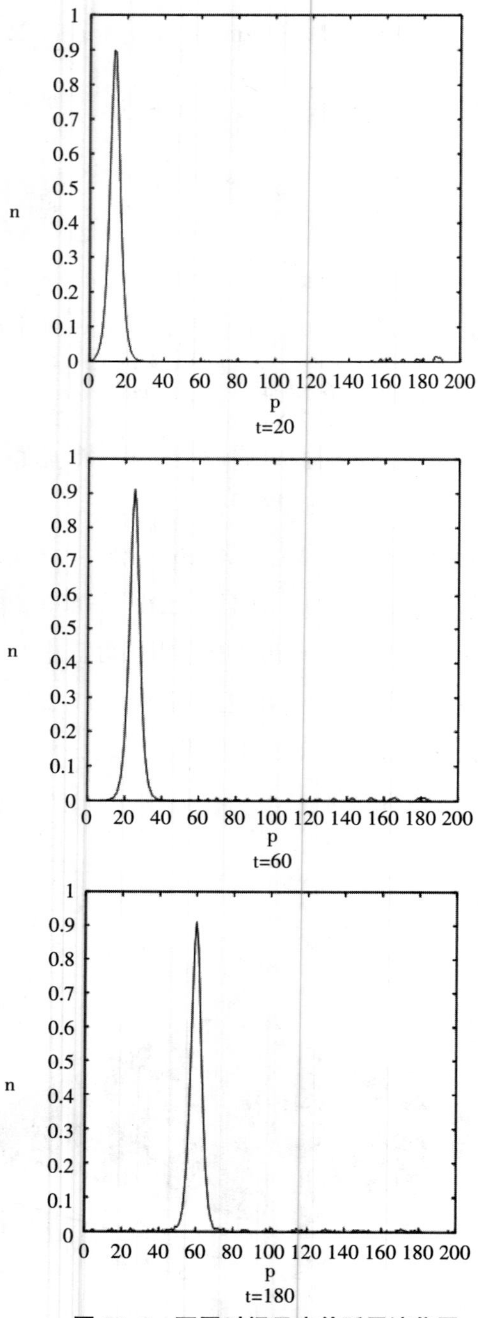

图 11-2　不同时间尺度单孤子演化图

用同样的方法对双孤子和三孤子的稳定性进行检验，随着时间 t 的增加，二阶和三阶孤子碰撞后波形以 $p=\frac{\pi}{2}$ 的周期发生变化（见图 11-3），与二阶孤子不同的是，三阶孤子在 $p=\frac{\pi}{8}$ 处产生第一个尖峰，然后在 $p=\frac{\pi}{4}$ 处分裂

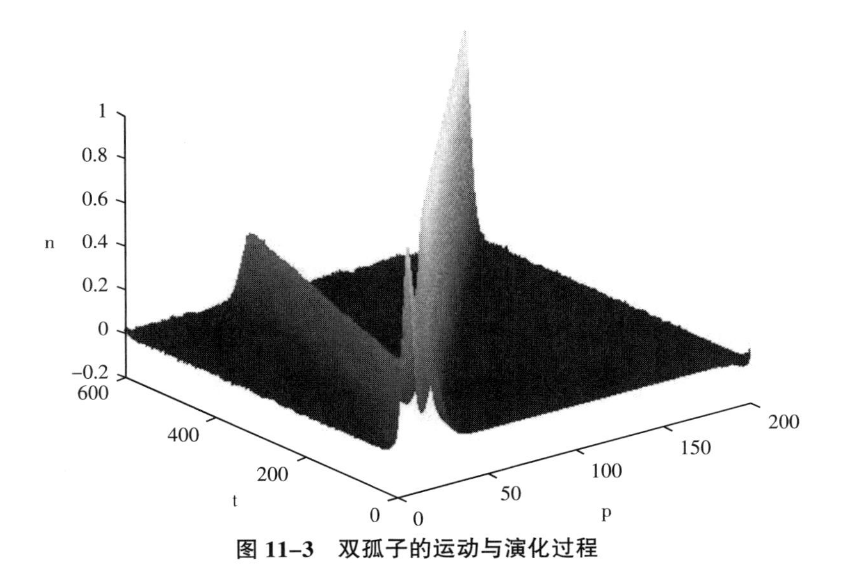

图 11-3　双孤子的运动与演化过程

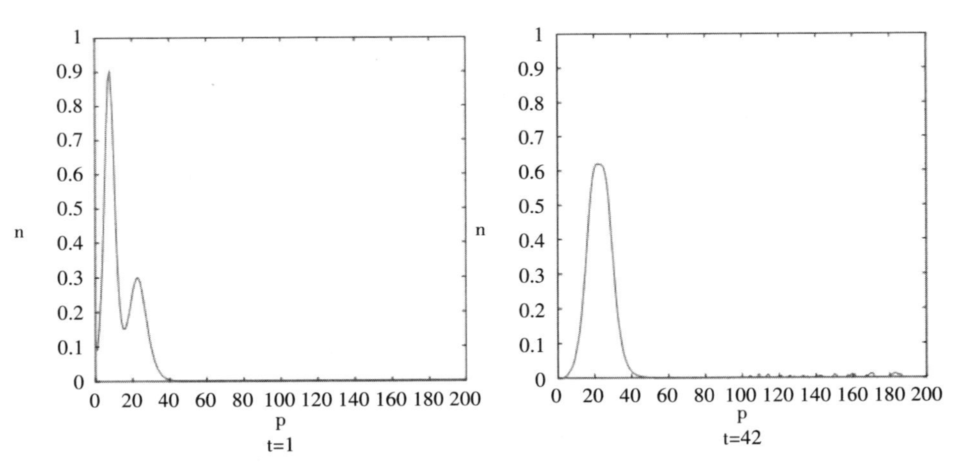

图 11-4　不同时间尺度双孤子碰撞演化图

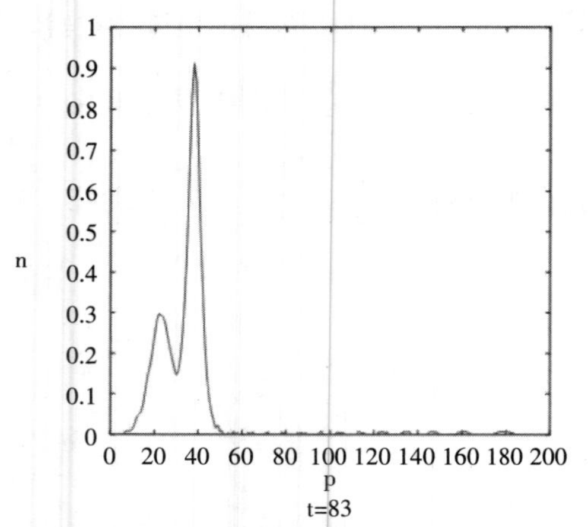

图 11–4　不同时间尺度双孤子碰撞演化图（续图）

成两个尖峰（见图 11–5）。很显然，二阶和三阶孤子在时间演化过程中相位和形态均发生了改变，不符合孤立子波形稳定性变化特征，故取二阶和三阶孤子定价有争议，但取波形不变的一阶孤子方程为碳排放权定价达成共识。

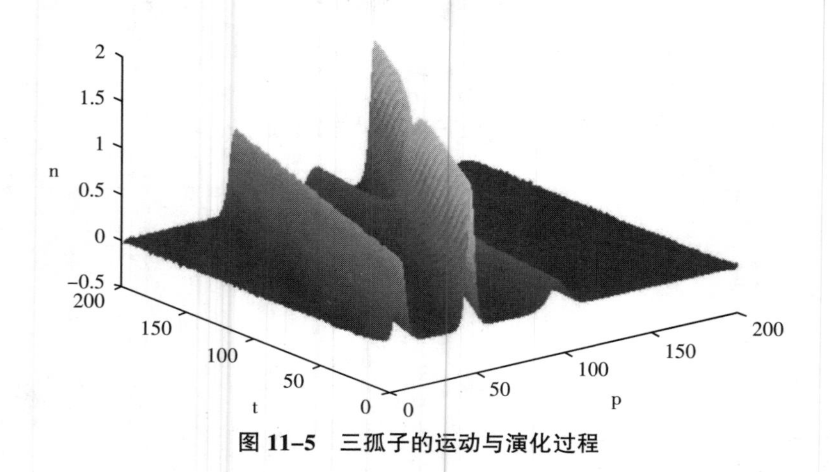

图 11–5　三孤子的运动与演化过程

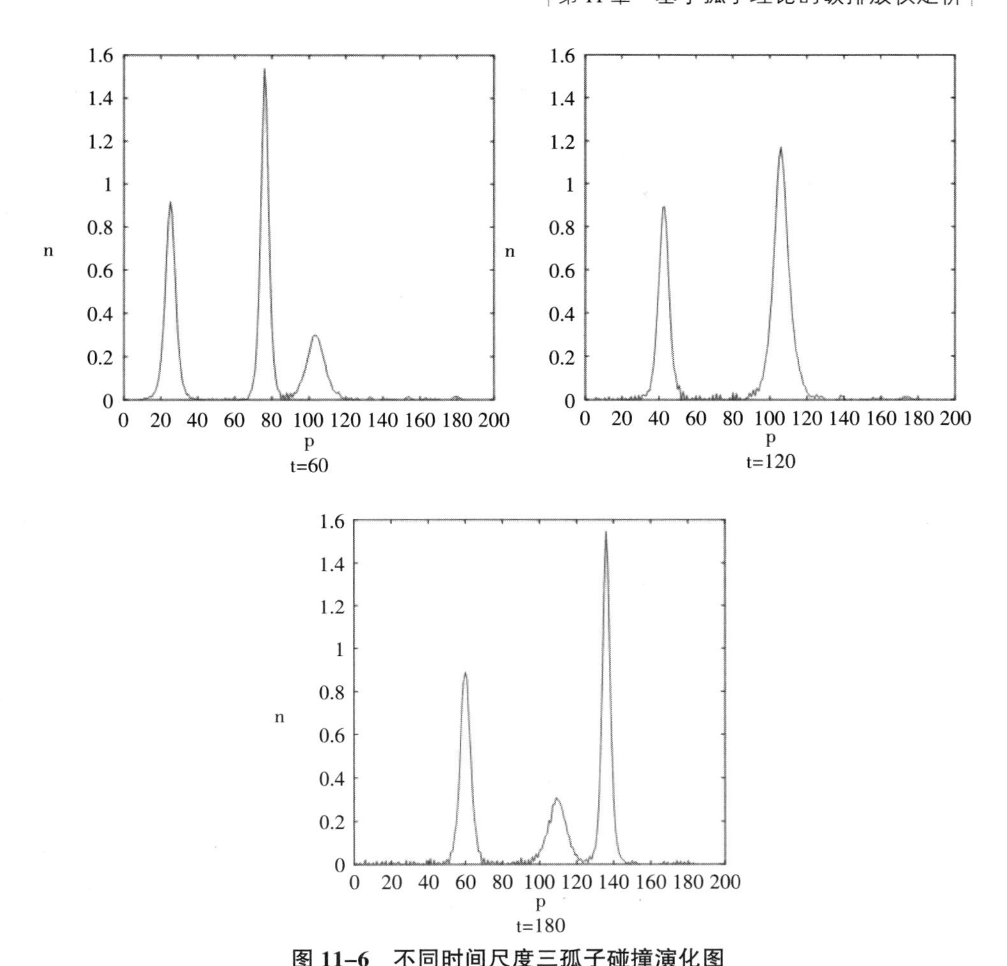

图 11-6　不同时间尺度三孤子碰撞演化图

至此，我们证明：在碳价格系统演化过程中，单孤子在随时间尺度沿着同一个方向进行位置上的平移时，波的相位会发生变动，但波形、振幅和速度均没有发生改变，具备波形不弥散的稳定性特征；双孤子和三孤子波相遇时，波的相位发生移动，组合波的运动轨迹发生变化，波形发生改变，波的振幅也有相应的变化，不具备波形不弥散的特征。故双孤子和三孤子的波动特征不具备均值回归的定价性质。

11.2 碳孤子方程及其可积性

对孤子方程的可积性的检验是求解孤子解的充必条件，如果一个非线性发展方程并不具备可积性，可以肯定该方程无解。判断非线性演化方程可积性有各种不同的方法，其中 Painleve′分析法[①] 与可积性之间存在十分密切的联系，如果一个非线性系统具备了 Painleve′性质，我们就可以判定该方程具有可积性。因此，本书采用该方法进行研究。

11.2.1 数据来源与预处理

数据来源及处理方法同 11.1.1，由于碳孤子方程的求解过程十分烦琐、复杂，所以，我们选用符号运算来实现。所用的软件是 Maple，在 Maple 系统上编写相应的程序包，我们就可以得到碳发展方程的可积性及孤子解。

11.2.2 非线性碳孤子方程的构造：非线性方程转化为双线性方程

应用某些数学技巧和假设，构造适当的变换简化方程以求出某些显示解是非线性发展方程求解的主要方法之一，寻找一种合适的位势变换是求取孤子解的关键。非线性发展方程精确解的构造方法包括逆散射方法、Hirota 双线性法、双曲正切法、齐次平衡法、Backlund 变换、Darboux 变换等，其中，

① Painleve′分析法由法国数学家 Painleve 在 19 世纪末提出并用于求取常微分方程的解，后经 J Weiss，Tabor 和 Carnevale 推广至求解非线性偏微分方程（WTC 法）。

双线性法（R Hirota，1971）是一种纯的代数方法，它不像其他方法那样要依赖于方程的谱问题或 Lax 对，而是对方程直接做某种变换。此外，Hirota 双线性法适用范围更广，无论是连续系统或是离散系统都可以应用，并且得到的是精确解而非近似解。故本书的研究采用双线性方法求取孤子方程。

用双线性方法将非线性发展方程转化为双线性方程分为三步：

第一步，选择合适的位势变换。在 Hirota 双线性方法中的位势变换的主要方法中，对数变换更适用于将偶数阶导数转换为 D 算子，在处理奇数阶导数项上存在一定缺陷；双对数变换在处理变换时可能出现约束过强，而忽略方程性质，需要引入辅助变量或辅助函数较多；而有理变换则一般通过猜测得到。故本文利用 Painleve′检测法选取了对数变换，其基本形式为：

$$u=2(\log f)_{pp} \tag{11-7}$$

第二步，引入双线性算子 D，并通过 D 将方程双线性化：

$$D_p^m D_t^n(a\cdot b)=\left(\frac{\partial}{\partial p}-\frac{\partial}{\partial p'}\right)^m\left(\frac{\partial}{\partial t}-\frac{\partial}{\partial t'}\right)^n a(p,\ t)\,b(p',\ t')\Big|_{p'=p,\ t'=t} \tag{11-8}$$

式中，m 和 n 为非负整数。

对数变换及其各阶导数与 D 算子之间的对应关系如下：

$$2\frac{\partial^2}{\partial p^2}\log f=\frac{D_p^2\, f\cdot f}{f^2} \tag{11-9}$$

$$2\frac{\partial^2}{\partial p\partial t}\log f=\frac{D_p D_t\, f\cdot f}{f^2} \tag{11-10}$$

$$2\frac{\partial^4}{\partial p^4}\log f=\frac{D_p^4 f\cdot f}{f^2}-3\left(\frac{D_p^2\, f\cdot f}{f^2}\right)^2 \tag{11-11}$$

将式（11-3）代入式（11-2），并利用对数变换及其导数与双线性算子之间的对应关系式（11-9）、式（11-10）、式（11-11）得到：

$$D_p(D_t+D_p^3)f\cdot f=\lambda f^2 \tag{11-12}$$

其中，λ 为常数。对 p 积分一次，且取积分常数为 0，即可得到碳价格方程的双线性形式：

$$D_p(D_t+D_p^3)f\cdot f=0 \tag{11-13}$$

第三步，利用小参数展开法对双线性方程求解。在此之前，我们先对双线性碳孤子方程进行可积性检验。

11.2.3 碳孤子方程的Painleve′可积性检验

作为非线性发展方程的一个重要性质，可积性意味着非线性方程是否拥有一个或者 N 个解。孤子是一种特殊的相干结构，并非所有的行波都是孤子，如果经过相互作用后，行波的波形和速度发生改变，就不是孤子。进一步，也并非所有的孤子方程都有孤子解，只有具备可积性质的孤子方程才有孤子解。所以判定一个非线性演化方程是否具有可积性是求取孤子解的关键。一般来说，如果方程可以通过反散射方法求解，或者存在 Lax 对，或者存在无穷多守恒律，又或者可以通过 Painleve′检验，我们就可以认定该方程具有可积性质。本书将采用 WTC（Weiss，Tabor & Carnevale，1983）偏微分方程 Painleve′检测算法进行 Painleve′性质检验，继而判定非线性演化方程的可积性。其步骤如下：

第一步，确定 Laurent 级数中的首项阶数和首项系数。

设方程（11–2）的解可以展开为 Laurent 级数：

$$u(p,\ t)=\phi^{\alpha}\sum_{j=0}^{\infty}u_j\phi^j \tag{11–14}$$

将式（11–14）代入式（11–2），比较关于 ϕ 的最低幂次项，得到首项阶数 α 和首项系数 u_0：

$$\alpha=-2,\ u_0=-2\phi_p^2 \tag{11–15}$$

如果方程具有很强的非线性，则 α 或 u_0 可能是多值的。

第二步，确定共振点。将式（11–15）代入式（11–14），可求得 u，u_t，u_p，u_{pp}，u_{ppp}，然后代入式（11–2），比较 ϕ 的各次幂并令其系数为 0，得到关于 u_j 的递推关系如下：

$$u_{j-2,t}+(j-2)u_{j-1}\phi_t+(j-2)u_{j-1}\phi_t+\sum_{m=0}^{1}u_{j-m}[u_{m-1,p}+(m-1)\phi_p u_m]$$
$$=p[u_{j-2,xx}+2(j-2)u_{j-1,p}\phi_p+(j-2)u_{j-1,p}\phi_p+(j-2)u_{j-1}\phi_{pp}+(j-1)(j-2)u_j\phi_p^2] \tag{11-16}$$

整理含有 u_j 的项，得到：

$$\phi_p^3(j+1)(j-4)(j-6)u_j=F(u_0,\ \cdots,\ u_{j-1},\ \phi_t,\ \phi_p,\ \cdots),\ j=0,\ 1,\ 2,\ \cdots \tag{11-17}$$

当 j=-1，4，6 时，式（11-17）的左边为 0，得到共振点集合为 {-1，4，6}。

第三步，验证每个共振点是否满足相容性条件：若在相应的共振点 j 处，满足：①$u_j(t)$ 是关于 t 的任意函数，即 Laurent 展开式中系数 u_j 是任意函数，此时该方程在共振点处相容性条件恒成立；②非线性发展方程的所有解的奇异流形 ϕ 是单值，说明该方程通过了 Painleve′检验，方程拥有 Painleve′可积性，且可得到方程级数形式的解。

具体而言，如果在 j=-1，4，6 处，式（11-17）左边为 0，则称 j 的这些值（-1，4，6）为共振点。在每一个共振点处引入相容性条件，要求式（11-17）右边也为 0。则 Laurent 展开式中满足系数 u_j（t）是关于 t 的任意函数，则说明在共振点-1，4，6 处的相容性条件恒成立。

当 j=-1，奇异流形 ϕ 具有任意性。

当 j=4，$u_4\cdot 0+\frac{\partial}{\partial p}(\phi_{pt}+6\phi_{pp}u_2+\phi_{ppp}-2\phi_p^2u_3)=0$。

当 j=6，
$$\begin{aligned}&6u_3^2\phi_p+6u_2u_{3,p}+6u_{5,p}\phi_p^2+6u_{4,pp}\phi_p+u_{3,t}+6u_3u_{2,p}+2u_4\phi_t\\&+18u_5\phi_p\phi_{pp}+12u_2u_4\phi_p+14u_4\phi_{ppp}+u_{3,ppp}+18u_{4,p}\phi_{pp}=0\end{aligned} \tag{11-18}$$

将式（11-18）代入方程（11-2），并求解方程组可得：u_1、u_4 和 u_6 均为 t 的任意函数。共振点处的相容条件均能够被满足。由此，方程（11-2）通过了 Painleve′可积性检验，方程具有孤子解。

11.3 碳孤子方程的精确解

KdV 的解法主要分为三种：行波法、截断法和广田法。行波法的缺陷在于它不能将某些非线性方程转化为线性的常微分方程而得出精确的解析解形式；截断法虽然优于行波法，但由于它取的是解的截断形式，因此，实际求出来的不是精确解而是近似解；相对于前二者，广田（Hirota）双线性法可以通过对函数 f 的不同取值，解出 KdV 方程的单孤子、双孤子甚至 N 孤子解，并且得到的是精确解而不是近似解。

Hirota 采用小参数展开法求解双线性方程，其步骤如下：

第一步，引入小参数 ε，设 f 可按 ε 展成级数形式：

$$f(p,\ t)=1+\sum_{n=1}^{\infty}\varepsilon^{n}f_{n}(p,\ t) \tag{11-19}$$

其中 $f_n(p,\ t)$ 为待定函数。

第二步，将式（11-19）代入双线性方程（11-13），得到：

$$\sum_{k=1}^{\infty}\varepsilon^{k}(\partial_p\partial_t+\partial_p^4)f_k=-\frac{1}{2}\sum_{k=1}^{\infty}\varepsilon^{k}\sum_{i=1}^{k-1}(D_pD_t+D_p^4)f_i\cdot f_{k-i} \tag{11-20}$$

第三步，令 $(\partial_p\partial_t+\partial_p^4)=E$，比较 ε 同次幂系数，令 ε^k 的系数等于 0，则 f 满足如下关系式：

$$Ef_1=0 \tag{11-21}$$

$$Ef_2=-\frac{1}{2}(D_pD_t+D_p^4)f_1\cdot f_1 \tag{11-22}$$

$$Ef_3=-(D_pD_t+D_p^4)f_1\cdot f_2 \tag{11-23}$$

$$\vdots$$

$$Ef_k=-\frac{1}{2}\sum_{i=1}^{k-1}(D_pD_t+D_p^4)f_i\cdot f_{k-i} \tag{11-24}$$

式（11–21）~式（11–24）所有 f_k 都满足线性方程。为求取孤子解，取 f_k 为以下形式：

$$f_1=\sum_{j=1}^{N}c_j e^{k_jp-k_j^3t}=\sum_{j=1}^{N}e^{k_jp-k_j^3t+\eta_{0j}}=\sum_{j=1}^{N}e^{\eta_j}$$

$$f_2=\sum_{j=1}^{N}\sum_{i=1}^{N}\frac{(4k_j^2-3k_jk_i-k_i^2)}{3(k_i+k_j)^2}e^{\eta_i+\eta_j}=\sum_{j<i}\frac{(k_i-k_j)^2}{(k_i+k_j)^2}e^{\eta_i+\eta_j}$$

$$f_3=\sum_{i<j<k}A_{ij}A_{ik}A_{jk}e^{\eta_i+\eta_j+\eta_k}$$

$$\vdots$$

$$f_k=\sum_{i_1>i_2>\cdots i_k}\prod_{m>n}A_{i_mi_n}\exp\left(\sum_{j=1}^{k}\eta_{ij}\right),\ k=2,\ 3,\ \cdots,\ N \tag{11–25}$$

由此得到 KdV 方程解的一般表达式：

$$u=2\left[\ln\sum_{k=0}^{N}\sum_{i_1>i_2>\cdots i_k}\prod_{m>n}A_{i_mi_n}\exp\left(\sum_{j=1}^{k}\eta_{ij}\right)\right]_{pp},\ f_0=1 \tag{11–26}$$

其中，参数 η_{0i} 为任意值。它可以将小参数 ε 吸收掉。

将 EUA 日价格序列数据输入非线性演化方程精确解软件包，分别得到单孤子精确解、双孤子精确解和三孤子精确解，如图 11–7~图 11–9 所示。

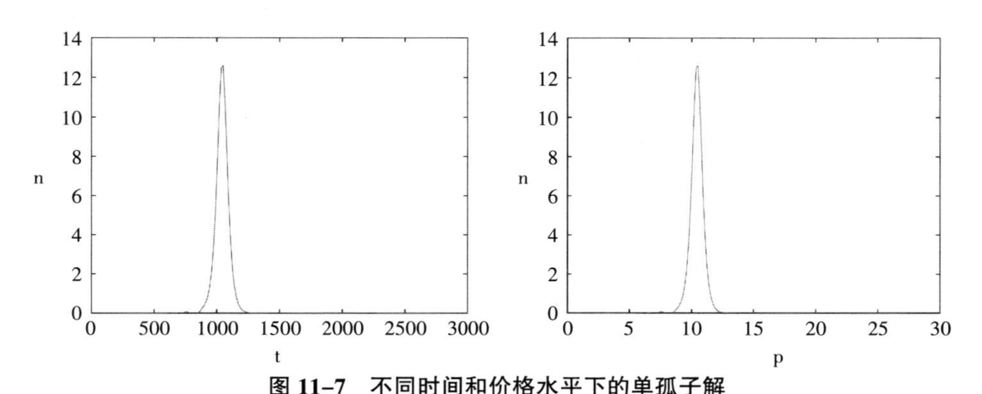

图 11–7　不同时间和价格水平下的单孤子解

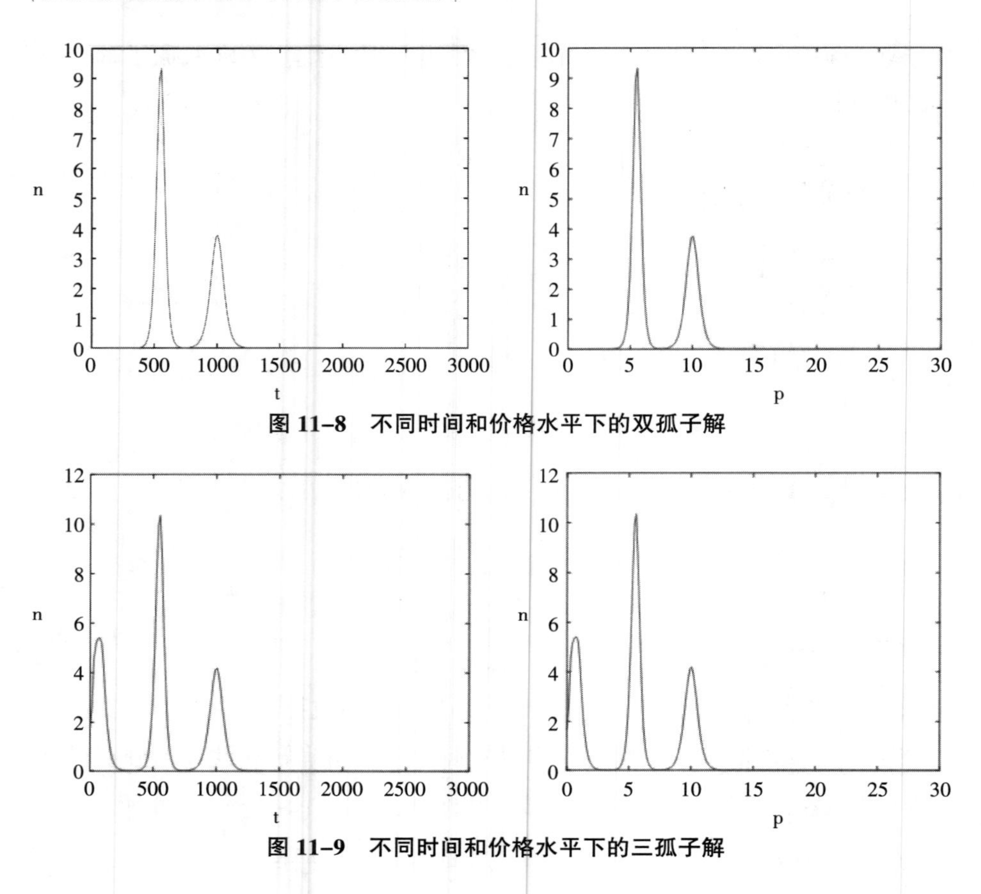

图 11-8　不同时间和价格水平下的双孤子解

图 11-9　不同时间和价格水平下的三孤子解

图 11-7~图 11-9 显示：单孤子解为 13；双孤子解分别为 9.327 和 3.84；三孤子解分别为 4.266、5.4 和 10.42。

11.4　本章小结

本章的研究结论如下：

（1）利用有限差分法和多项式插值法检验了碳排放权价格序列的孤子特

征。证明碳排放权价格的波动具备了不弥散、不分离的孤子稳定性特征。随着时间尺度的增加，单孤子沿着同一个方向位置尺度上的平移并不改变孤子的波形和速度，但双孤子以上的N孤子的波形将发生改变。

（2）对碳孤子方程的Painleve′可积性检验表明：在共振点 $j=-1$，4，6处，均满足 $u_j(t)$ 是关于t的任意函数，说明在共振点-1，4，6处的相容性条件恒成立。碳孤子方程具有孤子解。

（3）利用双线性方法构造的非线性演化方程的精确解分别为：单孤子解为13；双孤子解分别为9.327和3.84；三孤子解分别为4.266、5.4和10.42。由于双孤子和三孤子并不具备碰撞稳定性的孤子特性，故取单孤子解为碳排放权定价，即碳排放权的理论价值应该在13欧元/吨 CO_2 左右，约合人民币101.7元/吨 CO_2（2019年6月20日收盘价）。

第Ⅴ篇

中国碳排放权交易市场的发展及其国际借鉴

中国碳交易试点市场于2013年6月开始启动，当年深圳、上海、北京、广州、天津共5个试点碳交易平台正式上线运行，2014年湖北和重庆分别开业，形成了7个全国性试点市场。2017年12月19日，全国碳交易市场的建设正式启动，并将在2020年左右开市。在六年的试点过程中，碳交易市场在制度建设、交易主体、交易产品及方式、配额分配制度、定价制度、MRV制度、监管制度等方面积累了一定的经验，但在法律法规、市场体系设计、定价机制、价格调控和监管机制上还存在一些问题。需要借鉴国际碳市场的发展经验，以保证中国碳排放权交易市场能够持续、健康、稳定、有序地发展。

第12章 中国碳交易市场发展现状与问题

12.1 中国碳交易市场发展缘起与历程

中国碳交易市场的构想，最早源于如何通过市场机制解决生态环境问题。改革开放以来，中国在经济高速发展的同时也给生态和自然环境造成了极大危害，包括空气资源、水资源、土壤资源污染问题十分严重。从空气污染的情况看，中国大多数城市的大气环境质量达不到规定的标准。在47个重点城市中，约70%以上的城市大气环境质量达不到我国规定的二级标准；30%的城市属于严重污染型城市；对于水污染，中国七大水系（辽河、海河、淮河、黄河、松花江、珠江、长江）都有程度不同的污染。从土地污染情况看，在长三角地区，至少10%的土壤基本丧失生产力；在珠江三角洲，有50%的耕地遭受镉、砷、汞等有毒重金属和有机物污染；在东北三省Pb、Hg、Cd、As和Cr污染十分严重。

鉴于此，中国政府发布了一系列法律条款和政策法规，包括《环境保护法》（1989年12月26日颁布）、《水污染防治法》（1996年5月15日颁布）、《大气污染防治法》（2000年4月29日颁布）、《土壤环境保护和污染治理行动计划》（2015年5月）、《环境噪声污染防治法》（1996年10月29日颁布）、

《放射性污染防治法》（2003 年 6 月 28 日颁布）等法律文件以及《水污染防治法实施细则》《建设项目环境保护管理条例》《排污费征收使用管理条例》《危险废物经营许可证管理办法》《医疗废物管理条例》《自然保护区条例》《环境保护行政处罚办法》等政策法规。

在这些政策和法规指导下，2008 年，北京、上海、天津相继成立了环境、能源、碳排放权交易所，随后，湖北、深圳、广州、河北、昆明、大连等地也建立环境交易市场，这为中国碳交易市场的发展奠定了基础，预示着中国碳交易市场即将诞生。

2009 年 11 月 26 日，中国政府正式宣布，至 2020 年，以 2005 年为基数，将二氧化碳排放强度下降 40%~45%。碳强度的下降意味着二氧化碳排放的增长速度要低于 GDP 的增长速度，这是中国在环境治理及全球气候变化问题上为人类做出的一个重大承诺，它体现了中国在节能减排、减缓碳排放上所做的巨大努力。尽管此举在一定程度上会放缓中国经济的发展速度，但中国作为一个负责任的大国对全球环境治理和可持续发展做出了自己的贡献。

2010 年 7 月，国务院下发《关于开展碳排放交易试点工作的通知》，旨在运用市场机制推动大气污染治理，减少温室气体排放量。与此同时，在国务院 《关于加快培育和发展战略性新兴产业的决定》中正式提出建立碳排放权交易制度，这是国家层面首次提出的用产权交易治理环境的重要战略措施。

2011 年 8 月，为加快推进碳排放权交易市场建设，国家发展改革委制定了《“十二五”控制温室气体排放工作方案》，全面部署了未来五年中国控制温室气体排放的各项任务。2011 年 11 月，经国家发展改革委批准，北京等 7 个碳交易试点相继成立。

2013 年 6 月 18 日，深圳率先启动了碳排放权交易，碳交易平台正式上线运行，同年 11 月 26 日、11 月 28 日、12 月 19 日、12 月 26 日，上海、北京、广州、天津 4 个碳交易试点正式启动，2014 年 4 月 2 日以及 6 月 19 日湖北和重庆分别开业。至此，全国区域性碳交易试点市场全面启动。截至

2016 年，首批 7 个试点市场涵盖 1373 吨二氧化碳当量和 3271 个控排企业，试点系统合规性较高，被纳入系统的 99%控排企业合规合法。

2014 年 12 月 12 日，《碳排放权交易管理暂行办法》颁布，作为国家层面的第一部碳交易市场管理指导性文件，它对碳交易管理原则、配额的发放方式、盘查与核查、信息披露、风险监督管理等都做出了明确规定。

2015 年 11 月 30 日~12 月 11 日，《巴黎气候大会》召开，中国政府审时度势实时推出了一系列政策文件，指导温室气体排放和环境治理快速推进。

2016 年 11 月，《“十三五”控制温室气体排放工作方案的通知》颁布，提出到 2020 年，单位 GDP 中二氧化碳排放量下降到 18%的战略目标。同年，中国新增两家碳排放权交易中心；12 月 16 日，四川联合环境交易所挂牌运营；12 月 22 日，福建省碳排放权交易平台开市。

2017 年 3 月，国务院决定：截至 7 月底，启动注册登记系统和全国交易系统，这标志着我国国家碳排放交易体系即将进入实施阶段。12 月 19 日，全国碳交易市场的建设正式启动，并决定在 2020 年左右开始配额现货交易。现货交易最初限于发电行业，然后逐步扩大到八大控排行业。

2018 年，中央及多个地方政府相继出台节能减排相关政策，引导低碳行业规范、加速发展。明确提出到 2020 年六大温室气体减排的具体方案和指标。

12.2　中国碳交易制度设计与安排

中国碳交易市场试点自 2013 年启动以来，各试点市场都在逐步探索中稳健发展，仅 2018 年，7 个试点市场碳配额现货成交量近 7748 万吨，较 2017 年交易总量增长 14.96%。交易额约 16.41 亿元，比 2017 年增长约 38.95%。从市场制度设计上看，虽然各试点市场在机制设计上有很大差异，但主要内容基本包括交易主体市场准入、交易产品与交易方式、碳排放配额管理制度、碳排放的MRV制度、碳市场的监管制度等。

12.2.1 交易主体及其准入条件

中国碳排放权交易试点均实行交易业务会员制，市场参与者需首先成为交易所会员，然后在交易所内进行相关交易。各交易所的会员分为交易类会员和非交易类会员：交易类会员包括综合类会员、自营类会员、委托（代理）会员、试点企业会员；非交易类会员主要指服务提供商会员，如服务会员、战略合作会员、合同能源管理会员等。会员类型包括机构和自然人。对机构投资者，各试点交易所对注册资本要求存在差异。其中，天津碳市场设置的门槛最高，会员必须是依法成立的中资控股企业且全国营业网点不少于20家，综合类会员的注册资本不低于1亿元，经纪类会员的注册资本不低于5000万元；深圳碳市场设置的门槛最低，对综合类/经纪类会员均没有注册资本要求。对于自然人，要求必须具有完全民事行为能力，年龄在18~60周岁，有一定的金融资产。例如，北京碳市场要求自然人的金融资产不得少于100万元，对自然交易人的户籍及其缴纳社保也有要求。重庆碳交易市场要求个人金融资产在10万元以上，其他试点市场对自然人金融资产均不作要求。

各试点市场参与主体及注册资本要求如表12-1所示。

表12-1 各试点交易所参与主体及注册资本要求

深圳	上海	北京	广东	重庆	天津	湖北
交易主体	自营类会员、综合类会员	履约机构、非履约机构、个人	广碳所会员或委托广碳所会员参与交易	纳入重庆市配额挂历范围的单位及符合规则的市场主体及自然人	国内外机构、团体和个人均可参与交易	经纪会员、机构会员、自然人会员和公益类会员，重点排放单位直接为机构会员

续表

深圳	上海	北京	广东	重庆	天津	湖北
注册资本	注册资本不低于 100 万元，综合类会员还需满足净资产不低于 1 亿元	非履约机构注册资金要在 300 万元以上；个人金融资产不少于 100 万元，对户籍有限制	综合会员若为金融投资类机构的净资产应不低于 3000 万元	企业法人注册资本金大于 100 万元，合伙企业注册资产不低于 50 万元；个人 10 万元以上	个人资产不低于 30 万元	经纪会员注册资本金不低于 300 万元

资料来源：根据中国碳交易网相关资料整理。

12.2.2　交易产品与交易方式

各试点市场的交易产品大致分为两类：碳排放配额（EA）和中国核证自愿减排量（CCER）。碳排放配额通常指经当地发改委核定的、允许重点排放单位在一定时期、在本市行政区域内排放的吨二氧化碳（tCO_2）数量；核证自愿减排量指由国家发展改革委审定的、以项目为基础的自愿减排量，通过实施项目削减温室气体而获得的减排凭证，例如节能减排项目、森林碳汇项目、海洋碳汇项目等的碳减排量，机动车辆自愿碳减排量等，以吨二氧化碳当量计（tCO_2e），该凭证可用于抵扣企业一定减排量。

碳配额的交易方式通常分为线上公开交易和线下协议转让两大类。线上公开交易可分为整体竞价交易、部分竞价交易和定价交易。整体交易只能有一个对手方，成交数量必须是一次性全部成交，成交时间为自由报价期加限时报价期，成交价格为最优价格；部分竞价交易可以有一个或多个应价方与申报方达成交易，成交数量允许部分成交，成交期限为自由报价期，成交价格由于低价；定价交易可以有多个对手方，成交数量可以部分成交，成交时间为实时成交，成交价格可以底价成交。线下协议交易是指交易双方可以通过签订交易协议进行碳交易。通常在交易协议生效后，交易双方需要到交易所办理碳配额交割与资金结算手续。一般说来，线下协议交易只在两个及其以上有关联交易的交易主体间进行，并且单笔配额申报数量需 10000 吨及以上的交易才采取协议转让方式。

CCER 交易是以项目为基础，以碳抵消方式进行的碳交易，是我国碳交易产品的重要补充。作为一种碳资产，CCER 具有国家公信力、同质性、多元化等显著特点。在抵消控排企业履约部分碳排放的同时，也给减排项目带来一定收益，是一种双赢的碳减排方式。但是，相对于碳配额交易，CCER 成交量远不如 EA 的成交量。截至 2018 年 11 月 27 日，CCER 累计成交量 19.32 万吨，累计成交额 53.79 亿元。而同期碳配额交易量则达到 26.29 亿吨，成交额 53.02 亿元。从目前签发的 CCER 数量看，截至 2018 年 9 月 16 日，累计公示 CCER 审定项目 2871 个，已获备案项目 1104 个，已签发项目总数 358 个。CCER 签发量达 7300 多万吨，但市场对 CCER 的实际需求量远远小于该数额，CCER 总体上属于供大于求的态势，CCER 的价格波动存在风险。

关于 CCER 交易，其特点：CCER 是一种抵消机制，属于自愿减排项目，交易并不受法律强制执行的约束，因而创新空间很大，与配额的交易方式不同，CCER 的交易方式呈现多元化特点，交易地点可以在场内，也可以在场外；交易方式可以是现货，也可以是期货，或者其他结构性碳金融产品。不少碳交易平台可以直接交易 CCER。

12.2.3 碳配额分配与管理制度

我国目前碳排放配额管理制度主要是借鉴 ETS 总量控制与配额交易（Cap-and-Trade）模式，包括配额总量的设定、配额总量的结构以及配额初始分配机制。

碳配额总量设定对于碳市场的稳健发展至关重要，是市场碳价格形成的基础。总量设定太松，会导致供大于求，碳价格长期在低位徘徊；总量设定过紧，参与碳市场交易的企业成本会增加，企业会缩减产能，最终影响经济的平稳发展。通常，总量设定的依据是总量控制目标，在不同的经济发展阶段，总量控制的目标也不同。从方法上看，分绝对总量控制目标和相对总量控制目标。我国目前采取相对总量控制目标法。相对总量控制目标的优势在于，可以根据经济增长的需求随时调节控制目标。在此基础上，根据历史排放数据估算就可以设定配额总量。配额总量结构各试点交易虽有所差异，但基本由三部分构成：初始配额、新增项目配额、价格平抑储备配额。

配额的初始分配包括免费配额和有偿配额两类，初期主要是免费分配，中期采用免费配额为主、不同比例的有偿配额为辅。配额免费发放方法有两种：历史法（祖父法）和基准法。历史法是根据控排企业的历史碳排放量决定该企业的免费配额，是碳交易市场中最常用的一种分配方法；基准法是根据控排单位生产活动中的某种排放指标如某种产品的吨数、能耗、单位经济产出值为排放基准来获取碳排放配额数量。配额的有偿分配包括两种形式：拍卖与定价销售。拍卖在配额有偿分配中占主导地位，是控排企业通过公开或密封竞价的方式自行出价购买碳排放配额的一种方法，通常以现货方式进行；定价销售则由配额销售机构确定价格，控排企业根据自身的情况确定购买与否。我国碳市场目前采取的配额分配方式是：由国家发展改革委确定地区配额总量，预留部分配额用于有偿分配。

12.2.4　碳排放的 MRV 制度

碳排放的 MRV 制度本质上是一种碳核查机制，是一种对温室气体的可检测（Monitoring）、可报告（Reporting）和可核查（Verification）管理制度。我国自启动碳交易试点以来，各试点市场都建立了 MRV 制度，在政策法规、报告编制及核查体系上做出了有益探索。在政策法规层面，各试点地区都以地方政府规章或地方性法规的形式规定了控排企业执行 MRV 义务和违规处罚措施，形成了“通则加行业细则”的制度体系；在报告编制方面，各试点地区都严格规定了报告气体种类、行业范围、间接排放的计算及排放参数的设定等；在核查体系上，主要采用第三方核查制度，对第三方核查机构和核查人员的资质各试点地区均有严格规定。为确保核查质量，有些试点市场还确定了核查报告抽查和重点检查制度，以确保 MRV 制度顺利稳健实施。

12.2.5 碳市场的监管制度

碳交易市场的监管，通常指监管主体运用法律、政策和经济手段对碳交易过程中的碳配额分配制度、碳交易行为以及碳核查中的 MRV 过程进行的监督与管理。它通常包括四大内容：监管政策、监管机构、监管对象和内容、技术支持平台。

监管政策在我国碳交易试点市场分为三个层面：一是国家颁布的政策法规；二是各试点地区地方性的规章制度和安排，如各试点地区政府颁发的有关碳交易监管过程中的相关规定；三是各试点市场的管理办法，如核算和报告指南、核查机构管理办法、MRV 管理细则等。

监管机构主要由行政部门、行业自律协会和社会公众构成。行政部门包括行政主管部门、市场保障部门以及市场监管部门。碳市场的行政主管是国家以及各试点地区发改委，主要职责包括配额分配及调整、报告与核查、碳排放权交易及流程进行安排部署及协调。市场保障部门包括统计部门、财政部门、外汇部门和工商税务部门等。主要负责提供统计数据、财政保障、国外交易主体准入管理、披露控排企业的违规行为等。市场监管部门包括证监会和各省市金融监管部门。证监会负责监督交易机构和交易场所业务，避免发生违规交易，各省市主管部门负责对交易中的异常行为进行审查。由于我国碳交易市场尚处于试点阶段，因此，行业自律协会和社会公众监管（外部监管）尚处于建设阶段。

监管对象和内容。监管对象包括碳交易所（或公司）、参与碳交易的控排企业和其他投资者、核查机构、中介组织、行业协会和金融机构等；监管内容包括交易主体是否合法、交易行为是否合规、交易流程是否合理、交易信息和交易数据是否真实准确等。

技术支持平台由三部分构成：注册登记系统、信息管理系统和交易系统。注册登记系统主要承担碳排放权确权登记、持有、转移、变更和清缴，履约企业、投资机构和投资人资质确认、登记及交易账户或拍卖账户信息归集等；信息管理系统主要负责碳排放数据的采集、统计、分析，碳排放水平的识别、评价以及碳排放趋势预测与预警；交易系统主要负责交易资金结算、与结算业务相关信息查询与咨询、碳市场相关信息的发布等重要业务和管理。

12.2.6　中国碳市场的价格波动情况

中国碳交易市场自 2013 年启动试点以来，各个试点地区的碳价格均出现大幅波动，相对而言，北京、天津较为稳定；上海在 2014 年 4 月~2016 年 11 月波动幅度较大；湖北 2016 年 4 月下跌至 2018 年 4 月急速攀升；重庆 2016 年 6 月~2017 年 12 月以及 2017 年 12 月~2018 年 2 月出现两个峰谷；广州自 2013 年开市一路高开低走，至 2019 年 2 月缓慢上升；深圳 2013 年 10 月的碳价格达到 130.9 元，创下全国交易试点价格之最，此后价格一直回落，最低为 4.2 元左右。详情如图 12-1~图 12-7 所示。

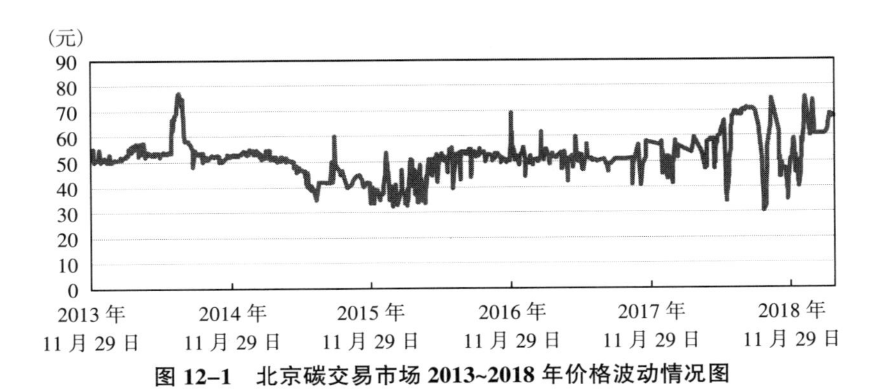

图 12-1　北京碳交易市场 2013~2018 年价格波动情况图

北京碳排放权交易自 2013 年 11 月 29 日开始启动，当天的交易价格为 51.25 元。2014 年 7 月达到最高价 77 元，2018 年 9 月达到最低价 30.32 元。北京碳价格在大部分时间价格保持 50~60 元，除在 2015 年跌破 50 元之后，碳价格在之后一年多时间里保持在 30~50 元。就波动剧烈程度而言，北京试点的碳价格在 2018 年 6 月之后波动比之前更加剧烈。总体而言，北京试点的碳价格波动较为平稳。

图 12-2　上海碳交易市场 2013~2018 年价格波动情况图

上海碳排放交易自 2013 年 11 月 26 日开始启动，当日价格为 27 元。在五年多时间里，价格整体呈现先下降再上升的趋势，在 2014 年 4 月达到最高价 45.4 元后价格逐渐下滑，于 2016 年 4 月跌至最低价 4.2 元。如今价格回升至历史最佳水平，保持在 40 元附近。

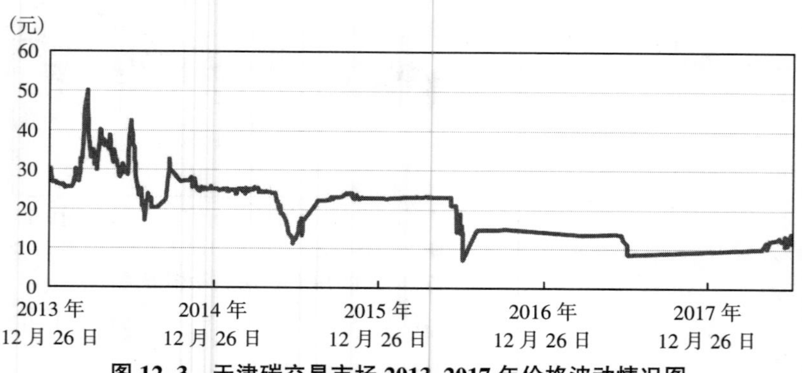

图 12-3　天津碳交易市场 2013~2017 年价格波动情况图

天津碳排放交易自 2013 年 12 月 26 日启动，当天成交价为 29.78 元。天津碳交易试点的价格整体呈现阶段式下滑。在 2014 年 6 月之前，价格大部分时间在 30 元之上。在此之后，截至 2016 年 6 月，价格基本在 20~30 元。此后一年，价格在 10~20 元。此后价格降至个位数，截至 2018 年 6 月，价格回升至两位数。

图 12–4　湖北碳交易市场 2013~2018 年价格波动情况图

湖北碳排放权交易自 2014 年 4 月 28 日启动，当日价格为 24.43 元。2018 年 12 月达到历史最高价 32.17 元，2016 年 7 月达到最低价 10.38 元。价格在 2016 年 4 月之前保持 20 元以上，2014 年 4 月~2018 年 7 月，价格在大部分时间保持在 20 元以下。此后价格稳步上升，创下 32.17 元的最高价，如今价格保持在 30 元附近。

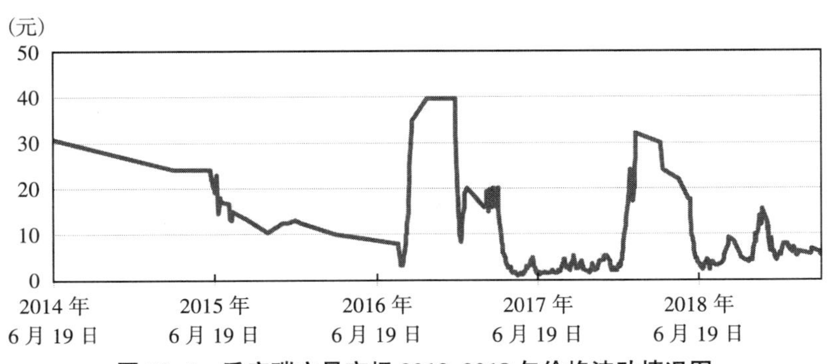

图 12–5　重庆碳交易市场 2013~2018 年价格波动情况图

重庆碳交易起步稍晚，于 2014 年 6 月 19 日启动交易，当天成交价格为 30.74 元。重庆碳价格走势波动剧烈，历经几次大涨大跌。从开盘交易的两年时间里，价格逐渐走低至个位数，随后在 2016 年 9 月创下历史新高 39.60 元，两个月后价格迅速回落至个位数，经历短暂反弹之后，又开始新一轮下跌趋势，最低至历史最低点 1.00 元。2017 年末 2018 年初，价格开始重新攀升，涨至启动日价格附近后维持不到一个月时间又跌回个位数。目前价格在 5~10 元波动。

图 12–6　广州碳交易市场 2013~2018 年价格波动情况图

广州碳排放权交易自 2013 年 12 月 19 日启动，当天成交价为 60.17 元，此后价格缓慢上升至历史最高 77 元。总体来看，广州碳价格呈现高开低走的态势，自 2015 年 6 月价格跌破 20 元之后，其长期保持在 20 元以下，直至 2019 年 2 月底，价格才重新上升至 20 元以上。

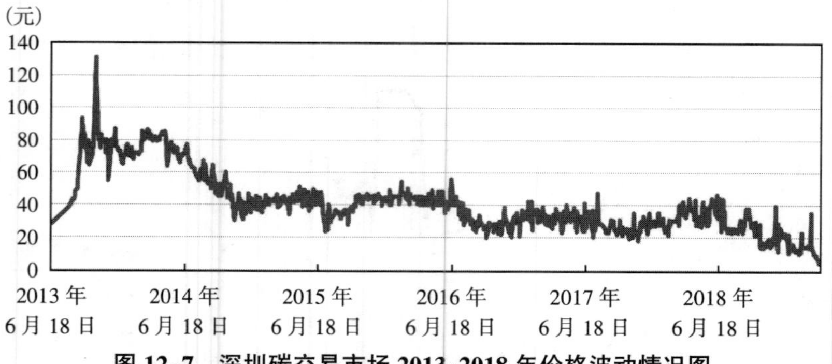

图 12–7　深圳碳交易市场 2013~2018 年价格波动情况图

深圳碳排放交易自 2013 年 6 月 18 日启动，当天价格为 28 元，此后价格迅速攀升，在 2013 年 10 月达到 130.9 元，创下各个交易试点价格之最。在顶峰过后，价格开始回落，绝大部分时间价格在启动当日价格附近，但在 2018 年 10 月跌破 20 元之后，碳价格开始了新的一轮下跌趋势，目前最新价格仅为 4.2 元。

12.2.7　中国碳交易市场定价机制

与其他市场价格形成机制相同，中国碳排放权市场价格也同样取决于碳资产的供给与需求。在试点阶段，中国碳市场交易品种主要是配额（EA）和中国核证自愿减排量（CCER）。这两种产品的定价方式在不同的试点区有所差异，但基本共同点如下：

对于配额交易市场，一级市场价格由政府部门根据配额发放的数量和发放方式确定底价，在免费配额发放情况下，底价通常由政府根据“Cap-Trade”原则，依据边际减排成本或影子价格同时考虑国际碳市场价格或能源价格而确定，二级市场配额价格主要由供需决定；在有偿配额发放情况下，一级市场价格由拍卖决定，拍卖价格通常会参考政府底价，并在该价格的 30%内浮动，二级市场价格由供需决定。

CCER 项目主要用于抵减控排企业温室气体限排配额，抵消配额的数量通常限制在 10%以内，因此也使得 CCER 交易价格远远低于配额交易价格。CCER 项目上市交易首先必须获得国家发展改革委批准，初始定价一般由项目开发方确定，二级市场价格取决于市场供求情况。目前，中国七大试点交易所均可以进行 CCER 自由买卖，限制条件是：一旦在某一市场上市交易，就不可以在其他市场进行交易。主要原因是各试点省市对 CCER 交易在项目使用量、项目来源地和项目时间等方面规定不一样，因而限制了 CCER 的流通使用。

12.3 中国碳交易市场存在的主要问题

中国碳交易自2013年开始试点至2019年已有六年。在六年的试点过程中积累了大量经验，整个制度体系和框架已基本构成，交易运行比较平稳，目前存在的最突出问题主要是：①碳交易法律法规尚不健全，国家层面立法虚位；②碳市场体系设计差异较大，市场互联互通存在障碍；③碳排放权价格机制尚未形成，价格调控机制尚未建立。

12.3.1 碳交易法律法规尚不健全，国家层面立法虚位

第一，国家碳交易立法虚位。目前，中国除了2014年国家发展改革委颁布的《碳排放权交易管理暂行办法》之外，还没有一部国家层面的碳交易法规，现存的碳交易法规主要是地方性政府规章和相关政策性文件，通过地方立法（地方人大常委会立法或地方政府立法）对碳排放交易和相关管理制度进行监督与管理。例如：《深圳市碳排放权交易管理暂行办法》由深圳市政府颁布实施；《上海市碳排放交易管理办法》由上海市人民政府颁布；《北京市碳排放权交易管理办法（试行）》由北京市人民政府颁布实施。地区立法虽然具有因地制宜立法、节约立法成本等优点，但地方立法也有其不利之处，例如，地方立法的科学性明显弱于国家立法，在地方立法权发展过程中，立法制定的依据、程序、实施的方式都相对简单，使得科学性不足，可操作性不强。

第二，地方碳交易法潜在的立法越位。地方碳交易法属于下位法。一般而言，下位法应该是对上位法的补充和细化。但由于我国目前在碳交易领域上位法缺失，使得地方性的碳交易法的制定无法和上位法对应。因而在法规

条款的制定上容易超越上位法及其他法律法规，造成无限性立法和过度立法。此外，一旦国家碳排放权立法颁布，地方碳交易法律法规将面临法律责任与行为模式条款不匹配甚至虚化的问题，导致法规在实施时执行难，出现立法错位，或者使地方性碳交易法形同虚设。

第三，地方碳交易法与规范性政策的立法错位。地方立法常常容易混淆政府事权，将政府的行政责任、社会公共事务混杂在碳交易管理之中，对立法内容、立法事项的权责、碳交易法规与行政规范性文件的区别等造成混淆，形成立法错位。例如，在各试点地区的碳交易管理办法中，很多地方都体现出与行政政策的交错和混淆。

总之，在我国碳交易市场法制建设中，存在的主要问题是：国家立法虚位，立法层次过低，地方法规约束力较弱，市场管理、交易规则、政府监管等具体法律法规严重缺位。法律法规的不完善、不健全在很大程度上影响了中国碳交易市场的发展。

12.3.2　碳市场体系设计差异较大，市场互联互通存在障碍

目前，中国试点碳市场建设情况较好，但在体系设计上表现出明显的地区差异，如纳入标准和覆盖行业、交易产品及配额核算与分配方法、配套管理制度等。

第一，试点地区控排纳入企业标准和行业差异较大。由于各地经济体量、产业结构和主导产业的差异，各试点地区在覆盖行业和纳入门槛方面均存在较大差异。就纳入门槛而言，北京、广州、深圳 3 个试点市场的纳入企业门槛较低，分别为年均碳排放量 1 万吨、1 万吨和 5000 吨以上；湖北、上海、天津、重庆 4 个试点地区，纳入门槛相对偏高，分别为 6 万吨、2 万吨、2 万吨、2 万吨。就纳入行业而言，北京的强制减排覆盖行业包括电力、热力、水泥、石化、汽车制造和公共建筑等；上海以钢铁、石化、化工、电力

等行业为主；广州覆盖电力、水泥、钢铁、陶瓷、石化、金属、塑料和造纸；深圳包括电力、燃气、水供给等26个行业；天津包括钢铁、化工、电力、石化、炼油等；湖北包括钢铁、化工、水泥、电力等；重庆包括水泥、钢铁、电力等。

第二，交易产品单一，配额的核算和分配尚需改进。中国碳市场的主要交易产品是碳配额和中国核证自愿减排量（Chinese Certified Emission Reduction，CCER），除此之外，北京和广州碳排放权交易所还设置了自愿减排量（VER）。但是，根据《碳排放权交易管理暂行办法》的规定，CCER用于抵消碳排放量既有比例限制也有时效性要求，其抵消比例一般不得超出当年核发配额量的5%~10%，时效性的要求视具体情况而定。由于种种原因，国家发展改革委在2017年3月暂停了CCER的审批，这使得交易产品更少，造成了各试点市场交易数量和交易额大幅下降，流动性严重不足，换手率不到5%，除每年履约期前一两个月交易量增长较快外，其他月份交投量极为冷清。

就现存的主要交易产品配额而言，配额的核算和分配方法也亟须改进。总量的设定，过多或过少都会影响市场资源的配置。总量设定过多，会导致碳市场供大于求，使碳价格低于碳配额价值；总量设定过少，碳配额供不应求，导致碳价偏高，企业减排成本加重。此外，配额的核算方法也会影响减排效果，目前无论是基于历史总量或强度下降而确定配额的“历史法”，还是基于当年实际产量来确定配额的“行业基准法”都存在一定弊端，前者公平性较差，后者对先期各类指标的要求较高。从分配方法上看，现行的配额免费发放和配额拍卖两种分配方式都有待完善，前者公平性好但效率较差，后者效率好但无法兼顾公平。如何平衡二者之间的关系，对碳市场的发展也不可忽略。

第三，配套管理制度尚不完善。碳市场的配套管理制度包括注册登记系统、碳排放的监测管理系统、市场风险预警和防控体系、碳抵消制度等。在注册登记系统方面，有关碳排放权登记、交易结算、分配履约还存在较大漏洞；碳排放的监测、监管制度仍不完善。尤其是对碳排放数据监测难度较大，市场风险预警和防控机制有待完善。与其他金融市场一样，在碳市场，各类风险也容易造成风险叠加，就我国目前碳市场风险预警和防控能力和机制还明显不足；在碳抵消制度方面，抵消机制存在多方面问题，如抵消标准、抵消产品、抵消比例、抵消时限等均存在一些问题。

12.3.3　碳排放权定价机制及价格调控机制尚未建立

第一，我国的定价机制尚未形成。价格机制是一种价格制度安排，它通常包括三方面的内容：价格的决策主体、价格形成方式以及价格调控方式。较理想的价格机制应该是市场机制，由市场供求决定价格的变动。我国碳市场试点已经启用六年，目前尚未形成科学合理的定价机制。一级市场价格通常由政府主管部门或地区相关部门确定。各试点市场根据各地区的产业结构、经济发展水平、高能耗企业比例来确定初始价格。以北京、天津、广州和深圳为例，北京市场的启动价为50元/吨，天津市场的启动价仅为27元/吨，广州市场的启动价为61元/吨，深圳市场碳交易的启动价为28元/吨，广州市场的价格是天津、深圳市场的两倍多。这些价格差异从某一个层面证明了政府定价的弊端。当然，在市场发展初期，政府定价可以避免恶性竞争和整体利益的损失，引导市场健康有序地发展，但随着碳市场的不断成熟，政府定价要逐步退出市场，建立由市场供求决定价格的市场定价机制。

第二，我国碳市场价格调控机制尚未建立。目前国内的碳交易试点除广州尝试部分初始配额拍卖外，其他市场均采用免费配额分配。从价格机制上看，免费配额分配是没有价格发现功能的，这也是我国碳市场发展过程中常常出现价格失灵的主要原因。由于配额市场既没有价格发现功能又没有价格调节功能，因而导致价格严重偏离合理运行区间。通常，碳市场的价格调控针对两种极端点：最高价位和最低价位。而这两种风险又在很大程度上取决于配额初始发放的数量（或价格）。我国在二级市场可以用涨跌停板制度来调控价格，但在一级市场价格调控会常常出现偏误。一般在价格过高时调控措施有较好的效果，但价格过低时调控效果常常不尽如人意。从这一点出发，配额发放的数量多少，直接影响到碳市场价格的稳定，当配额发放过多时，碳价格会持续降低，而低价位常常是很难调控的，因此应重点防范由配额发放过于宽松而导致的碳价格过低的风险。

12.4 本章小结

中国碳交易市场自 2013 年 7 个试点开始起步，目前已形成了相对完善的交易制度、配额分配与管理制度、碳排放的 MRV 制度、信息披露制度以及市场监管制度。目前尚存的主要问题是：①碳交易市场缺乏全国性的法律制度与安排；②碳交易市场流动性差，成交量、成交额偏低；③尚未形成科学合理的定价机制及价格调控机制等。

第 13 章 国际经验对中国碳交易市场发展的启示

欧盟碳交易市场至今已经运行 14 年，目前已初步形成完善的法律制度、交易制度、定价制度及监管制度。这些制度对世界各国及区域碳交易制度的构建具有很强的引领和示范作用。对我国而言，应结合本国国情构建全国碳排放权交易法律制度，在法律的框架下，规范其他市场制度，使碳交易市场能够健康有序地运行。

13.1 建立健全相关法律法规制度

作为一种新型的金融市场，中国碳交易市场建设正处于一个探索和发育阶段，需要完善的法律、政策和制度的协同体系予以保障。参照国际经验，建议我国在立法层面可从以下几个方面入手：

第一，迅速解决立法虚位和立法越位问题，尽快建立全国性的“碳交易法”。应该有一个系统的、层次分明的法律法规体系。建议将相关领域的国际法、国内法以及各省（区域）地方政府的规制有机结合，形成完整的立法系统。例如：在国际法层面，要遵循《京都议定书》《联合国气候公约》《哥本哈根协议》《巴黎协定》等文本的要求，调整我国法律的内容；在国内法层面，仅仅有《碳排放权交易管理暂行办法》作为法律依据是不够的，要结合碳交易所涉及的相关领域，如能源、环境、气候、金融的立法规定和规制，综合考虑法律准则；对各试点省市的规章和政策，要和国际法、国内法保持一致，不能自行其是。

第二，碳交易法律体系应具有分权化和开放化特征。中国有 7 个区域性碳交易试点市场，2020 年全国性碳交易市场运营之后，自然会涉及各市场间的分权与融合问题。例如：在法律细则上规定各试点市场排放总量的设置与分配、登记与交易结算系统、信息披露和风险监控等都应该容许差异的存在，适当分权；开放化指各个市场的相互衔接和对其他市场的开放，如各试点市场的互联互通、试点市场与全国市场的互联互通、国家碳交易市场与全球其他国家碳市场的互联互通，都应该纳入碳市场法律体系的范畴，具有开放性特征。

第三，对碳排放权交易主体的强制性法律责任的设定。强制性法律责任的设定是为了保障碳交易市场在法律框架内良性发展。根据国际经验，各国碳市场对交易主体（包括金融机构、各类私募股权基金、企业和个人）的民事、行政、刑事责任都有法律规定及惩罚措施。如新西兰碳交易市场规定：机构交易主体如果不能完成减排任务，必须同时承担民事和刑事责任，对不能提交排放要求的交易主体，要处以补偿额和罚金，严重者还有可能被定罪。个人交易主体也必须按照相关法律规定，在法律容许的范围内进行交易，否则，将承担相应的法律责任或处罚措施。参照国际经验，我国应该对交易主体设定相应的法律责任与义务，以保障碳市场健康有序的发展。

13.2 完善中国碳交易制度设计

碳交易制度设计主要包括以下内容：总量限制制度、配额分配制度、监测报告和核查制度（MRV）、注册登记制度、交易平台服务与监管制度、碳排放信息披露及公众参与制度等。其中，总量限制制度、配额分配制度、监测报告和核查制度（MRV）是我国应重点关注的问题。

第一，总量限制制度。在总量设定上，EUETS 前两个阶段在总量设定上过于宽松，导致碳配额严重过剩，碳价格长期在低位徘徊。鉴于此，我国在总量设定上要吸取欧盟的教训，配额总量设定和分配的原则是：总量适度，分配从紧。根据经济发展水平设定总量目标。目前，总量控制目标有两种办法：一是绝对总量控制目标；二是相对总量控制。前者一般在经济发展水平较高的国家中应用，碳排放量不允许增加；后者一般在经济发展水平较低的国家中应用，可以根据经济增长的需求，允许碳排放量的增加。配额总量应该在碳排放总量、碳排放减量（包括碳足迹、碳泄漏、碳脱钩和碳汇）进行精确核算的基础上来确定。排放总量计算时需要考虑两个方面：显性的碳排放和隐性的碳排放。对于前者，我国碳交易目前纳入的主要是工业碳排放，应该逐步扩展到农业、林业、土地利用、居民消费等领域的碳排放；对于后者，主要是隐含在国际贸易和区域贸易中的碳转移，例如，在国际贸易中，发达国家通常把碳排放高的生产部门放在发展中国家从而产生隐含碳排放问题。隐含碳排放的精准测定是碳排放总量确定的一个不可或缺的部分，应该引起高度重视并合理测算。在实施过程中，应预留部分政府储备配额，政府预留配额的目的是在碳配额需求发生变化时，能及时向市场投放配额，用较低的调节成本维持市场合理的碳价。与此同时，要充分发挥 CCER 对碳价的调节作用，根据碳配额的供需情况，适时调整 CCER 的比例，以平滑市场价格的异常波动。

第二，配额分配制度。目前，全球的碳配额分配制度由免费配额分配、有偿配额分配和混合配额分配构成。免费配额分配采用的方法包括历史法、历史强度下降法和基准线法；有偿配额分配方法包括拍卖、固定价格出售和委托拍卖；混合配额分配是二者在不同程度、不同比例上的融合。这三种方法都有各自的优点。免费配额分配考虑到公平但减排效率弱。企业在无须任何成本情况下获取配额，减排意愿不会很强烈，不能兼顾效率和公平；有偿分配法是成本效率最高的方式，但初期会加重企业负担，削弱其国际竞争优势；混合配额分配不失为一种最佳的配额分配方案，既兼顾了公平也兼顾了效率。从我国7个试点市场的实践来看，基本上沿用了EUETS的经验，在不同阶段，所采用的配额分配方法不尽相同。实践也证明，在碳市场发展的初期，初始配额分配应以免费分配为主，当然在免费分配的方法上有待进一步研究，到底是按照祖父分配法机制（Grandfathering），还是按照基准法分配机制（Benchmarking）。随着碳市场制度的逐渐成熟完善，适时引入拍卖机制并根据情况调整拍卖比例，最终实现完全有偿分配。

第三，MRV管理制度。MRV管理制度是一种对温室气体排放数据和信息的测量（Monitoring，M）、报告（Reporting，R）和核查（Verification，V）制度。M是经济主体本身对其排放的温室气体数据的测量；R指经济主体对其生产、经营过程中所排放的温室气体按规定进行报告；V指第三方核查机构对企业的碳排放报告进行合规性检查。其主要目的是严格管控碳排放相关数据和信息质量的准确、可靠，以确保碳交易市场信息的公平、公正和公开。欧盟碳交易市场自2003年就建立了与MRV相关的法律法规，《2003/87/EC指令》是其制度的基石，它明确规定了高排放行业核查报告的原则、基本要求和核算方法。截至2018年12月，EUETS已相继颁布了14项用于MRV的法律法规文件，对碳核查的参与主体（主管部门、认证机构、核查机构和参与企业）及职责、核查程序、独立审慎监管、协调及处罚机制、信息披露等都进行了严格规定。目前，中国的MRV建设尚处于初级阶段，各试点地区的MRV制度差异较大，也没有全国统一的MRV制度。

EUETS市场在MRV建设方面的成功经验对于中国的MRV制度建设具有重要的借鉴意义。首先，中国需要建立有关MRV的完整法律体系，目前我国对碳核查的相关规定主要以相关政策、部门规定为主，应该逐步完善MRV制度的顶层设计，制定国家层面碳核查法律法规，依法发展碳交易市场。其次，完善协调机制。目前，我国国家有关监管部门和7个试点地区建立的 MRV 核查体系，其内容存在较大的差异，应该借鉴欧盟的经验，形成全国统一的 MRV 的法规和指南，以推进碳市场健康有序的发展。最后，要健全监督和处罚机制，欧盟的核查机构以会计事务所为主，信誉高，守法意识强烈，监督制度也比较健全。相比之下，我国的核查机构整体素质较低，违规违法处罚力度较轻，违法成本低。建议我国建立国家层面的核查认证机构的资质审核，以及核查机构交叉互审制度，以保证 MRV 制度下温室气体排放数据的真实、准确和可靠。

13.3　制定合理的中国碳市场定价机制

碳定价机制在碳排放交易市场运行过程中起着至关重要的作用，其中，政府依法采取经济政策的指导和干预是确保价格机制稳定运行、碳交易市场健康发展的关键。政府在碳交易市场发展中的基本作用是调节市场，一方面，政府可以通过法律制定市场行为规则，使市场在法律允许范围内有序发展；另一方面，政府可以通过行政政策的干预克服市场定价机制中的各种障碍，实现政策目标。根据国外碳市场的经验，建议我国从下列几个方面完善碳定价机制。

13.3.1　逐步建立全面的拍卖制度

从目前配额发放的方式看，免费配额并不具有价格发现功能，因此，根据国际碳市场发展经验，在探讨碳产品定价时，我们只能从有偿分配的角度来切入。有偿分配分为两种：固定价格出售和拍卖。固定价格出售是澳大利亚在 2012 年 7 月 1 日起实施的“参与主体通过固定价格向政府购买配额”的碳定价计划，是一种从免费分配向完全有偿分配的过渡定价形式。其基本做法是：将预售配额分成若干等级，每一等级配额的价格不一，从低价到高价以竞标的方式逐步销售。但这种方法只适用于碳市场建设的初期，其价格发现功能较弱，且分级销售也扩大了价格波动风险。

作为一种优良的定价机制，拍卖制度（Auctioning）是国际碳市场极力试行的一种定价制度。目前国际碳市场以拍卖为主要定价比例越来越大，《2018 全球碳市场进展报告》显示：EUETS 拍卖比例已达 57%，西部气候倡议达 58%，新西兰碳排放体系达 77.5%。拍卖的优势：首先，交易成本低，市场效率高，能提供明确的市场价格信号。其次，公平公正。能较好地平衡交易各方的利益，避免配额囤积而导致的垄断。最后，可以带来政府财政收入和减少环境污染双重红利。根据 EUETS 市场经验，碳配额拍卖方式主要分为静态密封式拍卖和动态升序式拍卖。静态密封式拍卖又可以分为统一价格拍卖、歧视性价格拍卖以及第二价格拍卖。静态密封式拍卖和动态升序式拍卖的主要区别在于：前者只进行一轮拍卖，后者要进行多轮拍卖。鉴于静态密封式拍卖比动态升序式拍卖更简单、便捷，所以，目前国际碳市场的拍卖几乎都采用静态密封式拍卖，一般而言，当配额相对紧缺时，主管部门多采用歧视性价格拍卖，以获取更大收益；而当配额相对充裕时，多采用统一价格拍卖，以满足小的竞拍者的需求。借鉴国际经验，我国在拍卖方式选择上，如果要考虑拍卖效率，可采用歧视性拍卖；如果要考虑拍卖公平性，可考虑统一价格拍卖。

13.3.2 建立有管理的浮动碳价格机制

有管理的浮动碳价格机制是一种碳价格区间。它允许碳价格围绕固定碳价格（政府指导价）在一个可控范围内波动。

固定碳价格制即政府定价。政府定价是一种强制性的价格。政府定价的好处在于，在碳交易市场发展的初始阶段，政府可以根据总体排放目标和高能耗企业排放成本，确定一个固定碳价，使企业能够根据这一价格调整生产和消费行为，同时为市场的建设与发展提供一种便利。但是，政府定价不能长期实施，尤其在市场发育基本完善阶段，政府定价应主动退出，否则会导致市场失灵。

有管理的浮动碳价格制即政府指导价。为防止价格大幅度波动，政府可以按照定价权限和范围规定碳价格的上限、下限以及浮动区间。政府规定碳价格上限，可以保证碳价格不超出市场主体可以接受的范围，为碳排放企业避免成本的不确定性以及高排放成本提供了保障。当碳排放价格超出了价格上限，政府可以采取相应的调节机制，如配额储备进行价格平抑；反之，当碳排放价格低于了价格下限，政府可以通过配额回购、拍卖底价，以及征收额外税费等措施来调控碳价格。由碳价上限和下限确定的碳价浮动区间，是向市场和能耗企业提供的一种价格信号，市场参与者会根据这一信号调整生产经营成本，调整能源使用结构，降低化石能源的消耗，增加清洁能源的消费，从而实现低碳发展的目标。

13.3.3　探讨科学的碳定价技术与方法

目前，对碳排放权定价主要采用边际减排成本法和影子价格法，二者均基于一般均衡理论和线性规划范式。前提是承认市场符合有效市场假说。鉴于本项目的研究结果：碳市场是一个非线性的、分形与混沌的复杂动力系统之结论，我们需要将非线性结构融入资本市场理论之中，其中，系统论、协同论以及复制分形统计学的“自组织临界状态”模型都可能为碳排放权定价提供参考。但碳定价研究具有相当大的难度，尤其是对于CCER的定价，对森林碳汇中的五大碳库所固定的二氧化碳含量的测度极为困难。它需要有一种激励机制，鼓励研究人员去探索这个未知的领域。为此，建议政府设立专项研究基金，专注于碳资产定价研究，并突破碳定价由西方学者垄断的局面。

13.3.4 发展碳期货、碳期权等衍生品交易

衍生品交易一个最重要的功能就是价格发现功能。对于削减价格垄断，促进公平竞争，提高定价效率，加强资源合理配置都有很重要的意义。从国外碳市场经验看，自2005年起，全球主要碳市场都相继推出碳衍生品交易，如ECX/ICE、Bluenext、EEX推出的EUA、CER期货、期权，Nordpool推出的EUA远期和CER远期，部分场外交易推出的远期、碳排放权货币化、碳排放权交付保证、保险担保，以及碳债券、碳基金等。实践证明：现存的衍生产品交易对现货均具有价格发现功能。碳衍生品和碳现货价格之间具有稳定的均衡关系，碳衍生品价格具有“引导”或者“发现”现货价格的功能。所以，我国应尽快推出碳衍生产品交易，以发现科学合理的碳产品价格，指导碳市场稳健发展。

13.4 建立碳价格调控机制

价格调控的主要目的是稳定碳交易市场，避免价格的剧烈波动。根据国际市场经验，我国的碳价格调控机制可以从下列几个方面着手。

（1）建立政府调控市场碳价机制。碳交易市场遵循价值决定价格，供需调节价格的基本规律，但市场受各种因素的影响，会出现特殊的“市场失灵”，这种市场失灵是市场机制自身无法克服的，它需要一个调节者和监管者来进行调控，而政府就可以实现这种职能。政府可以通过修改、调整减排目标、配额总量等制度安排来改变配额供给数量，调节供求，继而改变价格水平。同时，政府还可以通过政策和行政手段进行市场操作，调控价格。政府对价格的调控，既可以是宏观的立法修改，又可以是微观的市场指导。根

据实际情况综合运用各种调控措施，可以在一定程度上实现稳定市场价格的目标。

（2）建立储备配额制度。储备配额制度是目前欧盟市场以及大多数碳交易市场在二级市场进行价格调控的主要手段之一。在储备配额制度下，政府在一级市场发放大部分配额，并预留少数配额作为储备以调节市场。当碳市场出现大幅度价格波动时，政府可以调动储备来抑制碳价波动。例如，当碳价格出现暴跌时，政府可以启动公开市场业务，动用配额储备，购买配额，提升碳价；反之，当碳价格出现暴涨时，政府可以通过出售配额，以平抑碳价。

（3）建立限价制度。按照国际碳市场的通常做法，限价制度通常是限低不限高。如英国的碳底价制度：当某一企业的碳排放权低于政府设定的最低限价，该企业需向政府缴纳与价差相等的额外碳排放费。这种做法的好处是，可以快速控制价格下跌，但同时也会增加企业成本，降低企业减排意愿。我国各试点市场目前主要采取回购配额的方式来解决碳价过低的问题，针对我国的具体情况，建议在碳价格长期低于最低限价时，可考虑利用临时救市措施，对冲、抵消市场上碳配额存量，使市场逐步实现供需均衡。

（4）临时性救市措施。该措施主要是针对市场配额长期严重过剩的情况，通过折价、折量、拍卖或出售等临时性措施削减配额，实现碳配额的跨期调整。例如，EUETS 市场采用的推迟部分配额发放措施，即将一定数额的某一时间段计划发放的配额，推迟到下一个时间段发放。此项措施尽管不能从根本上解决碳市场供大于求的问题，但对在短期内稳定当期碳价，使持续低迷的碳价格有一定回升，恢复市场平衡是有一定作用的。

13.5 建立完备的碳金融市场监管机制

借鉴国际碳市场的监管经验以及中国碳市场试点过程中的实践经验，中国碳市场的监管应该特别注意以下几个方面：

第一，建立健全法律监管体系。在成熟的碳交易市场，基本都有一套法律监管体系，如 EUETS 市场，既有与碳交易相关的《指令》，以明确碳减排目标、碳交易标的、受控碳排放源的范围、登记监测报告追踪等制度安排，也有与金融市场相关的《金融立法》，以解决碳交易市场开发的一系列金融碳衍生品的法律监管。对于一些不具备金融工具特质的排放指标（如几天的现货合同），也按照相关的法律进行监管。建议我国借鉴国外碳市场监管经验，建立健全相关的综合性的法律体系，包括碳交易法、碳金融法、能源法、环境法等，以解决市场滥用、价格操纵、洗钱、恐怖融资等违规行为，做到有法可依、有章可循，为碳市场的健康发展提供保障。

第二，建立完善的监管体系。碳交易市场是一个综合性较强的市场，它涵盖能源、环境、气候、金融等多个领域，因此，监管体系的设定必须充分考虑碳交易涉及的多元主体。借鉴成熟碳市场经验，可考虑建立一个多层次、多维度的监管体系，实现多元化综合协调管理，如欧盟监管机构由欧盟委员会、欧盟交易志、金融监管机构以及各成员国监管机构共同组成。在政府监管方面，建议由国家发展改革委、省市发改委主管部门、能源部门、环境监测部门、金融管理机构组建为一个综合监管部门，共同协调，实施监管；对公正监管，可考虑建立第三方监管机构，独立执行监管职能；对行业自律监管，可建立健全交易所监管，制定交易规则，对交易全过程实行动态监管；对社会监管，应建立社会监管机制，通过行业组织、媒体、信用评级机构、律师事务所和会计事务所实施社会监管。

第三，建立健全监管制度。对监管制度，可考虑从三个方面着手：首先，建立完整的碳交易信息披露和公示制度，要对整个碳足迹链进行信息披露，包括碳形成、碳排放总量、碳排放配额的分配、排污许可证的发放等。其次，建立碳排放核定制度。鉴于碳排放权的特殊性，碳核查制度是保障一国监测碳排放量准确性的核心。在企业提交年度碳排放报告的基础上，为确保企业碳排放数据的真实性，需要有独立的第三方机构进行核查，监测并精确计量企业的实际排放量。核查工作既可以由各级发改委委托第三方机构进行核查，也可由纳入配额管理的单位委托第三方机构核查。第三方机构应严格遵守国家和地方部门的相关规定，独立、公正地开展工作，并对核查报告的规范性、真实性和准确性负责，对被核查企业的商业秘密和碳排放数据严格保密。最后，建立风险管理制度。一是对配额交易过程中的风险进行识别、计量和监控；二是针对项目开发周期长、资金回流慢等特点，对抵消项目进行特殊监管；三是对碳衍生品进行特殊监管。由于碳衍生品具有套利、套期等多重特点，其多元化、多样性使其交易风险尤为复杂、隐蔽，因而要对这类风险给予特别的关注和防范。

13.6　本章小结

本章在借鉴欧盟碳排放权市场经验与教训的基础上，提出了我国碳排放权市场相应的发展和改进措施，主要包括：①建立健全完善的法律体系，以保障碳市场有法可依、有法必依、执法必严、违法必究；②建立科学合理的定价机制，以保障价格对市场的指导与调节功能的实施；③建立完善的监管体系和监管制度，以保障碳市场能健康、有序、可持续发展。

参考文献

［1］Aatola P，Ollikainen M，Toppinen A. Impact of the carbon price on the integrating European electricity market ［J］. Energy Policy，2013（61）：1236–1251.

［2］Aatola P，Ollikka K，Ollikainen M. Informational efficiency of the EU–ETS market–a study of price predictability and profitable trading ［J］. Journal of Environmental Economics & Policy，2014，3（1）：92–123.

［3］Abadie L M，Chamorro J M. European CO_2 investments ［J］. Energy Economics，2008，30（6）：2992–3015.

［4］Alberola E，Chevallier J，Chèze B. Price drivers and structural breaks in European carbon prices 2005–2007［J］. Energy Policy，2008，36（2）：787–797.

［5］Álvaro Cartea，Marcelo G Figueroa. Pricing in Electricity Markets：A Mean Reverting Jump Diffusion Model with Seasonality［J］. Applied Mathematical Finance，2005，12（4）：313–335.

［6］Andrews D W K. Heteroscedasticity and autocorrelation consistent co–variance estimation［J］. Econnometrica，1991，59（1）：817–858.

［7］Barni M，Piva A. DWT–based technique for spatio–frequency masking of digital signatures ［C］. Security and Watermarking of Multimedia Contents，1999：31–39.

［8］Benz E，Stefan T. Modeling the price dynamics of CO_2 emission al–

lowances [J]. Energy Economics, 2009, 31 (1): 4–15.

[9] Blanter E, Mouël J L L, Shnirman M, et al. Kuramoto Model with Non–symmetric Coupling Reconstructs Variations of the Solar–Cycle Period [J]. Solar Physics, 2016, 291 (3): 1003–1023.

[10] Boeters S. Optimally differentiated carbon prices for unilateral climate policy [J]. Energy Economics, 2014 (45): 304–312.

[11] Brauneis A, Mestel R, Palan S. Inducing low–carbon investment in the electric power industry through a price floor for emissions trading [J]. Energy Policy, 2013 (53): 190–204.

[12] Buchner B, Carraro C, Ellerman A D. The allocation of European union allowances: Lessons, unifying themes and general principles [J]. Energy Economics, 2006, 31 (1): 10–16.

[13] Bunn D W, Fezzi C, Interaction of European Carbon Trading and Energy Prices [J]. FEEM Working Paper, 2007 (63).

[14] Byrne J P, Fazio G, Fiess N M. Primary commodity prices: Co–movements, common factors and fundamentals [J]. Journal of Development Economics, 2011, 101 (1): 16–26.

[15] Byun S J, Cho H. Forecasting carbon futures volatility using GARCH models with energy volatilities [J]. Energy Economics, 2013, 40 (2): 207–221.

[16] Cao G, Xu W. Nonlinear structure analysis of carbon and energy markets with MFDCCA based on maximum overlap wavelet transform [J]. Physica A: Statistical Mechanics & Its Applications, 2016, 444: 505–523.

[17] Cashin P, Mcdermott C J, Scott A. Booms and slumps in world commodity prices [J]. Journal of Development Economics, 2002, 69 (1): 277–296.

[18] Cashin P, Mcdermott C J. The Long–Run Behavior of Commodity Prices: Small Trends and Big Variability [J]. Imf Staff Papers, 2002, 49 (2): 175–199.

[19] Castro V. The Portuguese stock market cycle [J]. OECD Journal: Journal of Business Cycle Measurement & Analysis, 2013 (1): 1-23.

[20] Chakrabotry A, Ashir T, Suganuma G. Self-similar and fractal nature of internet traffic [J]. International Journal of Network Management, 2004, 14 (1): 1-11.

[21] Chen M G. Empirical study on the long-memory effect in Chinese stock market [J]. Economic Research Journal, 2003, 3 (1): 70-78.

[22] Chevallier J. Nonparametric modeling of carbon prices [J]. Energy Economics, 2011, 33 (6): 1267-1282.

[23] Chevallier J. A model of carbon price interactions with macroeconomic and energy dynamics [J]. Energy Economics, 2011, 33 (6): 1295-1312.

[24] Chevallier J. Carbon futures and macroeconomic risk factors: A view from the EU-ETS [J]. Energy Economics, 2009, 31 (4): 614-625.

[25] Chevallier J. Carbon Price Drivers: An Updated Literature Review [J]. International Journal of Applied Logistics, 2013, 4 (4): 1-7.

[26] Chevallier J. Detecting instability in the volatility of carbon prices [J]. Energy Economics, 2011, 33 (1): 99-110.

[27] Chevallier J. Nonparametric modeling of carbon prices [J]. Energy Economics, 2011, 33 (6): 1267-1282.

[28] Chhabra A B, Meneveau C, Jensen R V, et al. Direct determination of the singularity spectrum and its application to fully developed turbulence [J]. Physical Review A: General Physics, 1989, 40 (9): 5284-5294.

[29] Chow K V, Denning K C. A simple multiple variance ratio test [J]. Journal of Econometrics, 1993, 58 (3): 385-401.

[30] Colominas M A, Schlotthauer G, Torres M E. Improved complete ensemble EMD: A suitable tool for biomedical signal processing [J]. Biomedical Signal Processing & Control, 2014, 14 (1): 19-29.

[31] Conrad C, Rittler D, Rotfuß W. Modeling and explaining the dynamics of European Union Allowance prices at high-frequency [J]. Energy Economics, 2012, 34 (1): 316-326.

[32] Creti A, Jouvet P A, Mignon V. Carbon price drivers: Phase I versus Phase II equilibrium? [J]. Energy Economics, 2012, 34 (1): 327-334.

[33] Cuddington J T, Jerrett D. Super Cycles in Real Metals Prices? [J]. Imf Staff Papers, 2008, 55 (4): 541-565.

[34] Daskalakis G, Markellos R N. Are the European Carbon Markets Efficient? [J]. Social Science Electronic Publishing, 2008, 17 (2): 103-128.

[35] Daskalakis G, Psychoyios D, Markellos R N. Modeling CO_2, emission allowance prices and derivatives: Evidence from the European trading scheme [J]. Journal of Banking & Finance, 2009, 33 (7): 1230-1241.

[36] Deeney, P, Cummins, M, Dowling, M M, Smeaton, A F Influences from the European parliament on EU emissions prices [J]. Energy Policy. 2016, 88: 561-572.

[37] Dmitrieva I V, Kuzanyan K M, Obridko V N. Amplitude and period of the dynamo wave and prediction of the solar cycle [J]. Solar Physics, 2000, 195 (1): 209-218.

[38] Fama E F. The Behavior of Stock-Market Prices [J]. Journal of Business, 1965, 38 (1): 34-105.

[39] Fan X, Li S, Tian L. Chaotic characteristic identification for carbon price and an multi-layer perceptron network prediction model[J]. Expert Systems with Applications, 2015, 42 (8): 3945-3952.

[40] Fan Y, Jia J J, Wang X, et al. What policy adjustments in the EU-ETS truly affected the carbon prices? [J]. Energy Policy, 2017 (103): 145-164.

[41] Fell H G, Burtraw D, Morgenstern R D, et al. Soft and hard price

collars in a cap-and-trade system: A comparative analysis [J]. Journal of Environmental Economics and Management, 2011, 64 (2): 183-198.

[42] Feng Z H, Zou L L, Wei Y M. Carbon price volatility: Evidence from EU-ETS [J]. Applied Energy, 2011, 88 (3): 590-598.

[43] Fidrmuc J, Korhonen I, Poměnková J. Wavelet spectrum analysis of business cycles of China and G7 countries [J]. Applied Economics Letters, 2014, 21 (18): 1309-1313.

[44] Figlewski S. Market "Efficiency" in a Market with Heterogeneous Information [J]. Journal of Political Economy, 1978, 86 (4): 581-597.

[45] Frunza M, Guegan D, Lassoudiere A. Statistical Evidence of Tax Fraud on the Carbon Allowances Market [J]. Social Science Electronic Publishing, 2010.

[46] García-Martos C, Rodríguez J, Sánchez M J. Modelling and forecasting fossil fuels, CO_2, and electricity prices and their volatilities[J]. Applied Energy, 2013, 101 (1): 363-375.

[47] Gilmore C G. A new test for chaos [J]. Journal of Economic Behavior & Organization, 1993, 22 (2): 209-237.

[48] Giraitis L, Kokoszkab P S, Leipusc R, et al. Rescaled variance and related tests for long memory in volatility and levels [J]. Journal of Econometrics, 2003, 112 (1): 265-294.

[49] Golosnoy V, Rossen A. Modeling dynamics of metal price series via state space approach with two common factors [J]. Empirical Economics, 2014, 54 (4): 1477-1501.

[50] Grassberger P, Procaccia J. Characterization of Strange attractors [J]. Physical Review Letters, 1983, 7 (50): 346-349.

[51] Gregoriou A, Healy J, Savvides N. Market efficiency and the basis in the European Union Emissions Trading Scheme [J]. Journal of Economic Studies,

2014, 41 (4): 615-628.

[52] Gropp J. Mean reversion of industry stock returns in the U.S. 1926-1998 [J]. Journal of Empirical Finance, 2004, 11 (4): 537-551.

[53] Grossman S J . On the Impossibility of Informationally Efficient Markets [J]. American Economic Review, 1980, 70 (3): 393-408.

[54] Guðbrandsdóttir H N, Haraldsson HÓ. Predicting the Price of EU-ETS Carbon Credits [J]. Systems Engineering Procedia, 2011, 1: 481-489.

[55] Gupta R, Basu P K. Weak Form Efficiency in Indian Stock Markets [J]. Journal of International Business Studies, 2011, 6 (3): 57-64.

[56] Haara, L N, Haarb, L. Policy-making under uncertainty: Commentary upon the European Union Emissions Trading Scheme [J]. Energy Policy, 2006, 34 (17): 2615-2629.

[57] Hammoudeh S, Nguyen D K, Sousa R M. Energy prices and CO_2, emission allowance prices: A quantile regression approach [J]. Energy Policy, 2014, 70 (7): 201-206.

[58] Hammoudeh, S, Nguyen, D K, Sousa, R M. What explain the short-term dynamics of the prices of CO_2 emissions? [J]. Energy Economics. 2014, 46: 122-135.

[59] Hintermann B. Allowance price drivers in the first phase of the EU-ETS [J]. Journal of Environmental Economics & Management, 2010, 59 (1): 43-56.

[60] Hirota R, Satsuma J. A Simple Structure of Superposition Formula of the Bäcklund Transformation [J]. Journal of the Physical Society of Japan, 2007, 45 (45): 1741.

[61] Hitzemann S, Uhrig-Homburg M, Ehrhart K M. Emission permits and the announcement of realized emissions: Price impact, trading volume, and volatilities [J]. Social Science Electronic Publishing, 2015 (51): 560-569.

[62] Hsieh D A. Chaos and Nonlinear Dynamics: Application to Financial Markets [J]. Journal of Finance, 1991, 46 (5): 1839–1877.

[63] Hsieh H H. Do Managers of Global Equity Funds Outperform Their Respective Style Benchmarks? An Empirical Investigation [J]. International Business & Economics Research Journal, 2011, 10 (12): 1–10.

[64] Huang N E, Shen Z, Long S R, et al. The empirical mode decomposition and the Hilbert spectrum for nonlinear and non–stationary time series analysis [J]. Proceedings Mathematical Physical & Engineering Sciences, 1998, 454 (1971): 903–995.

[65] Hurst H E. Long term storage capacity of reservoirs[J]. Transactions of the American Society of Civil Engineers, 1951, 116 (1): 770–799.

[66] Iwao M, Hirota R. Soliton solution of a coupled modified KdV equations [J]. J. Phys. Soc. Jpn. 1997 (66): 577–588.

[67] Kahneman D, Riepe M W. Aspects of investor psychology [J]. The Journal of Portfolio Management, 1998 (24): 52–65.

[68] Kalaitzoglou I, Ibrahim B M. Does Order Flow in The European Carbon Futures Market Reveal Information?[J]. Journal of Financial Markets, 2013, 16 (3): 604–635.

[69] Kanen J L M, Carbon Trading and Pricing [M]. Environmental Finance Publications, 2006.

[70] Kim C J, Morley J C, Nelson C R. Does an intertemporal tradeoff between risk and return explain mean reversion in stock prices? [J]. Journal of Empirical Finance, 2001, 8 (4): 403–426.

[71] Kim J H, Shamsuddin A. Are Asian stock markets efficient? Evidence from new multiple variance ratio tests [J]. Applied Economics, 2012, 44 (14): 37–47.

[72] Klaassen G, Nentjes A, and Smith M. Testing the Theory of Emis–

sions Trading: Experimental Evidence on Alternative Mechanisms for Global Carbon Trading [J]. Ecological Economics, 2005, 53 (1): 47-58.

[73] Klingaman N P, Woolnough S J. The role of air-sea coupling in the simulation of the Madden-Julian oscillation in the Hadley Centre model [J]. Quarterly Journal of the Royal Meteorological Society, 2015, 140 (684): 72-86.

[74] Kollenberg S, Taschini L. Emissions trading systems with cap adjustments [J]. Journal of Environmental Economics & Management, 2016 (80): 20-36.

[75] Koop G, Tole L. Forecasting the European carbon market[J]. Journal of the Royal Statistical Society Series A, 2013, 176 (3): 723-741.

[76] Kopp R E, Mignone B K. Circumspection, reciprocity, and optimal carbon prices [J]. Climatic Change, 2013, 120 (4): 831-843.

[77] Lee J D, Park J B, Kim T Y. Estimation of the Shadow Prices of Pollutants with Production Environment Inefficiency Taken into Account: A Nonparametric Directional Distance Function Approach [J]. Journal of environmental management, 2002, 64 (4): 365-375.

[78] Lee S C, Oh D H, Lee J D. A New Approach to Measuring Shadow Price: Reconciling Engineering and Economic Perspectives [J]. Energy Economics, 2014 (46): 66-77.

[79] Li C Y, Chen S N, Lin S K. Pricing derivatives with modeling CO_2 emission allowance using a regime-switching jump diffusion model: With regime-switching risk premium [J]. European Journal of Finance, 2016, 22 (10): 1-22.

[80] Li W, Lu C. The Research on Setting a Unified Interval of Carbon Price Benchmark in the National Carbon Trading Market of China [J]. Applied Energy, 2015 (155): 728-739.

[81] Lim K P, Brooks R D, Hinich M J. Nonlinear serial dependence and the weak-form efficiency of Asian emerging stock markets[J]. Journal of International Financial Markets Institutions & Money, 2008, 18 (5): 527-544.

[82] Liow K H. Linkages between cross-country business cycles, cross-country stock market cycles and cross-country real estate market cycles: Evidence from G7 [J]. Journal of European Real Estate Research, 2016, 9 (2): 123-146.

[83] Lo A W, Mackinlay A C. Stock Market Prices do not Follow Random Walks: Evidence from a Simple Specification Test[J]. Review of Financial Studies, 1988, 1 (1): 41-66.

[84] Lo A W. Long-term memory in stock market prices [J]. Econometrica, 1991, 59 (5): 1279-1313.

[85] Malkiel B G, Fama E F. Efficient Capital Markets: A Review of Theory and Empirical Work [J]. Journal of Finance, 1970, 25 (2): 383-417.

[86] Mansanet-Bataller M, Pardo A, Valor E. CO_2 Prices, Energy and Weather [J]. Energy Journal, 2009, 28 (3): 73-92.

[87] Marc S Paolella, Luca Taschini. An Econometric Analysis of Emission Allowance Prices [J]. Journal of Banking & Finance, 2008, 32 (10): 2022-2032.

[88] Marklund P O, Samakovlis E. What is driving the EU Burden-sharing Agreement: Efficiency or equity? [J]. Journal of Environmental Management, 2007, 85 (2): 317-329.

[89] Maydybura A, Andrew B. A Study of the Determinants of Emissions Unit Allowance Price in the European Union Emissions Trading Scheme [J]. Australasian Accounting Business & Finance Journal, 2011, 5 (4): 123-142.

[90] Mckenzie M D. Chaotic behavior in national stock market indices: New evidence from the close returns test [J]. Global Finance Journal, 2001, 12

(1): 35-53.

[91] Michael Grubb, Karsten Neuhoff. Allocation and competitiveness in the EU emissions trading scheme: Policy overview [J]. Climate Policy, 2006, 6 (1): 7-30.

[92] Miclaus P, Lupu R, Dumitrescu S, Bobrica A. Testing the efficiency of the European Carbon Futures Market using Event-Study Methodology [J]. International Journal of Energy and Management, 2008 (2): 121-128.

[93] Milunovich G, Joyeux R. Market Efficiency and Price Discovery in the EU Carbon Futures Market [J]. Applied Financial Economics, 2010 (20): 128-129.

[94] Naccache T. Oil price cycles and wavelets [J]. Energy Economics, 2011, 33 (2): 338-352.

[95] Nakamori, Yoshiteru. A general approach based on autocorrelation to determine input variables of neural networks for time series forecasting [J]. Journal of Systems Science and Complexity, 2004, 17 (3): 297-305.

[96] Nam K, Chong S P, Avard S L. Asymmetric reverting behavior of short-horizon stock returns: An evidence of stock market overreaction [J]. Journal of Banking & Finance, 2001, 25 (4): 807-824.

[97] Niblock S. A diachronic informational efficiency investigation of European carbon markets [D]. PhD thesis, Southern Cross University, Lismore, NSW, 2011.

[98] Nobre C, Jr R B, Costa A G. Biospeckle laser spectral analysis under Inertia Moment, Entropy and Cross-Spectrum methods [J]. Optics Communications, 2009, 282 (11): 2236-2242.

[99] Oberndorfer, U. EU Emission Allowances and the Stock Market: Evidence from the Electricity Industry. Ecological Economics, 2009, 68 (4): 1116-1126.

[100] Ortas E, Álvarez I. The efficacy of the European Union Emissions Trading Scheme: Depicting the co-movement of carbon assets and energy commodities through wavelet decomposition [J]. Journal of Cleaner Production, 2016 (116): 40-49.

[101] Palao F, Pardo A. What makes carbon traders cluster their orders? [J]. Energy Economics, 2014 (43): 158-165.

[102] Paolella M S, Taschini L. An Econometric Analysis of Emission Allowance Prices [J]. Journal of Banking & Finance, 2008 (32): 2022-2032.

[103] Parker P S, Shonkwiler J S. On the centenary of the German hog cycle: New findings[J]. European Review of Agricultural Economics, 2014, 41 (1): 47-61.

[104] Pérez-Rodríguez J V, Torra S, Andrada-Félix J. STAR and ANN models: Forecasting performance on the Spanish "Ibex-35" stock index [J]. Journal of Empirical Finance, 2005, 12 (3): 490-509.

[105] Peters E E. Fractal Market Analysis: Applying Chaos Theory to Investment and Economics [J]. Chaos Theory, 1994, 34 (2): 343-345.

[106] Peters, Edgar E. A Chaotic Attractor for the S&P 500 [J]. Financial Analysts Journal, 1991, 47 (2): 55-62.

[107] Philibert C. Assessing the value of price caps and floors [J]. Climate Policy, 2009, 9 (6): 612-633.

[108] Rickels W, Görlich D, Peterson S. Explaining European Emission Allowance Price Dynamics: Evidence from Phase II [J]. German Economic Review, 2014, 16 (2): 181-202.

[109] Roberts M C. Duration and characteristics of metal price cycles [J]. Resources Policy, 2009, 34 (3): 87-102.

[110] Roselyne Joyeux, George Milunovich. Testing market efficiency in the EU carbon futures market [J]. Applied Financial Economics, 2010, 20

(10): 803-809.

[111] Sabbaghi O, Sabbaghi N. Carbon financial instruments, thin trading, and volatility: evidence from the Chicago climate exchange [J]. The Quarterly Review of Economics and Finance, 2011, 51 (4): 399-407.

[112] Sartor, O. The EU-ETS carbon price: To intervene, or not to intervene [J]. Climate Brief, 2012, 12 (2): 1-8.

[113] Schmid T. Modeling electricity spot prices: combining mean reversion, spikes, and stochastic volatility [J]. Cefs Working Paper, 2015, 21 (4): 292-315.

[114] Seifert J, Uhrig-Homburg M, Wagner M. Dynamic behavior of CO_2 spot prices [J]. Journal of Environmental Economics and Management, 2008, 56 (2): 180-194.

[115] Seo M D, Park S J, Kim H J, et al. Trend and Cycle in Bond Premia [J]. Social Science Electronic Publishing, 2009, 40 (5): 839-843.

[116] Sharpe W F. A Simplified Model for Portfolio Analysis [J]. Management Science, 1963, 9 (2): 277-293.

[117] Simões S, Cleto J, Fortes P, et al. Cost of Energy and Environmental Policy in Portuguese CO_2, Abatement-scenario Analysis to 2020 [J]. Energy Policy, 2008, 36 (9): 3598-3611.

[118] Strohsal T, Proano C, Wolters J. Characterizing the Financial Cycle: Evidence from a Frequency Domain Analysis [J]. Sfb Discussion Papers, 2015.

[119] Tang K, Hailu A, Kragt M E, et al. Marginal Abatement Costs of Greenhouse Gas Emissions: Broadacre Farming in the Great Southern Region of Western Australia [J]. Australian Journal of Agricultural and Resource Economics, 2016, 60 (3): 116-132.

[120] Taschini L, Paolella M S. An Econometric Analysis of Emission

Trading Allowances [J]. Social Science Electronic Publishing, 2006, 32 (10): 2022-2032.

[121] Torres M E, Colominas M A, Schlotthauer G, et al. A complete ensemble empirical mode decomposition with adaptive noise [C]. 2011 IEEE International Conference on Acoustics, Speech and Signal Processing (ICASSP). IEEE, 2011: 4144-4147.

[122] Wang P, Yuan X L. A VaR model based on multifractal asymmetry measurement [J]. Chinese Journal of Management Science, 2015, 23 (3): 13-23.

[123] Wolf A, Swift J B, Swinney H L, et al. Determining Lyapunov exponents from a time series [J]. Physica D Nonlinear Phenomena, 1985, 16 (3): 285-317.

[124] Wood P J, Jotzo F. Price floors for emissions trading [J]. Energy Policy, 2011, 39 (3): 1746-1753.

[125] Wright J. Alternative Variance-Ratio Tests Using Ranks and Signs [J]. Journal of Business & Economic Statistics, 2000, 18 (1): 1-9.

[126] Wu Z H. and Huang N E. Ensemble Empirical Mode Decomposition: A Noise-assisted Data Analysis Method [J]. Advances in Adaptive Data Analysis, 2009, 1 (1): 1-41.

[127] Zhang X, Lai K K, Wang S Y. A new approach for crude oil price analysis based on Empirical Mode Decomposition [J]. Energy Economics, 2008, 30 (3): 905-918.

[128] Zhang Y J. Estimating the 'Value at Risk' of EUA futures prices based on the Extreme Value Theory [J]. International Journal of Global Energy Issues, 2011, 35 (2): 145-157.

[129] Zhou X, Fan L W, Zhou P. Marginal CO_2, Abatement Costs: Findings from Alternative Shadow price estimates for Shanghai Industrial Sectors [J].

Energy Policy，2015（77）：109-117.

［130］Zhu B Z. A Novel Multiscale Ensemble Carbon Price Prediction Model Integrating Empirical Mode Decomposition，Genetic Algorithm and Artificial Neural Network［J］. Energies，2012（5）：355-370.

［131］Zhu B，Chevallier J. Carbon Price Forecasting with a Hybrid ARIMA and Least Squares Support Vector Machines Methodology［J］. Omega-international Journal of Management Science，2013，41（3）：517-524.

［132］Zhuang X T，Ding Z，Ying Y，et al. Fractal characteristic of the Chinese stock market complex network［J］. Systems Engineering-Theory & Practice，2015，35（2）：273-282.

［133］埃德加·E.彼得斯，储海林，等. 分形市场分析：将混沌理论应用到投资与经济理论上［M］. 北京：经济科学出版社，2002.

［134］白云帆. 欧盟碳排放权市场价格波动规律研究［D］. 暨南大学博士学位论文，2016.

［135］宝音朝古拉，苏木亚，赵洋. 基于 VAR 模型的东亚主要国家和地区金融危机传染实证研究［J］. 金融理论与实践，2013（3）：29-34.

［136］曾悦，杨星，蒋金良. 碳排放权价格均值回归的周期及振幅［J］. 控制理论与应用，2018，35（4）：88-98.

［137］常洁. 碳排放权交易市场定价研究［D］. 中央财经大学硕士学位论文，2015.

［138］陈梦根. 中国股市长期记忆效应的实证研究［J］. 经济研究，2003，3（1）：70-78.

［139］陈鹏. 欧美碳交易市场监管机制比较研究及对我国的启示［D］. 华东政法大学博士学位论文，2012.

［140］陈伟强. 基于 HP 滤波法的我国动力煤价格波动周期研究［J］. 中国矿业，2013（s1）：63-66.

［141］陈晓红，王陟昀. 欧洲碳排放权交易价格机制的实证研究［J］. 科

技进步与对策，2010，27（19）：142-147.

［142］陈欣. 中国碳交易市场价格研究：定价基础、影响因素及定价效率［D］. 陕西师范大学博士学位论文，2016.

［143］陈雄强，张晓峒. 货币供应量的实时监测——基于季节调整方法［J］. 上海经济研究，2011（7）：26-34.

［144］邓创，徐曼. 中国的金融周期波动及其宏观经济效应的时变特征研究［J］. 数量经济技术经济研究，2014（9）：75-91.

［145］丁洋. 基于GEN方法的国内碳价格的影响因素研究——以深圳排放权交易所的碳配额价格为例［J］. 时代金融，2015（12）：291-292.

［146］杜莉，孙兆东，汪蓉. 中国区域碳金融交易价格及市场风险分析［J］. 武汉大学学报（哲学社会科学版），2015，68（2）：86-93.

［147］冯晓莹. 国际碳交易市场有效性研究［D］. 暨南大学博士学位论文，2014.

［148］凤振华. 碳市场复杂系统价格波动机制与风险管理研究［D］. 中国科学技术大学博士学位论文，2012.

［149］高杨，李健. 基于EMD-PSO-SVM误差校正模型的国际碳金融市场价格预测［J］. 中国人口·资源与环境，2014，24（6）：163-170.

［150］郭福春，潘锡泉. 碳市场：价格波动及风险测度——基于EUETS期货合约价格的实证分析［J］. 财贸经济，2011（7）：110-118.

［151］郭红玉，许争，佟捷然. 日本量化宽松政策的特征及对股票市场短期影响研究——基于事件分析法［J］. 国际金融研究，2016，349（5）：38-47.

［152］郭晓亭. 基于GARCH模型的中国证券投资基金市场风险实证研究［J］. 国际金融研究，2005（10）：55-59.

［153］何建敏，常松. 中国股票市场多重分形游走及其预测［J］. 中国管理科学，2002，10（3）：11-17.

［154］何孝星，孙涛. 经验模态分析的发展及其在经济分析中的应用

[J]. 经济学动态，2014（7）：32-37.

[155] 黄金金. 欧盟碳价格季节性波动规律及其影响因素研究 [D]. 暨南大学博士学位论文，2018.

[156] 蒋晶晶，叶斌，马晓明. 基于 GARCH-EVT-VaR 模型的碳市场风险计量实证研究 [J]. 北京大学学报（自然科学版），2015，51（3）：511-517.

[157] 李安楠，邓修权，赵秋红. 分形视角下的非常规突发事件应急组织动态重构——以 8.12 天津港爆炸事件为例 [J]. 管理评论，2016，28（8）：193-206.

[158] 李德杰. 基于 EMD 的我国木材价格波动的影响因素分析 [D]. 北京林业大学博士学位论文，2014.

[159] 李立群. 价格均值回归的跳跃扩散模型——以美国德州 EROCT 电力市场为例 [J]. 港澳经济，2015（35）：22-25.

[160] 李挚萍. 碳交易市场的监管机制研究 [J]. 江苏大学学报（社会科学版），2012，14（1）：56-62.

[161] 梁敬丽. 欧盟碳排放权市场行为特征与价格预测研究 [D]. 暨南大学博士学位论文，2016.

[162] 林文斌，刘滨. 中国碳市场现状与未来发展 [J]. 清华大学学报（自然科学版），2015（12）：1315-1323.

[163] 刘琛，宋尧. 中国碳排放权交易市场建设现状与建议 [J]. 国际石油经济，2019（4）：47-53.

[164] 刘建平，王雨琴. 季节调整方法的历史演变及发展新趋势 [J]. 统计研究，2015，32（8）：90-98.

[165] 刘静. 欧盟碳排放市场分形特征研究 [D]. 北方工业大学博士学位论文，2015.

[166] 刘维泉，张杰平. EU-ETS 碳排放期货价格的均值回归——基于 CKLS 模型的实证研究 [J]. 系统工程，2012（2）：44-52.

[167] 刘学之，朱乾坤，孙鑫，等. 欧盟碳市场 MRV 制度体系及其对中

国的启示［J］. 中国科技论坛，2018（8）：164–173.

［168］马忠玉，翁智雄. 中国碳市场的发展现状、问题及对策［J］. 环境保护，2018（8）：33–37.

［169］莫建雷，等. 碳市场价格稳定机制探索及对中国碳市场建设的建议［J］. 气候变化研究进展，2013，9（5）：368–375.

［170］潘琛，王晓冬. 论我国对欧盟碳排放权交易治理体制的借鉴［J］. 长春理工大学学报（社会科学版），2017（5）：49–54.

［171］潘慧峰，石智超. 重大需求冲击对石油市场的短期影响分析——基于事件分析法的研究［J］. 上海经济研究，2012（12）：32–43.

［172］潘泽清. 时间序列季节调整的必要性、方法以及春节效应的调整［J］. 财政研究，2013（5）：29–33.

［173］钱有华，张伟. 两自由度耦合 van del Pol 振子周期解的同伦分析方法［J］. 科技导报，2008（22）：22–25.

［174］宋玉臣，李楠博. 股票收益率均值回归理论及数量方法研究［J］. 商业研究，2013，55（11）：129–137.

［175］宋玉臣. 股票价格均值回归理论研究综述［J］. 税务与经济，2006（1）：73–74.

［176］孙翎，王胜，迟嘉昱. 基于谱分析的股票市场行业周期波动与投资组合策略［J］. 金融经济学研究，2016，1（31）：117–128.

［177］孙伟. 基于分形市场假说的中国期货市场有效性研究［J］. 湖北文理学院学报，2011，32（5）：69–76.

［178］孙悦. 欧盟碳排放权交易体系及其价格机制研究［D］. 吉林大学博士学位论文，2018.

［179］唐葆君，钱星月. 欧盟碳市场风险度量分析研究基于极值理论［J］. 中国能源，2016，38（4）：40–43.

［180］田园，陈伟，宋维明. 基于 GARCH–EVT–VaR 模型的国际主要碳排放交易市场风险度量研究［J］. 科技管理研究，2015，35（324）：224–231.

[181] 万九文. 国际原油海运运费市场波动特征研究 [D]. 大连海事大学博士学位论文，2010.

[182] 王川，赵俊晔，李辉尚. 我国水果市场价格波动规律研究 [J]. 中国食物与营养，2012，18（8）：39-44.

[183] 王宏巍，勾晓彤. 中国碳排放权交易法律制度的构建 [J]. 东北农业大学学报（社会科学版），2016（2）：45-50.

[184] 王际杰. 我国碳交易价格形成机制的思考 [J]. 中国经贸导刊（理论版），2017（14）：44-46.

[185] 王鹏，袁小丽. 金融资产收益非对称性的多标度分形测度及其在 VaR 计算中的应用 [J]. 中国管理科学，2015，23（3）：13-23.

[186] 王书平，朱艳云，吴振信. 基于 X-13A-S 方法的小麦价格季节性波动分析 [J]. 中国管理科学，2014（s1）：22-26.

[187] 王卫宁，汪秉宏，史晓平. 股票价格波动的混沌行为分析 [J]. 数量经济技术经济研究，2004，4（23）：141-147.

[188] 魏一鸣. 碳金融与碳市场：方法与实证 [M]. 北京：科学出版社，2010.

[189] 吴岚，朱莉，龚晓彪. 基于季节调整技术的我国物价波动实证研究 [J]. 统计研究，2012，29（9）：61-65.

[190] 谢朝华，李忠，郑咏梅，等. 中国股票市场分形与混沌特征：1994~2008 [J]. 系统工程，2010，28（6）：30-35.

[191] 徐佳，谭秀杰. 碳价格波动的时空异质性研究 [J]. 环境经济研究，2016，1（2）：107-122.

[192] 薛玉山. 非线性系统的可积性分析及孤子的相互作用研究 [D]. 北京邮电大学博士学位论文，2013.

[193] 杨超，李国良，门明. 国际碳交易市场的风险度量及对我国的启示——基于状态转移与极值理论的 VaR 比较研究 [J]. 数量经济技术经济研究，2011（4）：94-109.

［194］杨楠. 气候变化之国际法应对［D］. 吉林大学硕士学位论文，2010.

［195］杨星，李斌，曾悦，等. 非对称非线性平滑转换的广义自回归条件异方差算法的碳价格均值回归检验［J］. 控制理论与应用，2019，36（4）：622-628.

［196］杨星，梁敬丽. 国际碳排放权市场分形与混沌行为特征分析与检验——以欧盟碳排放交易体系为例［J］. 系统工程理论与实践，2017，37（6）：1420-1431.

［197］杨星，梁敬丽，等. 多标度分形特征下碳排放权价格预测算法［J］. 控制理论与应用，2018，35（2）：224-231.

［198］易兰，贺倩，李朝鹏，杨历. 碳市场建设路径研究：国际经验及对中国的启示［J］. 气候变化研究进展，2019，15（3）：232-245.

［199］张琛，倪志伟，姜婷. 基于 WPTMM 的 PM2.5 与气象条件关系的联合多重分形分析［J］. 系统工程理论与实践，2015，35（8）：2166-2176.

［200］张晨，丁洋，汪文隽. 国际碳市场风险价值度量的新方法——基于 EVT-CAViaR 模型［J］. 中国管理科学，2015，23（11）：12-20.

［201］张林，李荣钧，刘小龙. 基于小波领袖多重分形分析法的股市有效性及风险检测［J］. 中国管理科学，2014，22（6）：17-26.

［202］张林. 分形与小波的集成研究及其在股票市场波动分析中的应用［D］. 华南理工大学博士学位论文，2012.

［203］张跃军，魏一鸣. 国际碳期货价格的均值回归：基于 EU-ETS 的实证分析［J］. 系统工程理论与实践，2011，31（2）：214-220.

［204］赵奉军，王先柱. 中国土地交易价格季节性的实证检验［J］. 中国土地科学，2012，26（6）：73-78.

［205］郑春梅，刘红梅. 欧盟碳排放权价格波动影响因素研究——基于 MS-VAR 模型［J］. 山东工商学院学报，2014，28（5）：73-78.

［206］郑宇花，李百吉. 我国碳排放配额交易价格影响因素分析［J］. 合

作经济与科技，2016（10）：132-134.

［207］周牡丹. 小波变换在系统阶次辨识和控制器设计中的应用研究［D］. 福州大学博士学位论文，2004.

［208］朱帮助，王平，魏一鸣. 基于 EMD 的碳市场价格影响因素多尺度分析［J］. 经济学动态，2012（6）：92-97.

［209］朱帮助，魏一鸣. 基于 GMDH-PSO-LSSVM 的国际碳市场价格预测［J］. 系统工程理论与实践，2011，31（12）：2265-2271.

［210］朱智洺，方培. 能源价格与碳排放动态影响关系研究——基于 DSGE 模型的实证分析［J］. 价格理论与实践，2015（5）：54-56.

［211］庄新田，张鼎，苑莹，等. 中国股市复杂网络中的分形特征［J］. 系统工程理论与实践，2015，35（2）：273-282.

［212］邹亚生，魏薇. 碳排放核证减排量（CER）现货价格影响因素研究［J］. 金融研究，2013（10）：142-153.